煤矿安全生产400问

姜　威　刘天舒　姜旭初　编

北　京
冶　金　工　业　出　版　社
2011

内 容 提 要

本书以煤矿生产现场的特点为基础，从煤矿安全生产法律、法规与煤矿职业危害、煤矿采掘与爆破安全技术、煤矿机械与电气安全技术、煤矿矿井通风与灾害防治、煤矿事故应急与救援五个方面，详细介绍了煤矿开采各个生产环节的安全技术知识。

本书适合煤矿工程技术人员和管理人员阅读，也可供大专院校采煤工程、安全工程专业的师生参考，还可作为广大煤矿从业人员的安全培训教材。

图书在版编目(CIP)数据

煤矿安全生产400问/姜威，刘天舒，姜旭初编．—北京：冶金工业出版社，2011.7

ISBN 978-7-5024-5600-9

Ⅰ.①煤…　Ⅱ.①姜…　②刘…　③姜…　Ⅲ.①煤矿—安全生产—问题解答　Ⅳ.①TD7-44

中国版本图书馆CIP数据核字(2011)第133179号

出 版 人　曹胜利
地　　址　北京北河沿大街嵩祝院北巷39号，邮编100009
电　　话　(010)64027926　电子信箱　yjcbs@cnmip.com.cn
责任编辑　杨秋奎　美术编辑　李　新　版式设计　孙跃红
责任校对　石　静　责任印制　张祺鑫
ISBN 978-7-5024-5600-9
北京印刷一厂印刷；冶金工业出版社发行；各地新华书店经销
2011年7月第1版，2011年7月第1次印刷
787mm×1092mm　1/16；15.25印张；367千字；226页
43.00元
冶金工业出版社发行部　电话：(010)64044283　传真：(010)64027893
冶金书店　地址：北京东四西大街46号(100010)　电话：(010)65289081(兼传真)
(本书如有印装质量问题，本社发行部负责退换)

前　言

煤炭工业是我国重要能源基础产业，在国民经济发展中占有非常重要的地位，但也是一个事故多发的高危行业，重特大事故时有发生，给人民的生命财产造成巨大损失。据统计，在全国各类安全生产事故死亡人数中，煤矿事故死亡人数仅次于道路交通事故，在各行业中居第二位。党中央和国务院高度重视煤矿安全生产工作，建立和完善了一系列法律、法规，如《中华人民共和国安全生产法》、《煤炭法》、《煤矿安全监察条例》、《安全生产许可证条例》等，进一步规范安全生产行为，有力地促进煤炭工业安全可持续发展。

本书共分5章。第一章主要介绍了与煤矿安全生产有关的法律、法规与煤矿职业危害。第二章主要介绍了煤矿采掘与爆破安全技术。第三章主要介绍煤矿机械与电气安全技术。第四章主要介绍煤矿矿井通风与灾害防治。第五章主要介绍煤矿矿井灾害预防和处理计划、重大灾害事故的抢险救灾以及煤矿救护。

本书结合煤矿的现场生产特点，从安全生产工作的实际需要出发，依据编者生产实践及科研成果总结而成，不仅适合于煤矿安全监察人员、煤矿安全管理人员、安全工程技术人员阅读，而且可供大专院校安全类专业的师生参考。

本书得到了中国地质大学赵云胜教授、湖北煤矿安全监察局彭刚副局长、中南财经政法大学信息与安全工程学院陈保安副院长、湖北省安全生产宣教中心陈列书与李庆等专家的指导。在本书编写过程中参考了大量煤矿安全工程、煤矿安全技术和煤矿安全管理学者的成果，在此一并表示感谢。

由于编者水平所限，书中不妥之处，敬请广大读者和专业人士批评、指正。

姜　威

2011年1月

目　录

第一章　煤矿安全生产法律、法规与煤矿职业危害

第一节　煤矿安全生产法律法规

1. 煤矿安全生产方针是什么？

煤矿安全生产方针是党和国家为确保煤矿安全生产而确定的指导思想和行动准则，即“安全第一、预防为主”。

1996年12月1日起实施的《煤炭法》第七条明确规定：“煤矿企业必须坚持安全第一、预防为主的安全生产方针”。2002年11月1日起施行的《安全生产法》第三条也明确了“安全生产管理，坚持安全第一、预防为主”的方针。

“安全第一”，是强调安全、突出安全、安全优先，把安全放在一切工作的首位，要求各级政府和煤矿领导及职工把安全生产作为头等大事来抓，切实处理好安全与效益、安全与生产的关系；当生产建设等与安全发生矛盾时，安全是第一位的，要树立人是最宝贵的思想，努力做到“不安全不生产，隐患不处理不生产，措施不落实不生产”；在确保安全的前提下，实现生产经营的各项指标。安全第一是衡量煤矿安全工作的硬性指标，必须认真贯彻执行。

“预防为主”，是实现安全第一的前提条件。要实现安全第一，必须以预防为主。要不断地查找隐患，谋事在先，尊重科学，探索规律，采取有效的事前控制措施，防微杜渐、防患于未然，把事故、隐患消灭在萌芽之中。虽然在生产经营活动中还不可能完全杜绝事故发生，但只要按照客观规律办事，运用安全原理和方法，预防措施得当，事故特别是重大恶性事故就可以大大减少。

“安全第一、预防为主”，是目标原则和手段措施的关系。不坚持安全第一，预防为主很难落实；坚持安全第一，才能自觉地、科学地预防，达到预期目的；反之，只有坚持预防为主，才能减少事故、消除隐患，才能做到安全生产。

煤矿安全生产方针是煤矿安全生产管理的基本方针。贯彻落实好这个方针，对于处理安全与生产、安全与其他各项工作的关系，科学管理，搞好安全，促进生产和效益提高，推动各项工作的顺利进行都有重大意义。

2. 如何贯彻落实煤矿安全生产方针？

（1）坚持管理、装备、培训并重的原则。这是我国煤矿安全生产实践经验的总结。先进科学的管理是煤矿安全生产的重要保证。严格和科学的安全管理，可弥补装备上的不足，能减少事故，保障安全生产。装备是实施安全作业、创造安全环境的工具。先进的技

术装备可以提高工作效率，也可以创造良好的安全作业环境，避免事故的发生或减少事故损失。培训是提高职工安全技术素质的主要手段，许多事故的发生主要是法制观念和安全意识淡薄或缺乏专业技术知识造成的。只有强化安全培训，才能提高职工队伍素质，才能应用先进的技术与装备，才能进行科学管理。只有坚持管理、装备、培训并重的原则，才能真正落实好煤矿安全生产方针。

（2）坚持煤矿安全生产方针标准。1985 年，全国煤矿安全工作会议提出了全面落实安全生产方针的 10 条标准，至今仍有重要的指导作用。如：企业管理的全部内容和生产的全过程都要把安全放在首位，任何决定、办法、措施都必须有利于安全生产；把坚持以“安全第一”方针作为选拔、任用、考核干部的重要内容；把安全工作纳入党政工作的重要议事日程和承包内容；把安全技措工程、安全培训列入年度和月份生产和工作计划；建立健全安全生产责任制，层层落实；人、财、物优先保证安全生产需要；严肃认真、一丝不苟地执行《煤矿安全规程》、安全指令和文件；思想政治工作要贯彻到安全生产全过程；业务保安搞得好，安全教育广泛深入等。在当今安全生产等各项法规逐渐完善、生产技术进一步发展的形势下，这些标准还应不断充实完善。

（3）坚持各项行之有效的措施。

1）要强化安全法制观念。随着我国法制建设的深入，安全生产法律法规体系已经建立，必须树立依法行事、依法治理安全的观念。出了事故，不仅要追究有关责任人的行政、党纪责任，而且要依法追究有关人员的法律责任。

2）要建立健全安全生产责任制。建立健全一套完善的安全生产责任制，如领导干部安全生产责任制、职能机构安全生产责任制及岗位人员安全生产责任制，将安全生产责任细化到每一个岗位、分解到每一个人。

3）建立安全生产管理机构或配备专职安全生产管理人员。《安全生产法》规定：矿山应当设置安全生产管理机构或者配备专职安全生产管理人员。煤矿企业作为矿山企业中灾害最为严重、作业环境恶劣、危险因素多的高危企业，若没有专门的机构或专门的人员去管理、检查、监督生产过程中的各种危险因素和责任的落实，要想实现安全生产只能是一句空话。

4）认真组织安全生产检查。煤矿企业要进行经常的、定期的、监督性的安全生产检查和日常安全巡回检查，这是搞好安全生产的一个重要措施。

5）加大煤矿安全监察力度。煤矿安全监察机构是执法机构，要做到从严执法、公证执法。

6）加强安全技术教育培训工作。抓好矿长、总工、区队长、班组长、特殊工种人员的上岗资格培训，使全体职工学好安全生产方针、安全法律法规，了解本矿安全现状、本矿安全措施，熟知安全技术知识、掌握操作技能、自觉遵守法律法规，以杜绝或减少事故发生，确保安全生产。

7）关口前移，做好事故预防工作。预防为主是搞好安全的必然要求。把预防放在主要位置，预防在先、措施得力、处处谨慎、项项落实，以达到防止灾变、控制事故发生之目的。

8）做好事故调查和处理工作。发生事故后，要按规定及时向上级报告，并立即采取应急措施，组织抢险救灾和调查处理。要坚持“四不放过”原则，即事故原因没有查清不放过，事故责任者没有严肃处理不放过，广大职工没有受到教育不放过，防范措施没有落实不放过。

9）加大对事故责任人的处罚力度。依法落实对事故责任人的处罚，以起到惩罚本人、警示他人的作用。营造一种对安全工作不力、失职即被追究责任的氛围，使人人都重视安全，人人都从本职做好安全工作。

10）要切实保障矿工的安全生产权利。矿工是煤矿事故和职业病的主要受害者，处于弱势群体地位，同时，他们也是最关心安全生产的群体。要切实落实法律赋予他们的安全生产权利，使他们敢于维护自己的安全，拒绝在危险状态下生产作业，从而使安全生产获得最有力的保证。

3. 煤矿开采需要哪些有效证件？

（1）取得省国土资源厅的“采矿许可证”。

（2）取得省工商局的“营业执照”。

（3）取得煤监部门批准的“安全生产许可证”，行业管理部门批准的“煤炭生产许可证”。

（4）取得“矿长资格证”、“矿长安全资格证”。

4. 什么是煤矿“三超”？

煤矿“三超”是指超能力组织生产、超强度组织生产、井下作业人员数超过地方政府的规定。

5. 煤矿在劳动组织管理中存在哪些问题？

（1）存在“以包代管”、“层层转包”。

（2）没有与从业人员签订劳动合同。

（3）没有为从业人员办理工伤保险。

（4）没有为作业人员配备劳动防护用品。

（5）没有严格的入井登记检身制度。

6. 煤矿如何依法依规进行开采？

（1）按规定布置采掘工作面。

（2）杜绝非正规采煤方法、以掘代采、多头作业等。

（3）不超层、越界开采。

（4）有规范真实的采掘工程平面图等图纸。

7. 煤矿安全监测内容有哪些？

（1）是否对矿井装备了安全监测监控系统。

（2）是否按规定进行瓦斯等级鉴定。

（3）井下作业地点瓦斯传感器安装位置、数量、质量和标校是否符合规定。

（4）是否按照有关规定配备瓦斯检查员、安全检查员等特种作业人员并持证上岗。

8. 煤矿“三人连锁放炮制”内容是什么？

在瓦斯矿井中的爆破作业，爆破员、班组长、瓦斯检查员都必须在现场执行“三人连锁放炮制”。“三人连锁放炮牌”包括：警戒牌、命令牌、放炮牌，三牌在一个循环之前各牌对应人员为：警戒牌——班组长、命令牌——瓦斯检查员、放炮牌——爆破员。

所谓“三人连锁放炮制”，是指爆破前爆破员将警戒牌交给班组长，由班组长派人警戒，并检查顶板与支架情况，将自己携带的放炮命令牌交给瓦斯检查员，瓦斯检查员经检查瓦斯煤尘合格后，将自己携带的放炮牌交给爆破员，爆破员发出爆破口哨进行爆破。爆破后三牌各归原主。

9. 决定停产整顿、停产整合和责令关闭的煤矿应执行哪些手续？

(1) 行业管理部门撤销了开办煤矿企业的批准文件，并在市县级新闻媒体上发布公告。

(2) 国土资源部门、行业管理部门、工商行政管理部门、煤监部门分别注销采矿许可证、煤炭生产许可证、营业执照和安全生产许可证。

(3) 生产、基建技术资料和地质资料上缴行业管理部门。

(4) 火工品由当地公安部门按照国家有关规定进行清理和统一处理，并撤销火工品供应证件。

(5) 矿井生产设施和供电、通信线路、供水管路全部拆除。

(6) 矿井井筒毁闭、填实，井口场地得到平整，并按要求恢复地表植被或复垦。

(7) 遣散全部从业人员。

10. 煤矿批准恢复生产后应执行哪些安全规定？

(1) 矿井通风系统独立、完整、可靠，井下无违反规定的串联通风情况。

(2) 矿井采用主要通风机通风，井下各用风点风量充足，井下无微风、无风作业现象。

(3) 高瓦斯矿井制定了有效的治理措施。

(4) 矿井按《煤矿安全规程》规定制定了防灭火措施。

(5) “一通三防”人员充足，矿井安全仪器仪表齐全、完好。

(6) 井下各作业地点及主要装载点有防尘措施。

(7) 提升人员绞车和按规定可以通行人员井筒的提升绞车，选型合理，保护装置齐全。

(8) 竖井井口有阻车器、罐帘、安全门。

(9) 上下井口提升、运输声光信号齐全。

(10) 斜巷运输有“一坡三挡”。

(11) 矿井有双供电电源。

(12) 采用中性点直接接地的变压器或发电机直接向井下供电。

(13) 井下使用的电气设备及器材、防护用品、安全检测仪器符合《煤矿安全规程》规定。

(14) 使用的矿灯合格完好。

(15) 地面设施按《煤矿安全规程》规定设立了避雷装置。

(16) 井下水仓容积、矿井排水能力符合《煤矿安全规程》规定。

(17) 矿井和回采工作面至少有两个能使人员通行到地面的安全出口。

(18) 矿井使用符合《煤矿安全规程》规定的火工品。

(19) 爆破员配备了便携式瓦检仪，实行了"一炮三检"制度。

(20) 矿井水文地质情况清楚，各种保护煤柱符合设计要求。

(21) 井上下、矿内外调度通信畅通。

(22) 矿井有采矿许可证、煤炭生产许可证、营业执照、安全生产许可证，矿长依法取得了矿长资格证、矿长安全资格证。

(23) 矿井安全生产第一责任人落实到位，设置了安全管理机构，配备了安全检查人员。

(24) 矿井有完善的安全整治方案。

(25) 矿井制定了灾害预防和处理计划。

(26) 有及时填绘、反映实际情况的井上下对照图、采掘工程平面图和通风系统图。

(27) 矿井采掘工作面按作业规程规定及时支护，无空顶作业现象，并执行了敲帮问顶制度。

(28) 井下无瓦斯积聚和超限作业现象。

(29) 矿井按《煤矿安全规程》的规定，建立了测风、瓦斯检查和通风设施管理等各项管理制度。各种通风报表齐全、准确，并按《煤矿安全规程》规定报矿长、技术负责人审阅。

(30) 矿井按有关法律法规的要求制定了火工品使用管理制度。

(31) 煤矿与附近的救护队签订了救护协议。

(32) 煤矿用工已报当地劳动保障、公安部门备案。

(33) 煤矿从业人员与企业签订了劳动合同。没有使用女工从事井下劳动。

(34) 煤矿企业为井下作业人员办理了意外伤害保险，支付了保险费。

(35) 不存在非法生产、施工情况。

(36) 新建技改项目情况。

(37) 无违法违规建设。

(38) 新建矿井不存在边建设边生产现象，改扩建矿井在改扩建区域内不存在边改扩建边生产现象。

11. 煤矿安全生产法律法规体系主要由哪几部分组成?

新中国成立以来，特别是改革开放以来，我国的立法工作发展较快，煤矿安全法律法规体系已基本形成。煤矿安全法律法规体系主要由四个部分组成：

(1) 全国人大及其常务委员会颁布的关于安全生产的法律，主要有《安全生产法》、《煤炭法》、《矿山安全法》、《劳动法》、《矿产资源法》等。

(2) 国务院颁布的关于安全生产的行政法规，主要有《煤矿安全监察条例》、《安全生产许可证条例》、《煤炭生产许可证管理办法》等。

（3）省（自治区、直辖市）级人民代表大会及其常务委员会颁布的关于安全生产的地方性法规。主要有各省人大及其常务委员会审议通过的有关劳动保护、职业安全、矿山安全的地方性法规，如《××省矿山安全法实施办法》、《××省煤炭法实施办法》、《××省劳动安全监察条例》等。

（4）国务院主管部委、省级人民政府和较大的市人民政府发布的关于安全生产的部门规章和地方政府规章，主要有《煤矿安全规程》、《煤矿救护规程》、《爆破安全规程》、《煤矿安全生产基本条件规定》等。

12.《安全生产法》立法的目的与意义是什么，有哪些主要内容？

《安全生产法》于2002年11月1日起施行，是我国第一部规范安全生产的综合性法律，共七章97条。

《安全生产法》的立法目的是为了加强安全生产的监督管理，防止和减少安全事故，保障人民群众生命和财产安全，促进经济发展。

制定《安全生产法》的意义是：（1）依法加强监督管理、安全监察和依法行政的需要；（2）防止和减少生产安全事故，保护人民群众生命和财产安全的需要；（3）依法制裁安全生产违法犯罪的需要；（4）建立和完善我国安全生产法律体系的需要。

《安全生产法》作为我国安全生产的综合性法律，具有丰富的法律内涵和规范作用。该法总结了我国安全生产正反两方面的经验，体现了依法治国的基本方略。

《安全生产法》具体内容：第一章总则，第二章生产经营单位安全生产保障，第三章从业人员的权利和义务，第四章安全生产的监督管理，第五章生产安全事故的应急救援与调查处理，第六章法律责任，第七章附则。

13. 煤矿企业主要负责人的安全生产职责有哪些？

（1）建立、健全本单位安全生产责任制。

（2）组织制定本单位安全生产规章制度和操作规程。

（3）保证本单位安全生产投入的有效实施。

（4）督促、检查本单位安全生产工作，及时消除生产安全事故隐患。

（5）组织制定并实施本单位生产安全事故应急救援预案。

（6）及时、如实报告生产安全事故。

14. 煤矿从业人员的安全生产权利、义务是什么？

保障从业人员的安全生产权利是宪法精神所要求，是生产经营单位的法定义务和责任，也是安全生产立法的重要内容。《安全生产法》规定的安全生产权利可概括为以下8个方面：

（1）享受工伤保险和伤亡求偿权。第44条规定，生产经营单位与从业人员订立的劳动合同，应当载明有关保障从业人员劳动安全、防止职业危害的事项，以及依法为从业人员办理工伤社会保险的事项。生产经营单位不得以任何形式与从业人员订立协议，免除或者减轻其对从业人员因生产安全事故伤亡依法应承担的责任。第48条规定，因生产安全事故受到损害的从业人员，除依法享有工伤社会保险外，依照有关民事法律尚有获得赔偿的权利，有权向本单位提出赔偿要求。

（2）危险因素和应急措施的知情权。第45条规定，生产经营单位的从业人员有权了解其作业场所和工作岗位存在的危险因素、防范措施及事故应急措施。

（3）安全管理的批评检控权。即有权对本单位安全生产工作中存在的问题提出批评、检举、控告。

（4）拒绝违章指挥和强令冒险作业权。第46条规定，从业人员有权对本单位安全生产工作中存在的问题提出批评、检举、控告；有权拒绝违章指挥和强令冒险作业。生产经营单位不得因从业人员对本单位安全生产工作提出批评、检举、控告或者拒绝违章指挥、强令冒险作业而降低其工资、福利等待遇或者解除与其订立的劳动合同。

（5）紧急情况下的停止作业和紧急撤离权。第47条规定，从业人员发现直接危及人身安全的紧急情况时，有权停止作业或者在采取可能的应急措施后撤离作业场所。生产经营单位不得因从业人员在紧急情况下停止作业或者采取紧急撤离措施而降低其工资、福利等待遇或者解除与其订立的劳动合同。

（6）建议权。第45条规定，从业人员有权对本单位的安全生产工作提出建议。

（7）获得符合国家标准或者行业标准劳动防护用品的权利。第37条规定，生产经营单位必须为从业人员提供符合国家标准或者行业标准的劳动防护用品，并监督、教育从业人员按照使用规则佩戴、使用。

（8）获得安全生产教育和培训的权利。第21条规定，生产经营单位应当对从业人员进行安全生产教育和培训，保证从业人员具备必要的安全生产知识，熟悉有关的安全生产规章制度和安全操作规程，掌握本岗位的安全操作技能。未经安全生产教育和培训合格的从业人员，不得上岗作业。

作为法律关系内容的权利与义务是对等的，从业人员依法享有权利，同时也必须承担相应的法律义务和法律责任。《安全生产法》关于从业人员的安全生产义务有以下4项：

（1）必须遵章守规，服从管理的义务。

（2）正确佩戴和使用劳保用品的义务。

（3）接受安全生产教育和培训，掌握安全生产技能的义务。

（4）发现事故隐患或者其他不安全因素及时报告、及时处理的义务。

15.《矿山安全法》立法的目的和指导思想是什么，其主要内容有哪些？

《矿山安全法》于1993年5月1日起施行，是新中国成立以来第一部矿山安全法。其立法的目的是：为了保障矿山生产安全，防止矿山事故，保护矿山职工的人身安全，促进采矿工业健康发展。

坚持保护矿工生命安全的宗旨，从实际出发，做到劳动部门监督与矿山企业主管部门的管理结合、国家监督与民众监督结合起来，建立健全各级生产和管理人员的安全生产责任制。

《矿山安全法》共八章50条。第一章总则，第二章矿山建设的安全保障，第三章矿山开采的安全保障，第四章矿山企业的安全管理，第五章矿山安全的监督和管理，第六章矿山事故处理，第七章法律责任，第八章附则。其主要内容包括：

（1）矿山建设工程安全设施必须和主体工程同时进行设计、同时施工、同时投入生产和使用（简称“三同时”）。

（2）矿井的通风系统，供电系统，提升、运输系统，防水、排水系统，防火、灭火系统，防瓦斯、防尘系统必须符合矿山安全规程和行业技术规范。

（3）矿山企业职工有权对危害安全的行为，提出批评、检举和控告；矿山企业必须对职工进行安全教育、培训，未经安全教育、培训的，不得上岗作业。

（4）矿山企业安全生产特种作业人员必须接受专门培训，经考核合格取得操作资格证书，方可上岗作业。

（5）矿长必须经过考核，具备安全专业知识，具有领导安全生产和处理矿山事故能力。

（6）矿山企业必须对瓦斯爆炸、煤尘爆炸、冲击地压、瓦斯突出、火灾、水害、冒顶等危害安全的事故隐患采取预防措施。

（7）已投入生产的矿山企业，不具备安全生产条件而强行开采要责令限期整改，逾期仍不具备安全生产条件，责令停产整顿或吊销其采矿许可证和营业执照。

（8）因矿山企业主管人员违章指挥、强令工人冒险作业而发生重大伤亡事故的，依照刑法第 114 条的规定追究刑事责任。因对矿山事故隐患不采取措施而发生重大伤亡事故的，比照刑法第 187 条的规定追究刑事责任。

16.《煤炭法》立法的目的是什么，其主要内容有哪些？

《煤炭法》于 1996 年 12 月 1 日起施行，是我国第一部煤炭法，是我国煤炭法制建设的里程碑，为煤炭的生产、经营活动确立了基本原则，从而使煤炭行业在法制轨道上健康发展。立法的目的是合理开发利用和保护煤炭资源，规范煤炭生产、经营活动，促进和保障煤炭行业的发展。

《煤炭法》共八章 81 条。第一章总则，第二章煤炭生产开发规划与煤炭建设，第三章煤炭生产与安全管理，第四章煤炭经营，第五章煤矿矿区保护，第六章监督检查，第七章法律责任，第八章附则。《煤炭法》确立了坚持安全第一、预防为主的安全生产方针，提出了保障国有煤矿的健康发展；开发利用煤炭资源，应当遵守环保法规、法律，做到使环境保护设施与主体工程同时设计、同时施工、同时验收、同时投入使用；严格实行煤炭生产许可证制度和安全生产责任制度及上岗作业培训制度；加强矿区保护，加强煤矿企业监督检查，要求煤矿企业依法办事；维护煤矿企业合法权益，禁止违法开采、违章指挥、滥用职权、玩忽职守、冒险作业，以及依法追究煤矿企业管理人员的违法责任等。该法对煤矿企业的健康发展具有重大意义。

17.《煤矿安全监察条例》的制定背景和目的是什么，有哪些内容？

制定《煤矿安全监察条例》的背景：

（1）煤矿安全监察体制改革的需要。

（2）煤矿安全监察机构开展工作的需要。

（3）改变和促进我国煤矿安全状况根本好转的客观需要。

制定《煤矿安全监察条例》的目的是：保障煤矿安全，规范煤矿安全监察工作，保护煤矿职工人身安全和健康，促进煤矿健康发展。

《煤矿安全监察条例》于2000年12月1日起施行。其内容有：第一章总则，第二章煤矿安全监察机构及其职责，第三章煤矿安全监察的内容，第四章罚则，第五章附则，共有五章50条。该条例明确了煤矿安全监察制度、权利、地位、职责、监察内容、行政处罚种类、工作原则及与政府的关系等，是我国第一部较为全面的煤矿安全监察的行政法规，是依法监察的法律武器，填补了煤矿监察法规空白，对于依法治矿、促进安全生产具有重大意义。

18. 煤矿安全监察工作的方针是什么，监察的主要内容有哪些？

煤矿安全监察工作的方针是：以预防为主，及时发现和消除事故隐患，有效纠正影响煤矿安全的违法行为，实行安全监察与促进安全管理相结合、教育与惩处相结合。

《煤矿安全监察条例》规定监察的主要内容是：煤矿安全监察机构对煤矿执行《煤炭法》、《矿山安全法》和其他有关煤矿安全的法律、法规以及国家安全标准、行业安全标准、《煤矿安全规程》和行业技术规范的情况实施监察。

19. 《安全生产许可证条例》制定的目的和适用范围是什么，有哪些内容？

制定《安全生产许可证条例》的目的是为了严格规范安全生产条件，进一步加强安全生产监督管理，防止和减少生产安全事故，确保安全生产。

《安全生产许可证条例》适用于矿山企业、建筑施工企业和危险化学品、烟花爆竹、民用爆破器材生产企业。

《安全生产许可证条例》于2004年1月13日施行，共24条，主要规定了相关企业实行安全生产许可制度，明确了国务院安全生产监督管理部门及省、自治区、直辖市的安全生产监督管理部门负责安全生产许可证的颁发和管理，企业取得安全生产许可证应当具有的安全生产条件，许可证的有效期为3年，以及违反该条例应承担相应的法律责任。

20. 《煤矿安全规程》制定的目的及意义是什么，有哪些内容？

《煤矿安全规程》为第13次修订本，是我国煤矿安全管理方面最全面、最具体、最权威的一部基本规程，是国家有关法律和法规的具体化。《煤矿安全规程》于2011年3月1日起施行。其制定的目的是为保障煤矿安全生产和职工人身安全，防止煤矿事故。

《煤矿安全规程》制定的意义是规范煤矿工作，加强管理和监察执法，遏制重大、特大事故，保护职工安全和健康，保证和促进煤炭工业健康发展和煤矿安全状况稳定好转，为国家步入小康社会做出应有的贡献。

《煤矿安全规程》共有四篇751条。第一篇总则，规定煤矿必须遵守有关安全生产的法律法规、规章规程、标准和技术规范，建立各类人员安全生产责任制；明确职工有权停止违章作业、拒绝违章指挥。第二篇井下部分，规定开采、“一通三防”管理、提升运输、电气管理，以及爆破作业涉及的安全生产行为标准。第三篇露天部分，规范了采剥、运输、排土、滑坡和水火防治、电气及设备检修标准。第四篇职业危害，规定必须做好职业危害的防治与管理工作和职业卫生劳动保护工作，使职工健康得到保护。

21.《安全生产违法行为行政处罚办法》立法目的及适用范围是什么，其内容有哪些？

《安全生产违法行为行政处罚办法》于2003年7月1日起施行。

制定该办法的目的是为了制裁安全生产违法行为，规范安全生产行政处罚工作，保证生产经营单位依法进行安全生产。它适用于县级以上人民政府安全生产监督管理部门对生产经营单位及其有关人员在生产经营活动中违反有关安全生产的法律、行政法规、部门规章、国家标准、行业标准和规程的违法行为实施行政处罚。

《安全生产违法行为行政处罚办法》共有6章78条，第一章主要包括：总则，行政处罚的种类、管辖，行政处罚的程序，行政处罚的适用，行政处罚的执行和备案，附则。第二章中规定行政处罚共有9种，分别为：警告，罚款，没收违法所得，责令改正、责令限期改正、责令停止违法行为，责令停产停业整顿、责令停产停业、责令停止建设，拘留，关闭，吊销有关证照，安全生产法律、行政法规规定的其他行政处罚。第四章行政处罚的适用中，规定了对生产经营单位及主要负责人不够刑事处罚的安全生产违法行为，可以处以20万以下的罚款。其他违法处罚规定也明确、具体，有很强的可操作性。

22.《煤矿安全监察行政处罚办法》制定的目的和依据是什么，行政处罚的种类及内容有哪些？

《煤矿安全监察行政处罚办法》于2003年8月15日起施行，共30条。

为了制裁煤矿安全违法行为，规范煤矿安全监察行政处罚工作，保障煤矿依法进行生产，根据《煤矿安全监察条例》及其他有关法律、行政法规的规定，制定该办法。

对违法行为的处理、处罚主要有以下几种情况：

（1）责令停止生产（施工）。这是对违法者给予停产以纠正其违法行为的一种较重的处罚。责令停产没有具体的时间限制，只有当停止生产的原因得到解决方可恢复生产。

（2）责令限期达到要求（改正）。这是对违法者要求在一定时期内纠正其违法行为并达到要求的处罚。如果在限期内达不到要求或不改正，则采取更严厉的处罚。

（3）责令停产整顿。这是对违法者给予的停止生产以纠正其违法行为的处罚，通常由有权做出该决定的机关作出整顿合格、恢复生产的决定。

（4）罚款。责令有违法行为的单位或个人缴纳一定的金钱，属于经济制裁。

（5）责令改正。这是指给违法者必须立即纠正其违法行为的一种较轻的处罚。在给予责令改正的同时，还可以并处罚款。

（6）吊销煤炭生产许可证。这是对违法者给予一种剥夺其煤炭生产许可权的最为严厉的处罚，没有煤炭生产许可证，就不能再进行煤炭生产活动。

（7）各种行政纪律处分。根据违法情节的轻重，可分别给予警告至开除的纪律处分。

（8）追究刑事责任。这是指严重违法行为，已构成犯罪的，要依法追究其刑事责任。

23.《煤矿安全生产基本条件规定》制定的目的和依据是什么，内容有哪些？

《煤矿安全生产基本条件规定》于2003年8月1日起实行，共20条。

为了规范煤矿安全生产工作，防止煤矿生产安全事故，根据《安全生产法》、《矿山安全法》等法律、行政法规、国务院有关规定和《煤矿安全规程》，制定该规定。

其主要内容有：煤矿应当依法取得采矿许可证、煤炭生产许可证和营业执照；矿长依法取得矿长资格证和矿长安全资格证；建立、健全安全生产责任制；职工经培训合格、特种作业人员取得特种作业操作资格证书方可上岗作业；矿井每年必须经过瓦斯等级鉴定；高瓦斯、煤与瓦斯突出矿井应有瓦斯抽放措施和装备安全监控系统；矿井应当具备完整的独立通风系统，风量必须满足安全要求；矿井实行入井检查制度，入井必须随身携带自救器；建立应急救援组织等。

第二节　煤矿职业危害

24. 煤矿作业场所空气中粉尘浓度有何规定？

煤矿作业场所空气中粉尘（总粉尘、呼吸性粉尘）质量浓度应符合表1-1的要求。

表1-1　作业场所空气中粉尘质量浓度

粉尘中游离 SiO_2 含量/%	最高允许质量浓度/$mg \cdot m^{-3}$	
	总粉尘	呼吸性粉尘
<10	10	3.5
10~50	2	1
50~80	2	0.5
≥80	2	0.3

25. 煤矿企业如何监测生产性粉尘？

煤矿企业必须按国家规定对生产性粉尘进行监测，并遵守以下规定：

（1）总粉尘。

1）作业场所的粉尘质量浓度，井下每月测定2次，地面及露天煤矿每月测定1次。

2）粉尘分散度，每6个月测定1次。

（2）呼吸性粉尘。

1）工班个体呼吸性粉尘监测，采、掘（剥）工作面每3个月测定1次，其他工作面或作业场所每6个月测定1次。每个采样工种分2个班次连续采样，1个班次内至少采集2个有效样品，先后采集的有效样品不得少于4个。

2）定点呼吸性粉尘监测每月测定1次。

3）粉尘中游离 SiO_2 含量，每6个月测定1次，在变更工作面时也必须测定1次。各接尘作业场所每次测定的有效样品数不得少于3个。

4）开采深度大于200m的露天煤矿，在气压较低的季节应适当增加测定次数。

26. 煤矿作业场所噪声有何规定？

（1）作业场所的噪声，不应超过85dB(A)。

（2）大于85dB(A)时，需配备个人防护用品。

（3）不小于90dB(A)时，还应采取降低作业场所噪声的措施。

27. 煤矿企业如何对生产性毒物、有害物理因素等进行监测?

（1）三硝基甲苯（生产车间）作业点，每月测定1次。

（2）铅、苯、汞及其他有毒物质，每3个月测定1次，已达到职业卫生标准的可6个月测定1次。

（3）噪声、放射线及其他物理因素每年至少测定1次。

（4）监测结果必须建档，并报有关单位。

28. 煤矿企业如何加强职业健康检查?

煤矿企业应按照国家法律、法规和卫生行政主管部门的规定定期对接触粉尘、毒物及有害物理因素等的作业人员进行职业健康检查。

（1）对新入矿工人进行职业健康检查，并建立健康档案；对接尘工人的职业健康检查必须拍照胸大片。

（2）对检查出的职业病患者，煤矿企业必须按国家规定及时给以治疗、疗养和调离有害作业岗位，并做好健康监护及职业病报告工作。

（3）检查时间间隔必须符合以下要求：

1）对在岗接触粉尘作业工人，岩石掘进工种每2~3年拍片检查1次；混合工种每3~4年拍片检查1次；纯采煤工种每4~5年拍片检查1次。

2）对离岗工人必须进行离岗的职业性健康检查。

3）对接触毒物、放射线的人员每年检查1次。

（4）职业性健康检查、职业病诊断、职业病治疗应由取得相应资格的职业卫生机构承担。

29. 煤矿企业对尘肺患者复查时间有何规定?

（1）对Ⅰ期尘肺患者，每年复查1次。

（2）对疑似尘肺患者（0+）（即“无尘肺0+”，是指稍有异常，但比正常人略有改变）、岩石掘进工，每年拍片复查1次。

（3）对混合工种，每两年拍片复查1次。

（4）对纯采煤工种，每3年拍片复查1次，“无尘肺0”即为完全正常。

30. 煤矿企业中哪些病症不能从事接尘作业?

（1）活动性肺结核病及肺外结核病。

（2）严重的上呼吸道或支气管疾病。

（3）显著影响肺功能的肺脏或胸膜病变。

（4）心、血管器质性疾病。

（5）癫痫病和精神分裂症患者。

（6）经医疗鉴定，不适于从事接尘作业的其他疾病。

31. 煤矿企业中哪些病症不能从事井下作业？

（1）活动性肺结核病及肺外结核病。
（2）严重的上呼吸道或支气管疾病。
（3）显著影响肺功能的肺脏或胸膜病变。
（4）心、血管器质性疾病。
（5）癫痫病和精神分裂症患者。
（6）经医疗鉴定，不适于从事粉尘作业的其他疾病。
（7）风湿病（反复发作）。
（8）严重的皮肤病。
（9）经医疗鉴定，不适于从事井下工作的其他疾病。

第二章　煤矿采掘与爆破安全技术

第一节　煤矿开采安全技术

32. 煤矿安全生产应具备哪些基本条件?

（1）齐全的证件与资料、合格的机构与人员。

1）煤矿应当依法取得采矿许可证、煤炭生产许可证和营业执照。具有及时填绘反映实际情况的井上下对照图、采掘工程平面图、通风系统图和避灾路线图等图纸资料，采掘工作面应有作业规程。

2）煤矿矿长须经培训考核，依法取得矿长资格证和矿长安全资格证；煤矿应当对从业人员进行安全生产教育和培训，合格的方可上岗作业。煤矿特种作业人员须经专门培训合格，取得特种作业操作资格证书。煤矿应当建立健全安全生产责任制，设置安全生产管理机构或者配备专职安全生产管理人员，安全生产管理人员经考核合格后方可任职。

（2）可靠合理的安全出口。

1）矿井应有至少两个独立的能够行人并直达地面的安全出口，出口之间的距离不得小于30m。

2）井下每一个水平、每一个采区至少有两个便于行人的安全出口，并与直达地面的安全出口相连接。

3）采煤工作面至少保持两个畅通的安全出口，一个通到回风巷，一个通到进风巷。因煤层赋存条件限制确实不能有两个安全出口的，必须制定经县级以上主管部门批准的专项安全技术措施。

（3）齐全可靠的通风设施，符合《煤矿安全规程》要求的风量风速。矿井应有完整独立的通风系统，要使用安装在地面的矿用通风机进行通风，并有满足能力的备用主要通风机。生产水平与采区应当实行分区通风，矿井、采区和采掘工作面通风设施应当齐全可靠，掘进工作面使用专用的局部通风机进行通风，其风量必须满足安全生产的要求。

（4）齐全的防瓦斯设备和完善的措施与制度。

1）高瓦斯、煤与瓦斯突出矿井应有瓦斯抽放措施，并装备安全监控系统。高瓦斯掘进工作面采用专用变压器、专用电缆、专用开关，实现风电、甲烷风电闭锁。开采煤与瓦斯突出危险煤层的，应有预测预报、防治措施、效果检验和安全防护的综合防突措施。

2）煤矿必须实行瓦斯检查制度和矿长、技术负责人瓦斯日报审查签字制度，并配备足够的专职瓦斯检查员和定期进行校验的瓦斯检测仪器。煤矿井下爆破须按矿井瓦斯等级选用相应的煤矿许用炸药和雷管，爆破工作应当有专职爆破员担任，并严格执行“一炮三检”制度。

（5）安全可靠的运输提升与供电系统。

1）矿井提升使用装设齐全保险装置和深度指示器的矿用提升机，竖井升降人员应当使用装设防坠装置的罐笼或带乘人间的箕斗，斜井运送人员应当使用装设防跑车装置的专用人车。

2）矿井应当保证双回路电源线路供电。年产60kt以下的矿井采用单回路供电时，必须设置满足要求的备用电源。井下电气设备必须符合防爆要求，应有接地、过流、漏电保护装置。属于煤矿安全标志管理目录内的矿用产品应有安全标志。

（6）其他的安全基本条件。

1）矿井应有完善的防尘供水系统、防排水系统和火灾防治措施及设施。

2）矿井实行入井检身制度，入井人员必须随身携带自救器。

3）煤矿应当加强粉尘的检测和防治工作，制定职业危害防治措施，并为从业人员提供符合标准的劳动防护用品。

4）煤矿应当建立应急救援组织。不具备单独建立应急救援组织的小型煤矿，应当指定兼职的应急救援人员，并与专业应急救援组织签订救护协议。

5）矿井应有完善可靠的通信系统，保持矿内外、井上下和重要场所、主要作业地点通信畅通。

33. 什么是煤层的顶板、底板，顶板、底板由哪些部分组成？

煤层的顶板、底板是指煤系中位于煤层上下一定距离内的岩层。按照沉积的顺序，在正常情况下，位于煤层之上、在煤层之后形成的岩层是顶板，位于煤层之下、先于煤层形成的岩层是底板。由于沉积物质及沉积环境的不同，不同的顶板、底板岩性和厚度各不相同，在开采过程中对煤矿安全与生产的影响也不一样。

根据顶底板岩层与煤层相对的位置、垮落性能和强度等特征的不同，从上至下，顶板可划分为老顶、直接顶和伪顶，底板可分为伪底、直接底和老底。但是，并非每个煤层都具有完整的6个组成部分，可能缺失某一个或几个组成部分。

（1）老顶。位于直接顶或煤层（如无直接顶和伪顶）之上的厚而坚硬的岩层。常在采空区暴露相当面积才垮落，常由砂岩、砾岩、石灰岩等坚硬岩石组成。

（2）直接顶。直接位于伪顶或煤层（如无伪顶）之上的岩层，厚度一般可达几米，多由页岩、砂质页岩和粉砂岩等较易垮落的岩石组成，常随支架的回撤而垮落。

（3）伪顶。紧贴煤层之上，厚度一般为0.5m以下的较薄极易垮落的软弱岩层，随采随落，多由泥质页岩、炭质页岩组成。

（4）伪底。直接位于煤层之下薄而软弱岩层，岩性多为炭质页岩或泥岩，厚度不大。

（5）直接底。直接位于煤层之下的硬度较小的岩层，厚度一般为几十厘米至1m左右，通常为页岩、泥岩或黏土岩。由于黏土岩遇水易膨胀，当直接底为黏土岩时，可造成巷道底鼓与支架插底的现象，轻者给巷道运输与工作面支护带来困难，重者可使巷道遭受严重破坏，给煤矿的生产与安全带来严重影响。

（6）老底。位于直接底下面的比较坚硬的岩层，多为砂岩、石灰岩等。

34. 煤层有哪些形态与结构?

煤层和其他沉积岩一样，在形成的初期，通常是层状埋藏的，具有明显的连续性，厚度也较为均匀，但由于受沉积条件和地壳运动的影响，也存在似层状和非层状的煤层。因此，煤层按其形态可分为三种：

（1）层状煤层。煤层厚度稳定，无明显变化，连续性好，分布面积较大。

（2）似层状煤层。煤层厚度变化较大，层位有一定的连续性，如藕节状煤层、串珠状煤层和瓜藤状煤层。

（3）非层状煤层。煤层厚度变化很大，由一个个孤立的煤包体断续分布组成，层位连续不明显，常有大范围的尖灭，如鸡窝状煤层、扁豆状煤层等。

煤层的结构是指煤层中夹石层的数量和分布特征。根据煤层是否有较稳定的夹矸，可将煤层分为两类：

（1）简单结构煤层。简单结构煤层是指没有或很少呈层状分布的较稳定夹石层的煤层。通常厚度较小的煤层往往是简单结构煤层。

（2）复杂结构煤层。复杂结构煤层是指含有数目不等呈层状分布的且较为稳定夹石层的煤层。夹矸的层数、层位、厚度和岩性一般变化较大。

35. 什么是煤层厚度，可分为哪几类?

煤层厚度是指煤层顶底板之间的垂直距离。由于成煤条件不同，煤层厚度的变化也很大，有的只有几厘米，有的可达几十厘米甚至两百余米。根据煤层的产状、煤质、开采方法以及当地对煤需求情况，综合煤炭开采技术和经济条件，确定出可采的最小的煤层厚度称为最低可采厚度。低于最低可采厚度的煤层一般称为不可采煤层，大于最低可采厚度的煤层称为可采煤层。在复杂结构煤层中，煤层厚度可分为总厚度和有益厚度。总厚度是指包括夹石在内煤层的全厚，有益厚度是指除去夹石的纯厚度。

根据开采技术的特点及对开采技术的影响，井工开采时，煤层按厚度可分为三类：厚度小于1.3m的为薄煤层，1.3～3.5m厚的为中厚煤层，厚度在3.5m以上的为厚煤层。在煤矿生产中，习惯上把厚度在6m以上的称为特厚煤层。煤层厚度是决定煤层开采价值和选择不同采煤方法及设备的主要因素。

36. 什么是煤层产状，其要素包括哪些?

煤层在地壳中赋存的状态及其展布方向称为煤层的产状。煤层的空间位置及特点通常用产状要素来描述，产状要素包括走向、倾向和倾角，如图2-1所示。

（1）走向。倾斜煤层层面与水平面的交线称为走向线，走向线的方向称为走向。

（2）倾向。煤层层面与走向线垂直的线称为倾斜线，倾斜线由高向低的水平投影所指的方向称为倾向。

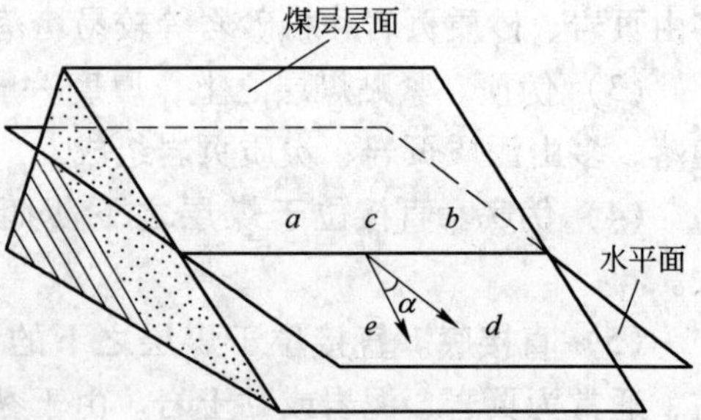

图2-1 煤层的产状要素

ab—走向线；*ce*—倾斜线；*cd*—倾向线；α—煤层倾角

(3) 倾角。煤层层面与水平面所夹的最大的锐角称为倾角。煤层倾角的大小反映煤层的倾斜程度，煤层倾角越大，开采难度越大。煤层倾角对开采技术和运输设备的选择有较大的影响。煤层按其倾角大小可分为四类，即近水平煤层（倾角小于8°）、缓倾斜煤层（倾角在8°~25°）、倾斜煤层（倾角在25°~45°）和急倾斜煤层（倾角在45°以上）。

37. 什么是地质构造，一般包括哪几类？

沉积岩层在一开始形成时一般都是水平或近于水平的，在一定范围内是连续完整的。但是，由于地壳运动的影响，往往使其空间位置和形态发生了变化，由水平变成倾斜、出现褶皱，甚至发生断裂和倒转。这种由地壳运动所造成的煤岩层空间位置和形态的变化称为地质构造。地质构造一般包括单斜构造、褶皱构造和断裂构造。地质构造是影响煤矿安全和生产的各种地质因素中最为重要的因素。

(1) 单斜构造。在一定范围内，煤岩层受地质作用力的影响，大致向同一方向倾斜的形态称为单斜构造。在较大的区域范围内，单斜构造往往是其他构造的一部分，如褶曲的一翼或断层的一盘。描述单斜构造空间位置和形态最常用的方法是煤岩层的产状要素。单斜构造对煤矿安全与生产的影响比褶皱和断裂两种构造要小得多。

(2) 褶皱构造。煤岩层受地壳运动的作用，被挤压得弯弯曲曲，但仍保持着连续性和完整性，这种构造形态称为褶皱构造。褶皱构造是煤岩层柔性变形的结果。褶皱构造的基本单位是褶曲，褶曲是褶皱构造的一个弯曲，褶曲有两种基本类型，即背斜和向斜，如图2-2所示。背斜和向斜往往是相间存在的。

1) 背斜：层面向上弯曲，中心岩性较老，两翼渐新，两翼岩层倾向相背。

2) 向斜：层面向下弯曲，中心岩性较新，两翼渐老，两翼岩层倾向相向。

背斜和向斜凹凸部分的顶部就是褶曲的轴部，两侧的为褶曲的翼部。褶曲的轴部一般应力比较集中，裂隙比较发育，是对煤矿安全生产影响较大的部位。

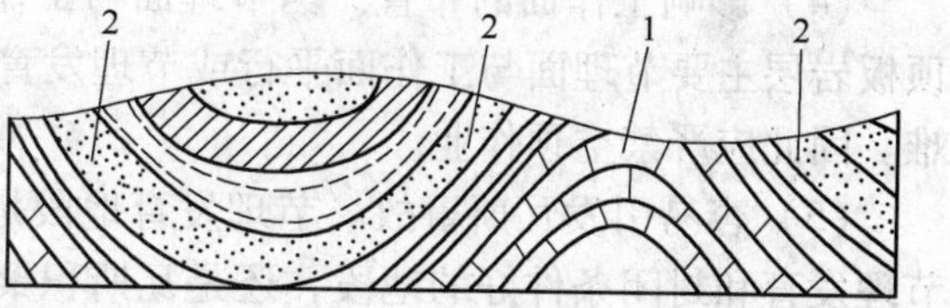

图 2-2　褶皱构造
1—背斜；2—向斜

(3) 断裂构造。煤岩层受地壳运动的作用力而发生断裂，失去了连续和完整性，这种构造形态称为断裂构造。断裂构造往往是水和瓦斯涌出的通道，也是影响煤矿生产与安全的重要地质因素。断裂构造包括节理和断层。

38. 褶曲对煤矿安全生产有哪些影响？

(1) 增大开采难度。露天开采时，大型的向斜由于其核部煤层埋藏较深，使开采技术复杂化。深部煤层暂时难以回采的，如果两翼煤炭储量可达到一定井型时，可以把向斜枢纽作为井田边界。有些大型宽缓背斜，以枢纽线作为井田边界，两翼煤层作为单斜构造可以分别考虑。

(2) 给顶板管理带来困难。由于褶曲轴部裂隙发育，岩层较为破碎，顶板不好管理，很易发生冒顶事故。对于大型向斜轴部，顶板压力常有增大的现象，必须加强支护，否则容易发生垮塌、切工作面事故。

（3）容易引起瓦斯事故。由于褶曲轴部较为破碎，是瓦斯涌出的良好通道，也是瓦斯赋存的重要场所，要防止瓦斯事故。有瓦斯突出的矿井，向斜轴部是瓦斯突出的危险区，由于向斜轴部顶板压力大，再加上强大的瓦斯压力，向斜轴部极容易发生瓦斯突出事故。

（4）易发生水灾事故。褶曲轴部的裂隙是储存水的良好场所和涌出的良好通道，当采掘工作面接近该区域时，管理不好很容易发生水灾事故。

39. 节理对煤矿安全与生产有哪些主要影响?

节理又称为裂隙。煤岩层断裂后，断裂面两侧的煤岩层没发生明显位移的称为节理。根据成因，节理可分为原生节理、风化节理和构造节理。构造节理是指岩层受力后产生的破裂面。构造节理发育广泛，对煤矿安全与生产影响较大，具体主要表现在以下几个方面：

（1）影响爆破效果和劳动生产率。由于节理的存在，在爆破时，会使大量的爆生气体漏掉，影响爆破效果。在钻孔时，如果用一字花钻头，很容易出现卡钎子的现象，影响劳动生产率。为减小节理对煤矿生产的影响，可改用十字花钻头，并使钻孔的方向与主要的节理面尽可能地形成最大夹角。

（2）使顶板破碎，容易引发冒顶事故。由于节理对顶板岩层的切割破坏，使顶板岩层的整体性变差，强度降低，易于发生冒落。因此，当顶板节理发育时，应考虑适当缩小控顶面积和放顶步距。

（3）使工作面的淋水增大，恶化生产条件。同时，节理还是地下水的良好通道，有时可引起水灾。

（4）影响工作面的布置。当节理面与工作面平行时，工作面很容易发生片帮事故。若顶板岩层主要节理面与工作面平行或节理发育时，容易发生冒顶事故，给顶板管理造成困难。因此应严禁空顶作业。

（5）容易引发瓦斯事故。节理发育地段是瓦斯涌出的良好通道和积聚的良好场所。在节理发育和封闭条件好的地段，还是瓦斯积聚的良好场所，当采掘工作进入该区域时，瓦斯浓度（体积分数，下同）会明显增高。经验证明，在压扭应力强烈的区域，裂隙发育地段最有可能形成构造软煤封闭区，这样的地段往往具有较大的瓦斯潜能，是易于发生煤与瓦斯突出的危险区。

40. 断层对煤矿安全生产有哪些影响?

煤岩层断裂后，断裂面两侧的煤岩层发生了明显位移称为断层。

断层要素，即断层的组成部分（图2-3），主要包括：

（1）断层面。断层面是指煤岩层相对位移的断裂面。一般都把其视为一个平面，其空间位置和形态可用岩层的产状要素来描述。

（2）断层线。断层线是指断层面与地面或某一假想水平面的交线。表示断层在地面或某一水平面上的延伸方向。

（3）断盘或断块。被断裂面分开的两侧岩体

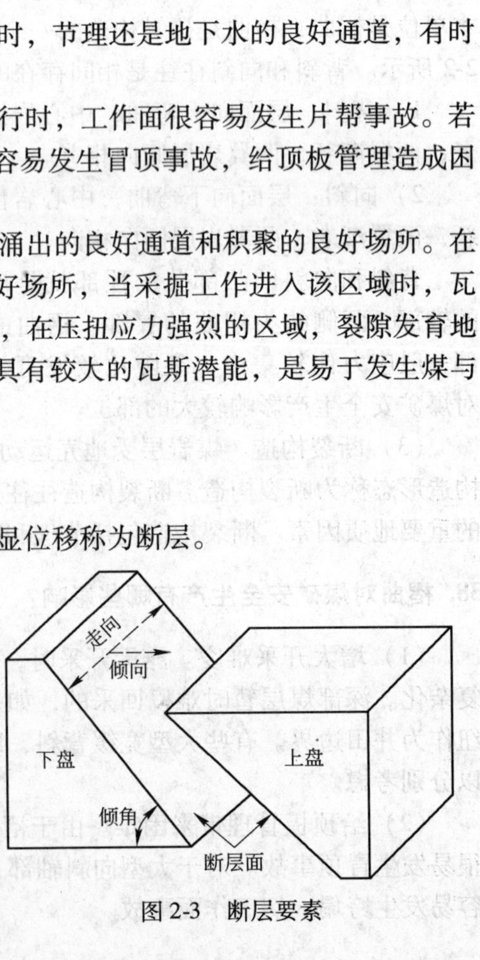

图2-3 断层要素

称为断盘。当断层面倾斜时，位于断层面上方的一盘称为上盘，位于断层面下方的一盘称为下盘。相对上升的一盘称为上升盘，相对下降的一盘称为下降盘。

（4）断距。断距是指断层两盘同一煤岩层面相对位移的距离，包括地层断距、垂直断距（落差）和水平断距，这三种断距的连线构成直角三角形。

根据断层两盘相对位移的方向，断层可分为以下三种（图2-4）：

（1）正断层。上盘相对下降，下盘相对上升。

（2）逆断层。上盘相对上升，下盘相对下降。

（3）平推断层。两盘沿水平方向发生明显的位移。

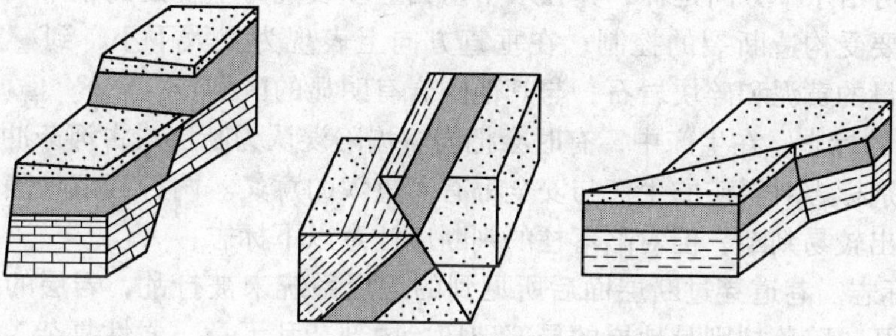

图2-4 断层的基本类型

a—正断层；b—逆断层；c—平推断层

断层对煤矿安全生产的影响如下：

（1）断层破坏严重的地段，影响采区的划分，影响工作面和巷道的布置。

（2）断层破坏严重的地段，使工作面布置不规则，巷道掘进率明显增高，还常常会造成无效进尺，不仅造成经济损失，还会留下安全隐患。

（3）采煤工作面若出现断层，会给支护工作和顶板管理带来困难，管理不善还会造成冒顶事故。

（4）断层是地下水的储存场所和导水的良好通道，管理不善容易引起断层透水事故。

（5）在高瓦斯含量煤层中，断层破碎带可能聚集瓦斯，当工作面通过时，极易发生瓦斯事故。

41. 岩溶塌陷可分为哪几种，其判断标志是什么？

所谓岩溶塌陷，就是石灰岩、白云岩等可溶性岩石在地下水的溶蚀作用下产生塌陷的现象。按其成因及特征，岩溶塌陷可分为陷落柱和淤泥带两种。陷落柱主要分布于华北岩层倾角较平缓的地区，淤泥带则常在西南岩层倾角较陡的地区出现。

（1）陷落柱及其特征。岩溶陷落柱是局部地层中的岩溶塌陷现象。因塌陷体的剖面形态似一锥形柱体，所以以其成因和形态取名为岩溶陷落柱，简称陷落柱。它对煤矿生产有较大的影响。

陷落柱的特征：整体形态是一个上小下大的圆锥体，水平切面上多呈圆形或椭圆形，直径大小不一，大则百余米，小则十余米；陷落柱的高度一般有限，其波及高度取决于造成岩溶塌陷的溶洞的规模，有的也可以波及地表；陷落柱内的岩石碎块棱角显著、形状不规则、排列紊乱、大小混杂，胶结差，多未成岩；与围岩的接触面多呈不规则的锯齿状，界限明显，接触处的围岩产状基本正常，接触带附近的煤层及其顶底板一般无牵引现象。

（2）淤泥带及其特征。淤泥带也是一种岩溶塌陷现象，当石灰岩层受到构造力的作用后，产生许多构造裂隙，这就为地下水的溶蚀作用创造了有利条件。随着地下水对裂隙侵蚀的加深、加宽，最终导致岩石的塌陷和水流携带地表泥土一齐填入了这种大型裂缝形成地下淤泥带。

淤泥带的主要特征：地表多呈低洼的冲沟；垂直方向表现为上宽下窄的裂隙带，既可向下延深，也可沿水平方向延伸，其在水平切面上多表现为不规则的条带状，淤泥带在平面上的延伸主要受构造断裂的控制；在垂直方向上表现为上大下小，到一定深度就会消失；其内有大量的黄泥和碎块岩石，与其他围岩有明显的区别。

（3）判断的标志。在生产中，有时会把岩溶塌陷误认为断层或古河床冲蚀，因此了解岩溶塌陷的辨别标志对煤矿的生产与安全都有着重大的意义。两种岩溶塌陷现象中，淤泥带因其特点突出较易判断，但对陷落柱的判断应注意以下标志：

1）岩性标志。巷道穿过断层面后所见到的地层系统未被打乱，岩层的结构和构造仍保持其原有特征。陷落柱则是地层的局部破坏，内部杂乱无章，岩性复杂，这一特征是与小断层区别的重要标志。当遇到大岩块岩石断裂陷落时，应注意层理的方向和岩石中化石的分布排列方向。断裂陷落的大型岩块的层理和化石的排列往往直立，倾角很陡。而断层面附近的岩石倾角虽有变化，但成直立状态的很少。另外，由于古河床冲蚀而形成的砂岩，其层理与煤层底板大致平行。此特点也可把古河床冲蚀与陷落柱相区别。

2）接触带特征。陷落柱的柱壁倾角很陡，往往呈90°，接触面不平整，无擦痕。断层直立的情况很少，常见擦痕，断层的破碎带远小于陷落柱。

3）煤层及顶底板的变化。陷落柱附近煤厚有变化，煤层中裂隙发育，煤质松碎，但无滑面和羽状节理等构造现象。顶底板岩层除裂隙发育外，产状无变化。然而断层面附近，煤层和顶底板岩层产状均变化较大。

4）陷落柱一般上下影响范围比较大，上部煤层发现了陷落柱，下部煤层也必然受其影响，塌陷的范围也更大些。因此，通过上下对照，不仅可以预测下层煤陷落柱的出现，而且还能预测其出现的位置和范围。

42. 岩浆侵入体对煤矿生产有什么影响？

生产矿井中发现的岩浆侵入体主要有两种产状，即脉状的岩墙和层状的岩床。岩墙是地下岩浆沿断层或裂隙上冲侵入到煤系地层的墙状侵入体，平面上呈带状分布，宽度有几十厘米至几米，有时可达几十米，长度不一。岩浆的侵入活动受早期断裂构造的控制，而晚于岩浆侵入期的断裂构造只切割岩浆侵入体，但不影响其分布。岩床是地下岩浆沿煤层层面方向侵入的侵入体。它既可以沿煤层的顶板或底板侵入，也可沿煤层中间侵入，甚至可以吞蚀整个煤层，其形态大致可分为层状、似层状、串珠状和树枝状。

岩浆侵入煤层主要有两大规律：（1）岩浆侵入时，沿断层上升遇煤层后则向煤层上山方向扩散；（2）侵入体有选择层位的特点，尤其是厚煤层，岩浆活动的阻力最小，岩床的面积往往越大。而在各煤层的岩浆侵入体分布范围，其水平投影位置是不重叠的，多为错开的。

岩浆侵入体对煤矿生产的影响主要有以下几点：

（1）吞蚀煤层，大大减少了矿井的煤炭储量，影响矿井的服务年限。

（2）使煤质变差，灰分增高，挥发分显著降低，黏结性遭到破坏，可使原来的优质工业用煤降为一般民用煤或天然焦。

（3）可造成连续完整煤层的分割与破坏，并在煤层中分布许多岩浆岩体，给煤矿生产带来困难。

43. 矿井开采顺序有哪些，如何合理开采煤层?

矿井开采顺序分为一般开采顺序和煤层群开采顺序。

（1）一般开采顺序。一般开采顺序采用“采区前进，区内后退”，即先采靠近井筒的采区，逐渐向边界推进；在每个采区内，采煤工作面从采区边界向采区上山方向后退式开采。各水平间及采区内各区段的开采顺序一般采用下行式，即沿倾斜方向由上向下依次回采。以上的开采顺序主要是便于生产接替和尽快出煤，同时采用下行式开采顺序还可避免或减少对下个工作面或下层煤的影响。

（2）煤层群开采顺序。开采煤层群时，各煤层的开采顺序有下行式和上行式两种。先采上煤层后采下煤层称为下行式开采顺序，反之称为上行式开采顺序。

1）下行式开采。缓斜及倾斜煤层用下行式开采简单、对下层煤影响很小、有利于下层煤的开采和巷道维护。但是当煤层间距较小时，上层煤开采后形成的支撑压力有可能传递到下层煤中，为此上层煤回采时应尽量不留或少留煤柱。必须留煤柱时也要将下层煤的巷道布置在支承压力区之外。

2）上行式开采。在某些情况下，煤层或煤层组之间也可能采用上行式开采。采用上行式开采的基本条件是，层间距较大，先采下层煤不会破坏上层煤，不给上层煤开采造成困难。

为保证矿井正常的既经济又安全的生产，矿井的开采必须选择经济合理的开采顺序。

（1）采用下行开采顺序时，近距离煤层群可以同区段上下层同采。但上下层工作面的错距应满足以下要求：1）下层煤开采引起的岩层移动不波及和影响上层煤工作面；2）上层煤工作面放顶煤不影响下层煤工作面开采；3）上层和下层采掘作业相互没有影响和干扰。

（2）开采急斜煤层时，如果层间距较小，既要考虑下煤层开采对上煤层的影响，又要考虑上煤层开采对下煤层的影响。

（3）当上部煤层有煤和瓦斯突出危险，或上部煤层有冲击地压，或有剧烈周期来压危险，或上部煤层含水量大等情况时也可考虑采用上行开采顺序。

（4）开采急斜煤层群时，采用上行开采，应避免下层煤开采后对上层煤的影响，应根据具体开采条件分别采取合理减小区段高度、同一区段内上下煤层同采、将两个相距很近的煤层作为复合煤层一次开采及采用全部充填采空区的方法开采等措施。

44. 采煤方法有哪几种，我国常用的采煤方法有哪些?

采煤方法包括采煤系统和采煤工艺两项主要内容，是采煤工艺与回采巷道布置及其在时间和空间上的相互配合。地质条件与开采技术条件的不同，直接影响采煤方法的选择。

按采煤工艺、回采巷道布置的不同特点，采煤方法可分为壁式体系与柱式体系两大类。

由于我国煤层赋存条件的复杂性、开采技术的多样性，因此采煤方法也存在多样性。我国是世界上采煤方法最多的国家，常用采煤方法及其特征见表2-1。

表2-1 我国常用采煤方法及其特征

序号	采煤方法	体系	整层与分层	推进方向	采空区处理	采煤工艺	基本条件
1	单一走向长壁采煤法	壁式	整层	走向	垮落	综采、普采、炮采	薄及中厚煤层
2	单倾斜长壁采煤法	壁式	整层	倾斜	垮落	综采、普采、炮采	缓斜薄及中厚煤层
3	刀柱式采煤法	壁式	整层	走向或倾斜	刀柱	普采、炮采	缓斜薄及中厚煤层、顶板坚硬
4	大采高一次采全厚采煤法	壁式	整层	走向或倾斜	垮落	综采	缓斜5m以下厚煤层
5	倾斜分层走向长壁下行垮落采煤法	壁式	分层	走向	垮落	综采、普采、炮采	缓斜、倾斜厚及特厚煤层
6	倾斜分层走向长壁下行垮落采煤法	壁式	分层	倾斜	垮落	综采、普采、炮采	缓斜、倾斜厚及特厚煤层
7	倾斜分层走向长壁上行充填采煤法	壁式	分层	走向或倾斜	充填	炮采为主	缓斜、倾斜特厚煤层
8	放顶煤长壁采煤法	壁式	整层为主	走向或倾斜	垮落	综采为主	缓斜5m以上厚煤层
9	水平分段放顶煤长壁采煤法	壁式	分层	走向	垮落	综采为主	急斜特厚煤层
10	水平分层、斜切分层下行垮落采煤法	壁式	分层	走向	垮落	炮采	急斜厚及特厚煤层
11	掩护支架采煤法	壁式	整层	走向	垮落	炮采	急斜中厚及厚煤层为主
12	台阶式采煤法	壁式	整层	走向	垮落	炮采、风镐	急斜薄及中厚煤层
13	仓储、巷道长壁采煤法	壁式	整层	走向为主	垮落	水采	急斜薄及中厚煤层
14	水力采煤法	柱式	整层	走向或倾斜	垮落	炮采	不稳定煤层、急斜煤层
15	传统的柱式体系采煤法	柱式	煤层		垮落		不正规条件回收煤柱

我国在采煤方法的应用上是以壁式体系为主的国家，主要有单一走向长壁采煤法、单一倾斜长壁采煤法、放顶煤长壁采煤法和倾斜分层走向长壁上行充填采煤法。

45. 采煤工艺有哪几种，每种采煤工艺的安全管理要求有哪些？

采煤工艺分为炮采、普采和综采三种。炮采工艺的主要工序有钻孔爆破、人工装煤、刮板输送机运煤、移输送机、顶板支护和回柱放顶；普采工艺的特点主要是落煤和装煤采用机械（采煤机或刨煤机），其他工序和炮采工艺相似；综采工艺的特点是除了落煤与装煤采用采煤机或刨煤机完成外，支护采用自移式液压支架，加上刮板输送机运煤，采煤工作面可实现全部综合机械化生产。

（1）炮采。根据炮采工艺的特点及对围岩影响的大小等，在安全管理上应注意各主要工序相互间安排时间与顺序的合理性。由于爆破与回柱对顶板的影响比较大，因此当炮采工作面采用全线分段依次爆破时，应合理确定一次循环的进度。爆破落煤进度为 0.8 ~ 1.0m 时，一般爆破的影响涉及范围沿工作面倾斜上下各为 12 ~ 17m，而剧烈影响的范围是上下各为 5 ~ 7m。爆破后，顶板下沉速度会突然增大，但延续时间较短。回柱放顶产生的剧烈下沉影响范围沿倾斜约 30m，而 15m 以内影响剧烈。影响范围在回柱地点前方15 ~ 20m，10m 内影响剧烈。影响范围在回柱地点后方 10 ~ 15m，5m 以内影响剧烈。回柱地点沿走向距煤壁越近，下沉量越大。

炮采工作面的回柱放顶及爆破落煤两道工序对顶板下沉量影响比较大，所以这两道工序在空间和时间上应保持一定间隔，否则有可能造成顶板压力的叠加，导致支架损坏甚至发生片帮、冒顶等事故。

支护与回柱两工序平行作业时，也应错开一定距离进行。一般情况下，回柱放顶应滞后支护的距离不小于 10 ~ 15m。

移输送机与回柱工序应避免相互干扰，最好在不同班中完成。如必须在同班中完成，也应在时间上错开最少 2h，以利于顶板和工作面生产的安全管理。

（2）普通机械化采煤。普通机械化采煤在工序安排上，应注意避免各道工序相互干扰或造成工作面顶板应力的叠加。

一般情况下，要紧跟采煤机及时支护，保证挂梁的及时性，一般距离为 5 ~ 15m。移输送机后应及时打立柱支撑顶梁，滞后移输送机距离一般不应超过 15m。沿工作面方向，采煤和回柱放顶两工序之间一般应错开 15 ~ 20m，严禁在一处同时进行作业，否则顶板将出现应力叠加现象，不利于顶板的管理。为避免发生冒顶事故最好采用回柱放顶在前、割煤在后的方式。

普采工作面应根据来压和正常生产具体情况，合理有效地确定支护密度。正常生产期间，支柱密度不宜过大，应有足够的排距以保证人行道的畅通，并加快推进速度。工作面接近来压时，在合理选择普通支架和特种支架的同时，还必须保证支架架设的质量。

（3）综合机械化采煤。综合机械化采煤应做到跟机及时移架，以减少空顶时间，避免发生冒顶事故；如果煤壁发生片帮，应采取超前支护方式，即在采煤机割煤前，利用支架前柱与输送机间的富余量向前移架，使片帮后的顶板得到提前支护。综采工作面安全管理工作还应注重上下端头的支护与作业安全。在上下端头进行支护及挂网时，要与采煤机割煤位置在空间上错开，避开采动的影响。此外还要正确选择端头支护形式，使端头支护具有一定稳定性和适应性，防止端头顶板发生局部漏冒事故。

46. 煤矿采煤系统安全检查重点有哪些?

煤矿开采是实现煤矿生产最终目的的最重要的环节和手段，煤矿开采的各项活动主要是在采区系统中完成的，要实现煤矿开采的生产与安全决定于采区系统的完善性和安全性、生产设备及生产工艺的适应性、各种措施的完善程度及针对性等。因此，煤矿开采安全的检查应根据采区的条件（包括主观条件和客观条件）及不同的生产工艺，在全面检查的基础上，对重点设备、重要程序和工艺、重点区域进行重点检查。

采区系统检查的重点：

（1）检查采区实际系统与采区设计是否符合。

（2）采区采煤、运输、通风、供电、通信等系统是否健全。

（3）采区、采煤工作面是否具备两个以上畅通无阻的安全出口，采煤工作面两个以上安全出口无法保证时，是否经过了矿务局总工程师批准。

（4）巷道断面尺寸是否符合作业规程的规定。

47. 煤矿综采工作面的现场安全检查内容有哪些，其检查程序是什么?

煤矿综采工作面在安全方面最容易出现问题的地方是采煤机、液压支架的安全使用、上下安全出口的安全、工作面冒顶片帮等，当然，防止瓦斯、煤尘事故也是安全检查的重点。其现场安全检查内容如下：

（1）工作面支护的检查。

1）检查支架是否排成直线，支架排列偏差不应超过 ±50mm；中心距是否符合作业规程规定，中心距偏差不应超过 ±100mm；相邻支架间是否存在明显错差，错差不应超过顶梁侧护板高的2/3，歪倒应小于 ±5°。

2）支架架设要与顶底板和输送机垂直、不得超高，与顶板接触要严密、迎山有力、不许空顶。

3）支架是否完好，无漏液、不窜液、不失效，架内无浮煤、浮矸堆积。

4）支架是否采用编号管理。

5）支架初撑力是否不低于规定值。

（2）上下区段平巷的检查。

1）检查巷道断面和人行道宽度是否符合作业规程的要求，其中上区段平巷净断面应不小于10m^2，下区段平巷净断面应不小于12m^2；人行道宽度不小于1m，另一侧宽度不小于0.5m。

2）巷道支护是否完整，有无断梁折柱或空帮空顶。

3）下区段平巷中横跨带式输送机或刮板输送机时是否有过桥。

4）巷道有无积水、杂物、浮煤或浮矸，材料设备是否码放整齐，是否有标志牌。

5）巷道维修有无专人负责维修。

（3）安全出口的检查。

1）是否按作业规程规定进行了超前支护；安全出口20m 范围内支架是否完整、无缺，并有超前支护；巷道高度是否不低于1.8m。

2）是否加强端头支护，并与工作面支架成一直线。

3）是否按作业规程规定采取支架防滑防倒措施，倾角超过15°时，排头支架是否安装防倒千斤顶，并经常保持拉紧状态；倾角大的工作面下部端头须架设木垛，以支撑第一架支架防止下滑。

（4）采煤作业的检查。

1）检查采煤机状态能否满足安全生产的要求，如备件是否齐全，截齿是否齐全、锋利，喷雾是否畅通、正常。

2）采煤机运行时，牵引速度是否符合规定。

3）采煤机割煤时，顶底板是否割得平整，油泵工作压力是否保持在规定范围内。

4）采煤机停机后，速度控制、机头离合器、电气隔离开关是否已打在断开位置，供水管路是否完全关闭。

5）采煤机是否被用作了牵引或推顶设备。

（5）液压支架移架的检查。

1）检查移架前是否整理好架前推移空间，清除架间杂物和顶梁上冒落的坚硬岩块。

2）倾斜煤层中的移架顺序是否坚持由下而上。

3）移架操作时，是否保持支架中心距相等和移架步距相等；是否追机作业，滞后采煤机后滚筒4~8架；移架工是否站在架箱内，面向煤壁操作；升架是否有足够初撑力，与顶板接触是否严密。

4）移架前支架是否前后窜动，频繁升降。

5）移架区内是否有人工作、停留或穿越。

6）移架是否一次移好，有无随意升降支架现象；架间空隙是否背严，有无漏矸或采空区矸石窜入支架底部。

7）移架完成后，操作手柄是否打到零位，并关闭截止阀。

（6）推移刮板输送机的检查。

1）检查是否严格掌握输送机的"平直"，遵循程序推溜原则。

2）推溜距移架距离是否满足要求，推溜滞后移架不小于6m，不超过15m，是否出现陡弯，推溜只在输送机工作时进行。

3）每次推溜是否推移一个步距，上下机头是否既不落后，也不超前。

4）推移上下机头时，是否将机头和过渡槽处的杂物清理干净，机头是否飘起。

（7）工作面生产设备的检查。

1）液压泵站的检查。检查泵体是否安放平稳，零部件完好无缺，密封良好，运行可靠；压力表准确可靠，误差不超过±0.1MPa；高低压过滤器、乳化器安装完好，性能可靠，油箱蓄压器不漏液，压力符合规定；乳化液清洁，无析皂现象，配制浓度控制在3%~5%；运行曲轴温度不高于75℃，油量适当，泵体温度不高于60℃；电动机运转声音是否正常，保护装置是否符合防爆要求；有填写清楚的运转日志。

2）输送机和转载机的检查。检查螺栓及其他连接零件是否齐全、完整、紧固；电动机运转是否正常，风扇、护罩是否齐全无损，符合防爆要求；溜槽铺设是否平、直、稳，不咬链、不跳链，刮板不短缺，溜槽无严重变形；液压联轴节易熔保护塞及易破保护盘是否齐全无损；铲煤板、挡煤板和电缆架有无严重变形；机头、机尾有无杂物；注油嘴是否完好、畅通。

3）带式输送机的检查。检查螺栓、销子是否齐全、紧固；电动机运转是否正常，温升是否超过60℃；液压联轴节的易熔合金塞保护是否齐全无损、不漏液，液量是否符合规定；油嘴是否完好、畅通；输送带及接头有无撕裂，卡扣排列是否均匀、紧固，滚筒及上下托轮是否齐全，运转有无异音，密封、润滑是否良好；输送带有无跑偏，张紧是否适当；机头、机尾两侧有无块煤、杂物。

4）移动变电站和高低压开关的检查。检查零部件是否齐全完整，连接紧固可靠；高低压防爆腔清洁，高低压套管无破损、裂纹及放电痕迹；电气、机械闭锁机构齐全、接地完整、动作灵敏可靠；电气仪表指示准确，仪表玻璃无破损，表面清洁；标志牌标明容量、用途、整定值；设备外壳无严重变形及大面积脱漆现象，设备整洁，周围无淋水及杂物；有无完整的电气系统图和检修记录，记录填写是否清楚。

5）通信系统的检查。检查控制系统是否准确可靠，通话清晰；仪表指示是否准确，表面清晰；防爆腔及防爆面清洁、防爆面无锈蚀和机械伤痕、光洁度及间隙符合有关规定；环境清洁，周围无杂物。

6）电缆的检查。检查电缆敷设有无“鸡爪子”、“羊尾巴”、明接头和严重护套损伤现象；电缆悬挂整齐，符合规定；插销无裂痕，防爆面无锈蚀，零件齐全，联结紧固；动力电缆和控制电缆应用铁质标志牌将有关事项标明清楚。

（8）工作面管理的检查。

1）检查有无经矿务局总工程师批准的工作面统计和作业规程，并有效的贯彻执行。

2）工作面有无施工图板。

3）有无坚持支护质量和顶板动态检测。

4）有无区（队）长跟班上岗，有无质量验收员。

5）是否执行开工牌制度和特殊工种持证上岗制度。

综采工作面现场安全检查程序为：熟悉工作面生产技术条件—查阅设计和作业规程—下顺槽检查—下顺槽设备检查—安全出口检查—工作面支护检查—采煤工作检查—移架推溜检查—设备检查—上安全出口检查—上顺槽检查—现场管理检查—总体评价—提出处理意见。

48. 煤矿机采工作面的现场安全检查内容有哪些，其检查程序是什么？

与综采工作面相比，机采工作面装备水平较低，支护强度较小，容易发生顶板事故。因此，工作面支护、上下安全出口、回柱放顶等是机采工作面安全检查的重点。现场安全检查内容有：

（1）工作面支护的检查。

1）检查柱距、排距是否符合作业规程规定，是否呈一条直线，支架架设偏差不应超过100mm。

2）顶梁铰接率是否大于90%，是否出现连接不铰接现象，机道与放顶线是否配足水平楔。

3）支柱初撑力、迎山、棚梁、背板、柱鞋、柱窝是否符合作业规程规定。

4）是否存在失效柱、梁和空载支柱，不同型号支柱是否混用。

5）是否按作业规程及时架设密集支柱或木棚木垛，其数量、位置是否符合规定。

6）支柱是否全部编号管理、牌号清晰。

（2）上下区段平巷的检查。

1）检查巷道断面是否符合作业规程要求，高度不小于1.8m，人行道宽度不少于0.8m。

2）巷道支护是否完整，无断梁折柱，无空帮空顶；架间撑木齐全。

3）机电设备是否上架进壁龛，电缆悬挂是否整齐。

4）巷道有无积水、杂物、浮煤；材料码放是否整齐，并有标志牌。

5）巷道是否有专人负责维修。

（3）安全出口的检查。

1）检查顺槽至煤壁线20m范围内支架是否整齐，并有符合规定的超前支护。

2）有无符合规定的端头支护，端头对梁距工作面第一架支架的距离不应超过0.7m。

3）巷道高度是否不低于1.6m，人行道宽度不低于0.7m。

4）采空区侧或煤壁侧是否有大于0.6m、不低于工作面采高90%的人行通道。

5）安全出口处煤壁是否至少超前一刀，斜长不小于2.0m。

（4）采煤作业的安全检查。

1）检查采煤机状态能否满足安全生产的要求。

2）采煤机运转时牵引速度是否符合规定，运行是否平稳，底板是否割平。

3）采煤机工作时液压油泵的工作压力是否保持在规定的范围内。

4）采煤机停机后，速度控制、离合器、隔离开关是否打在断开位置，并完全关闭水管。

5）采煤机是否被用作牵引或推顶设备。

（5）煤壁与机道支护的检查。

1）检查煤壁是否平直，是否与底板垂直。

2）是否出现超过规定的伞檐。

3）一次采全高时是否见顶见底。

4）是否按作业规程要求及时架设齐全的贴帮点柱。

5）悬臂梁是否到位，端面距小于300mm，梁端是否接顶，挂梁及时。

6）悬臂梁支柱支设是否及时，在15m内支柱与放顶是否不平行作业，改临时柱时是否做到先支后回。

（6）顶板管理的检查。

1）检查是否执行敲帮问顶制度。

2）顶底板移近量是否小于每米采高100mm。

3）工作面是否出现台阶下沉。

4）梁端至煤壁冒落高度是否大于200mm，当出现时是否采取接实顶板措施。

（7）移溜的安全检查。

1）检查是否遵循程序移溜原则。

2）移溜距采煤机的距离是否符合作业规程规定，是否出现陡弯。

3）移溜是否只在输送机运行中进行。

4）上下机头推移是否与机身保持一致，机头是否飘起。

5）推移上下机头时，是否将杂物清理干净。

（8）回柱放顶的安全检查。

1）检查是否按作业规程规定及时放顶，控顶距是否符合规程要求，上下顺槽是否与工作面放齐。

2）回柱是否采用先支后回、由下而上、由里往外的三角回柱法。

3）回柱与支柱距离是否不小于15m。

4）分段回柱距离是否大于15m，掐头处是否打上隔离柱。

5）回柱地点以上5m、以下8m处是否有与回柱无关人员滞留。

（9）机电设备的检查。

1）检查乳化液泵站压力是否高于18MPa，浓度不低于2%～3%，液压系统完好，不漏液。

2）刮板输送机铺设是否平稳，接头严密，刮板螺丝齐全。

3）小绞车是否有牢靠的四压、二线和地锚，信号是否灵敏可靠，钢丝绳磨损是否超限。

4）机组电缆绝缘是否良好，无“鸡爪子”、“羊尾巴”，电缆架设是否牢靠、安全。

（10）工作面管理的检查。

1）检查工作面是否有区（队）干部和质量验收员跟班上岗，区（队）长、班（组）长是否都在现场交接班。

2）工作面是否执行开工牌和特殊工种持证上岗制度。

3）工作面是否坚持支护质量和顶板动态监测。

4）工作面有无施工图板。

机采工作面现场安全检查程序为：熟悉工作面条件—查阅工作面作业规程—检查工作面下顺槽—下安全出口—工作面支护—顶板管理—采煤机采煤—移溜—工作面煤壁及支护—回柱放顶—上安全出口—工作面上顺槽—工作面管理—总体评价与处理决定。

49. 炮采工作面的现场安全检查内容有哪些，其检查方法有哪几种？

炮采工作面生产时容易出现的问题是冒顶、片帮和爆破事故。因此，炮采工作面安全检查的重点是工作面支护与顶板管理、安全出口、放顶安全作业和爆破安全作业等。现场检查内容有：

（1）工作面支护的检查。

1）检查工作面支柱布置是否符合作业规程规定，支柱要呈一条直线，柱距、排距偏差不超过100mm。

2）顶梁铰接率是否大于90%，是否有顶梁连接不铰接现象，机道与放顶线是否配足水平楔。

3）支柱初撑力、迎山、棚梁、背板、柱鞋、柱窝是否符合作业规程规定。

4）是否存在失效柱、梁和空载支柱，是否存在不同型号支柱混用问题。

5）是否按作业规程要求及时架设密集支柱或木棚木垛。

6）支柱是否全部编号管理，牌号是否清晰。

（2）上下区段平巷的检查。

1）检查巷道断面是否符合作业规程的要求，巷道净高是否低于1.8m。

2）巷道支护是否完整可靠，有无断梁、折柱、空顶。

3）机电设备是否上架进壁龛，电缆悬挂是否整齐。

4）巷道有无积水、浮渣、杂物，材料、设备码放是否整齐，并有标志牌。

（3）安全出口的检查。

1）检查区段平巷至煤壁线20m范围内支架是否完整，是否按作业规程规定进行超前支护。

2）有无符合作业规程规定的端头对梁。

3）巷道高度是否不低于1.6m。

4）工作面有无超过0.6m宽的人行通道，高度不低于工作面采高的90%。

5）超前工作面煤层开采的距离是否符合规程规定。

（4）煤壁及机巷支护的检查。

1）检查煤壁是否平直，并与底板垂直。

2）是否存在超过规定的伞檐。

3）悬臂梁是否到位，端面距小于300mm，梁端是否接顶，挂梁及时。

4）贴帮点柱是否按作业规程要求架设及时、齐全。

5）悬臂梁支柱架设是否及时，改临时柱是否做到先支后回。

（5）顶板管理的检查。

1）是否执行敲帮问顶制度。

2）顶底板移近量是否小于每米采高100mm。

3）是否出现台阶下沉。

4）机道梁端至煤壁顶板是否出现高度大于200mm的冒落，出现时是否采取接实顶板的措施。

（6）工作面爆破的检查。

1）是否按作业规程规定布孔、钻孔。

2）是否按规定装药量和装药方法装药，装药前是否清除炮孔内的煤粉。

3）是否按规定使用炮泥封孔，不装空心炮，并使用水炮泥。

4）是否坚持一组装药一次起爆、“一炮三检”和“三人连锁放炮”制度。

5）盲炮处理是否按规程规定处理。

6）雷管、炸药是否分开存放，并且上锁。

7）雷管、炸药是否账物相符，领退有记录及签字。

（7）工作面设备的检查。

1）检查煤电钻是否有综合保护。

2）刮板输送机铺设是否平稳，接头是否严密。

3）工作面小绞车是否有四压、二线和地锚、钢丝绳磨损是否超限。

4）电缆架设是否牢靠安全。

（8）回柱放顶的检查。

1）是否按作业规程规定及时回柱放顶，控顶距符合要求。

2）回柱与支柱距离是否不小于15m，分段回柱时距离是否大于15m。

3）是否按照先支后回，由下而上，由里往外的三角回柱法回柱。

4）回柱作业场所是否有无关人员停留。

（9）工作面管理检查。

1）有无区队干部和质量验收员跟班上岗。

2）有无作业规程和施工图板。

3）是否坚持质量和顶板动态监测。

炮采工作面现场安全检查应根据作业规程，通过观察、测试、抽查、查阅报表、日志、记录、监测数据等方法逐项检查。

50. 采煤系统特殊条件下的现场安全检查内容有哪些？

（1）工作面过断层的安全检查。断层附近由于顶板比较破碎，工作面过断层时容易发生事故，必须采取一些特殊措施。因此，对其实施安全检查时要重点检查以下内容：

1）过断层之前，是否弄清了断层的形式、性质、落差、围岩情况、导水性等。断层情况不清，不许工作面强行过断层。

2）凡是决定强行过断层时，必须有经过矿务局总工程师批准的安全技术措施。

3）工作面过断层时，应做到：接近断层时，尽量缩小断层的暴露面积，并制定防止破碎带冒落及支架防倒措施；过断层时要根据具体情况，改变支护形式；严格控制采高；严格工程质量；断层带处应以整个工作面同时平行推进，不得滞后；断层带附近煤壁严重片帮，顶板暴露面大时，应采取超前支护措施。

（2）工作面过老巷的安全检查。由于老巷周围的岩层已有不同程度的破坏，工作面通过时压力增大，顶板往往难以维护，如不及时采取有效措施，极有可能造成重大顶板事故。因此，工作面通过老巷时应重点检查以下内容：

1）过老巷前是否已准确掌握了老巷位置、断面形状及围岩情况。

2）过老巷时准备工作是否做到：检查瓦斯情况，排放积聚瓦斯；提前修复老巷，在巷道内架设一梁二柱或一梁三柱的抬棚；不论通过平行于工作面的老巷，还是垂直于工作面的老巷，均要提前30～50m进行维护，避免工作面通过时压死支架。

3）通过老巷时是否做到：老巷位置与工作面平行时，应提前将工作面调整成伪斜，使工作面与老巷间形成一个三角带；老巷位置与工作面垂直时，通过前应在老巷中打好木垛，工作面通过时再将木垛撤出；老巷上空有冒顶时，应用木料填实。

4）通过穿层石门时，应加强维护，在顶板中的一段石门应用木垛填实、稳固。

（3）开采有冲击地压煤层的安全检查。

1）检查防治冲击地压的管理是否做到：有冲击地压的矿务局、矿山有专人负责防治冲击地压工作；在有冲击地压的煤层中工作的人员应具有防治冲击地压的基础知识；发生冲击地压后，能及时组织调查，做好记录，制定防治措施，经矿总工程师批准，报矿务局备案。

2）有冲击地压的矿井是否装备微震、地音监测装置，预测煤层冲击地压的危险程度。

3）煤层开采过程中是否做到：尽量采用长壁开采和全部冒落法管理顶板，基本巷道布置在岩层中；避免在集中应力区布置井巷和邻近采掘工作面相向推进；存在断层和采空区时，尽量采用由断层或采空区开始的回采程序；回采线尽量呈直线，按正常回采速度推进；多煤层开采时，上下煤层工作面有合理的错距；工作面支架有足够强度。

4）保护层的有效范围确定是否有实际考察资料，在未受保护区域是否采取了预防措施。

51. 冲击地压煤层开采有哪些安全要求？

（1）开采冲击地压煤层的煤矿应有专人负责冲击地压预测预报和防治工作。开采冲击地压煤层必须编制专门设计。冲击地压煤层掘进工作面临近大型地质构造、采空区，通过其他集中应力区以及回收煤柱时，必须制定措施。防治冲击地压的措施中，必须规定发生冲击地压时的撤人路线。每次发生冲击地压后，必须组织人员到现场进行调查，记录发生前的征兆、发生经过、有关数据及破坏情况，并制定恢复工作的措施。

（2）开采严重冲击地压煤层时，在采空区不得留有煤柱。如果在采空区留有煤柱，必须将煤柱的位置、尺寸以及影响范围标在采掘工程图上。开拓巷道不得布置在严重冲击地压煤层中。永久硐室不得布置在冲击地压煤层中。

（3）开采煤层群时，应优先选择无冲击地压或弱冲击地压煤层作为保护层开采。保护层有效范围的划定方法和保护层回采的超前距离，应根据对矿井实际考察的结果确定。开采保护层后，在被保护层中确实受到保护的地区，可按无冲击地压煤层进行采掘工作。在未受保护的地区，必须采取放顶卸压、煤层注水、打卸压钻孔、超前爆破松动煤体或其他防治措施。

（4）开采冲击地压煤层时，冲击危险程度和采取措施后的实际效果，可采用钻粉率指标法、地音法、微震法等方法确定。对有冲击地压危险的煤层，应根据预测预报等实际考察资料和积累的数据划分冲击地压危险程度等级并制定相应的综合防治措施。

（5）对冲击地压煤层，应根据顶板岩性掘进宽巷或沿采空区边缘掘进巷道。巷道支护严禁采用混凝土、金属等刚性支架。

（6）严重冲击地压厚煤层中的所有巷道应布置在应力集中圈外；双巷掘进时，两条平行巷道之间的煤柱不得小于8m，联络巷道应与两条平行巷道垂直。

（7）开采冲击地压煤层时应采用垮落法控制顶板，切顶支架应有足够的工作阻力，采空区中所有支柱必须回净。

（8）开采冲击地压煤层时，在同一煤层的同一区段集中应力影响范围内，不得布置两个工作面同时回采。两个工作面相向掘进，在相距30m（综合机械化掘进50m）时，必须停止其中一个掘进工作面，以免引起严重冲击危险。停产3天以上的采煤工作面，恢复生产的前一班内，应鉴定冲击地压危险程度，并采取相应的安全措施。

（9）有严重冲击地压的煤层中，采掘工作面的爆破撤人距离和爆破后进入工作面的时间，必须在作业规程中明确规定。

（10）在无冲击地压煤层中的三面或四面被采空区所包围的地区、构造应力区、集中应力区开采和回收煤柱时，必须制定防治冲击地压的安全措施。

52. 采用水力采煤时，应遵守哪些安全规定？

（1）相邻两个小阶段巷道之间和漏斗式采煤的相邻两个上山眼之间，必须开凿联络巷，用以通风、运料和行人。联络巷间距和支护形式必须在作业规程中规定。

(2) 回采时，两个相邻小阶段巷道或漏斗工作面之间的错距，不得小于5m。

(3) 采煤工作面附近必须设置通信设备，在水枪附近必须有直通高压泵房或调度站的声光兼备的信号装置。

(4) 在顶板破碎或压力较大的煤层中，漏斗式采煤时，上山眼两侧的回采煤垛应上下错开，左右交替采煤。

(5) 木支护的回采巷道，水枪附近必须架设护枪台棚。金属支架支护的回采巷道，护枪方式必须在作业规程中规定。煤层倾角超过15°的漏斗式采煤工作面，必须在采空区架设挡矸点柱。

(6) 发生窝水或水枪被埋时，必须立即打紧急停泵信号，及时打开事故阀门，停枪处理。作业过程中，必须有防止窝水和人员掉入明槽内的安全措施。

(7) 用明槽输送煤浆时，倾角超过25°的巷道，明槽必须封闭；否则禁止行人。倾角在15°~25°时，人行道与明槽之间必须加设挡板或挡墙，其高度不得小于1m；在拐弯、倾角突然变大以及有煤浆溅出的地点，在明槽处应加高挡板或加盖。在行人经常跨过明槽处，必须设过桥。必须保持巷道行人侧畅通。

(8) 除不行人的急倾斜专用岩石溜煤眼外，不得无槽无沟沿巷道底板运输煤浆。

(9) 煤浆堵塞明槽时，必须立即通知水枪手停止出煤，打开事故阀门，放清水处理。煤浆堵塞溜煤眼或巷道时，必须立即停枪，并报告矿调度室，制定安全措施，进行处理。

(10) 快速接头连接的高压水管和煤水管在安装和使用前，必须经过耐压试验。焊接的高压水管和煤水管，在使用前也必须经过耐压试验。试验压力不得小于使用压力的1.5倍。在使用期间，对快速接头连接的高压水管和煤水管，应有专人经常维护管子支座和检查固定情况，保证符合设计要求，并定期测定水管管壁的厚度，及时更换不符合壁厚要求的管子。打开盲管的堵板时，必须采取安全措施，防止管道内压缩的空气伤人。

(11) 对使用中的水枪，必须定期进行耐压试验。严禁使用枪筒中心线偏心距离超过设计规定的水枪。

(12) 通知启动高压水泵前，必须检查管道阀门，按工作要求启闭，防止水击。

(13) 水枪倒枪转水时，必须先通知泵房和调度站，然后按操作规程启闭阀门。拆除、检修高压水管时，必须关闭附近的来水阀门。

(14) 水枪司机与煤水泵司机之间必须安装电话及声光兼备的信号装置。

(15) 从事水力采煤工作的人员，必须有防潮和防寒的劳动保护用品，水枪司机应佩戴防止反溅煤水伤人的劳动保护用品。

53. 采用综合机械化采煤时，应遵守哪些安全规定？

(1) 必须根据矿井各个生产环节、煤层地质条件、煤层厚度、煤层倾角、瓦斯涌出量、自然发火倾向和矿山压力等因素，编制设计（包括设备选型、选点）。

(2) 运送、安装和拆除液压支架时，必须有安全措施，明确规定运送方式、安装质量、拆装工艺和控制顶板的措施。

(3) 工作面煤壁、刮板输送机和支架都必须保持直线。支架间的煤、矸必须清理干净。倾角大于15°时，液压支架必须采取防滑、防倒措施。倾角大于25°时，必须有防止煤（矸）窜出刮板输送机伤人的措施。

（4）液压支架必须接顶。顶板破碎时必须超前支护。在处理液压支架上方冒顶时，必须制定安全措施。

（5）采煤机采煤时必须及时移架。采煤与移架之间的悬顶距离，应根据顶板的具体情况在作业规程中明确规定；超过规定距离或发生冒顶、片帮时，必须停止采煤。

（6）严格控制采高，严禁采高大于支架的最大支护高度。当煤层变薄时，采高不得小于支架的最小支护高度。

（7）当采高超过3m或片帮严重时，液压支架必须有护帮板，防止片帮伤人。

（8）工作面两端必须使用端头支架或增设其他形式的支护。

（9）工作面转载机安有破碎机时，必须有安全防护装置。

（10）处理倒架、歪架、压架以及更换支架和拆修顶梁、支柱、座箱等大型部件时，必须有安全措施。

（11）工作面爆破时，必须有保护液压支架和其他设备的安全措施。

（12）乳化液的配制、水质、配比等，必须符合有关要求。泵箱应设自动给液装置，防止吸空。

54. 采用放顶煤开采时，应遵守哪些安全规定？

（1）矿井第一次采用放顶煤开采，或在煤层（瓦斯）赋存条件变化较大的区域采用放顶煤开采时，必须根据顶板、煤层、瓦斯、自然发火、水文地质、煤尘爆炸性、冲击地压等地质特征和灾害危险性编制开采设计，开采设计应当经专家论证或委托具有相关资质单位评价后报请集团公司或者县级以上煤炭管理部门审批，并报煤矿安全监察机构备案。

（2）针对煤层的开采技术条件和放顶煤开采工艺的特点，必须对防瓦斯、防火、防尘、防水、采放煤工艺、顶板支护、初采和工作面收尾等制定安全技术措施。

（3）采用预裂爆破对坚硬顶板或者坚硬顶煤进行弱化处理时，应在工作面未采动区进行，并制定专门的安全技术措施。严禁在工作面内采用炸药爆破方法处理顶煤、顶板及卡在放煤口的大块煤（矸）。

（4）高瓦斯矿井的易自燃煤层，应当采取以预抽方式为主的综合抽放瓦斯措施和综合防火灭火措施，保证本煤层瓦斯含量不大于$6m^3/t$或工作面最高风速不大于4.0m/s。

（5）工作面严禁采用木支柱、金属摩擦支柱支护方式。

55. 在什么情形下，严禁采用放顶煤开采？

（1）有以下情形之一的，严禁采用单体液压支柱放顶煤开采：

1）倾角大于30°的煤层（急倾斜特厚煤层水平分层放顶煤除外）。

2）冲击地压煤层。

（2）有以下情形之一的，严禁采用放顶煤开采：

1）煤层平均厚度小于4m的。

2）采放比大于1∶3的。

3）采区或工作面回采率达不到矿井设计规范规定的。

4）煤层有煤（岩）和瓦斯（二氧化碳）突出危险的。

5）坚硬顶板、坚硬顶煤不易冒落，且采取措施后冒放性仍然较差，顶板垮落充填采空区的高度不大于采放煤高度的。

6）矿井水文地质条件复杂，采放后有可能与地表水、老窑积水和强含水层导通的。

56. 开采井下煤矿有哪些安全要求？

（1）单项工程、单位工程开工前，必须编制施工组织设计和作业规程，并组织每个工作人员学习。

（2）开凿平硐、斜井和竖井时，自井口到坚硬岩层之间的井巷必须砌碹，并向坚硬岩层内至少延深5m。在山坡下开凿斜井和平硐时，井口顶、侧必须构筑挡墙和防洪水沟。

（3）掘进井巷和硐室时，必须采取湿式钻孔、冲洗井壁巷帮、水炮泥、爆破喷雾、装岩（煤）洒水和净化风流等综合防尘措施。冻结法凿井和在遇水膨胀的岩层中掘进不能采用湿式钻孔时，可采用干式钻孔，但必须采取捕尘措施，并使用个体防尘保护用品。

（4）每个生产矿井必须至少有两个能行人的通达地面的安全出口，各个出口间的距离不得小于30m。采用中央式通风系统的新建和改扩建矿井，设计中应规定井田边界附近的安全出口。当井田一翼走向较长、矿井发生灾害不能保证人员安全撤出时，必须掘出井田边界附近的安全出口。井下每一个水平到上一个水平和各个采区都必须至少有两个便于行人的安全出口，并与通达地面的安全出口相连接。未建成两个安全出口的水平或采区严禁生产。井巷交岔点，必须设置路标，标明所在地点，指明通往安全出口的方向。井下工作人员必须熟悉通往安全出口的路线。

（5）对于通达地面的安全出口和两个水平之间的安全出口，倾角等于或小于45°时，必须设置人行道，并根据倾角大小和实际需要设置扶手、台阶或梯道。倾角大于45°时，必须设置梯道间或梯子间，斜井梯道间必须分段错开设置，每段斜长不得大于10m；竖井梯子间中的梯子角度不得大于80°，相邻两个平台的垂直距离不得大于8m。安全出口应经常清理、维护，保持畅通。

（6）主要绞车道不得兼作人行道。提升量不大，保证行车时不行人的，不受此限。

（7）巷道净断面必须满足行人、运输、通风和安全设施及设备安装、检修、施工的需要，并符合以下要求：

1）主要运输巷和主要风巷的净高，自轨面起不得低于2m。

2）采区（包括盘区，下同）内的上山、下山和平巷的净高不得低于2m，薄煤层内的不得低于1.8m。

3）采煤工作面运输巷、回风巷及采区内的溜煤眼等的净断面或净高，由煤矿企业统一规定。

4）巷道净断面的设计，必须按支护最大允许变形后的断面计算。

（8）运输巷两侧（包括管、线、电缆）与运输设备最突出部分之间的距离，应符合以下要求：

1）新建矿井、生产矿井新掘运输巷的一侧，从巷道道渣面起1.6m的高度内，必须留有宽0.8m（综合机械化采煤矿井为1m）以上的人行道，管道吊挂高度不得低于1.8m；巷道另一侧的宽度不得小于0.3m（综合机械化采煤矿井为0.5m）。巷道内安设输送机时，输送机与巷帮支护的距离不得小于0.5m；输送机机头和机尾处与巷帮支护的距离应满足设备检查和维修的需要，且不得小于0.7m。巷道内移动变电站或平板车上综采设备的最突出部分，与巷帮支护的距离不得小于0.3m。

2）生产矿井已有巷道人行道的宽度不符合1）之要求时，必须在巷道的一侧设置躲避硐，两个躲避硐之间的距离不得超过40m。躲避硐宽度不得小于1.2m，深度不得小于0.7m，高度不得小于1.8m，躲避硐内严禁堆积物料。

3）在人车停车地点的巷道上下人侧，从巷道道渣面起1.6m的高度内，必须留有宽1m以上的人行道，管道吊挂高度不得低于1.8m。

（9）在双轨运输巷道中，两列列车最突出部分之间的距离，对开时不得小于0.2m，采区装载点不得小于0.7m，矿车摘挂钩地点不得小于1m。车辆最突出部分与巷道两侧距离，必须符合（8）之1）的要求。

（10）采区结束回撤设备时，必须编制专门措施，加强通风、瓦斯、防火管理。

57. 井下煤矿填绘反映实际情况的图纸有哪些？

（1）矿井地质和水文地质图。

（2）井上、井下对照图。

（3）巷道布置图。

（4）采掘工程平面图。

（5）通风系统图。

（6）井下运输系统图。

（7）安全监测装备布置图。

（8）排水、防尘、防火注浆、压风、充填、抽放瓦斯等管路系统图。

（9）井下通信系统图。

（10）井上、井下配电系统图和井下电气设备布置图。

（11）井下避灾路线图。

58. 露天煤矿填绘反映实际情况的图纸有哪些？

（1）地形地质图。

（2）工程地质平面图、断面图，综合水文地质平面图。

（3）采剥工程平面图、断面图。

（4）排土工程平面图。

（5）运输系统图。

（6）输配电系统图。

（7）通信系统图。

（8）防排水系统及排水设备布置图。

（9）边坡监测系统平面图、断面图。

（10）井下老空区与露天矿平面对照图。

59. 露天煤矿有哪些防治滑坡的安全措施？

（1）露天煤矿应做好工程、水文地质勘查、测绘工作和边坡稳定性评价并制定边坡稳定措施，应建立岩移永久性观测线（网），定期观测。

（2）非工作帮形成一定范围的到界台阶后，应定期进行边坡稳定分析和评价，对影响生产安全的不稳定边坡必须采取安全措施。

（3）工作帮边坡在临近最终设计的边坡之前，必须对其进行稳定性分析和评价。当原设计的最终边坡达不到稳定的安全系数时，应修改设计或采取治理措施。

（4）露天煤矿的长远和年度采煤工程设计，必须进行边坡稳定性验算，达不到边坡稳定要求时，应修改采矿设计或制定安全措施。

（5）采场最终边坡的管理应遵守以下规定：

1）采掘作业必须按设计进行，坡底线不得超挖。

2）临近到界台阶时，应采用控制爆破，不得超钻，并采取减震措施，严禁采用硐室爆破。

3）含有露头煤的到界台阶，应采取防止露头煤风化、自燃及沿煤层底板滑坡的措施。

（6）排土场边坡管理必须遵守以下规定：

1）随着排土场边坡的形成和发展，必须定期进行边坡稳定分析，如有不稳定因素应修改排土参数或采取防治措施。

2）实施内排土场前，必须测绘地形，查明基底岩层的赋存状态及岩石物理力学性质，测定排弃物料的力学参数，进行排土场设计和边坡稳定计算，清除基底上不利于边坡稳定的松软土岩。

3）内部排土场最下台阶的坡底与采掘工作面之间必须留有足够的安全距离。

4）内部排土场必须采取有效的防排水措施，防止或减少水流入排土场。

（7）应定期巡视采场及排土场边坡，发现有滑坡征兆时，必须设明显标志牌。对设有运输道路、采运机械和重要设施的边坡，必须及时采取安全措施。

60. 采区开采有哪些安全要求？

（1）采区开采前必须按照生产布局合理的要求编制采区设计，并严格按照采区设计组织施工。

（2）一个采区内同一煤层的一翼最多只能布置1个回采工作面和2个掘进工作面同时作业。

（3）一个采区内同一煤层双翼开采或多煤层开采的，该采区最多只能布置2个回采工作面和4个掘进工作面同时作业。

（4）严禁在采煤工作面范围内再布置另一采煤工作面同时作业。

（5）采掘过程中严禁任意扩大和缩小设计规定的煤柱，不得遗留未经设计规定的煤柱。

（6）严禁破坏工业场地、矿界、防水和井巷等的安全煤柱。

（7）突出矿井、高瓦斯矿井、低瓦斯矿井及高瓦斯区域的采煤工作面，不得采用前进式采煤方法。

61. 采煤工作面有哪些安全要求？

（1）采煤工作面回采前必须编制作业规程。情况发生变化时，必须及时修改作业规程或补充安全措施。

（2）采煤工作面必须保持至少两个畅通的安全出口，一个通到回风巷道，另一个通到进风巷道。

开采三角煤、残留煤柱，不能保持两个安全出口时，必须制订安全措施，报企业主要负责人审批。

采煤工作面所有安全出口与巷道连接处超前压力影响范围内必须加强支护，且加强支护的巷道长度不得小于20m；综合机械化采煤工作面，此范围内的巷道高度不得低于1.8m，其他采煤工作面，此范围内的巷道高度不得低于1.6m。安全出口和与之相连接的巷道必须设专人维护，发生支架断梁折柱、巷道底鼓变形时，必须及时更换、清挖。

（3）采煤工作面的伞檐不得超过作业规程的规定，不得任意丢失顶煤和底煤。工作面的浮煤应清理干净。支架、输送机和充填垛都应保持直线。

（4）台阶采煤工作面必须设置安全脚手板、护身板和溜煤板。倒台阶采煤工作面，还必须在台阶的底脚加设保护台板。

阶檐的宽度、台阶面长度和下部超前小孔的个数，必须在作业规程中规定。

（5）采煤工作面必须经常存有一定数量的备用支护材料。使用摩擦式金属支柱或单体液压支柱的工作面，必须备有坑木，其数量、规格、存放地点和管理方法必须在作业规程中规定。

采煤工作面严禁使用折损的坑木、损坏的金属顶梁、失效的摩擦式金属支柱和失效的单体液压支柱。

在同一采煤工作面中，不得使用不同类型和不同性能的支柱。在地质条件复杂的采煤工作面中必须使用不同类型的支柱时，必须制定安全措施。

摩擦式金属支柱和单体液压支柱入井前必须逐根进行压力试验。

对摩擦式金属支柱、金属顶梁和单体液压支柱，在采煤工作面回采结束后或使用时间超过8个月后，必须进行检修。检修好的支柱，还必须进行压力试验，合格后方可使用。

（6）采煤工作面必须按作业规程的规定及时支护，严禁空顶作业。所有支架必须架设牢固，并有防倒柱措施。严禁在浮煤或浮矸上架设支架。使用摩擦式金属支柱时，必须使用液压升柱器架设，初撑力不得小于50kN；单体液压支柱的初撑力，柱径为100mm的不得小于90kN，柱径为80mm的不得小于60kN。对于软岩条件下初撑力确实达不到要求的，在制定措施、满足安全的条件下，必须经企业技术负责人审批。严禁在控顶区域内提前摘柱。碰倒或损坏、失效的支柱，必须立即恢复或更换。移动输送机机头、机尾需要拆除附近的支架时，必须先架好临时支架。

采煤工作面遇顶底板松软或破碎、过断层、过老空、过煤柱或冒顶区以及托伪顶开采时，必须制定安全措施。

（7）严格执行敲帮问顶制度。开工前，班组长必须对工作面安全情况进行全面检查，确认无危险后，方准人员进入工作面。

（8）采煤工作面必须及时回柱放顶或充填，控顶距离超过作业规程规定时，禁止采煤。用垮落法控制顶板，回柱后顶板不垮落、悬顶距离超过作业规程的规定时，必须停止采煤，采取人工强制放顶或其他措施进行处理。

（9）采煤工作面采用密集支柱切顶时，两段密集支柱之间必须留有宽0.5m以上的出口，出口间的距离和新密集支柱超前的距离必须在作业规程中明确规定。采煤工作面采用无密集支柱切顶时，必须有防止工作面冒顶和矸石窜入工作面的措施。

62. 不同的采煤法对控制顶板有哪些安全要求?

（1）用垮落法控制顶板时，回柱放顶的方法和安全措施，放顶与爆破、机械落煤等工序平行作业的安全距离，放顶区内支架、木柱、木垛的回收方法，必须在作业规程中明确规定。

采煤工作面初次放顶及收尾时，必须制定安全措施。

放顶人员必须站在支架完整，无崩绳、崩柱、甩钩、断绳抽人等危险的安全地点工作。回柱放顶前，必须对放顶的安全工作进行全面检查，清理好退路。回柱放顶时，必须指定有经验的人员观察顶板。

（2）采用人工假顶分层垮落法开采的采煤工作面，人工假顶必须铺设好，搭接严密；采用金属网或矿用塑料网假顶时，必须把网连接好。

确认垮落的顶板岩石能够胶结形成再生顶板时，可不铺设人工假顶。

采用分层垮落法开采时，必须向采空区注水或注浆。注水或注浆的具体要求，应在作业规程中明确规定。

（3）用水砂充填法控制顶板时，采空区和三角点必须充填满。充填地点的下方，严禁人员通行或停留。注砂井和充填地点之间，应用电话保持联络，联络中断时，必须立即停止注砂。

清理因跑砂堵塞的倾斜井巷前，必须制定安全措施。

（4）用带状充填法控制顶板时，必须在垒砌石垛带之前清扫底板上的浮煤，石垛带必须砌接到顶，顶板下和垛墙上的缝隙应用石块塞紧。需从两个石垛中间采取矸石时，必须首先将顶板的活矸用长柄工具处理掉，设置临时支护，并与采煤工作面相接，采矸人员应在临时支护保护下进行工作，并有专人观察顶板。

63. 开采不同形式的煤层有哪些安全要求?

（1）开采近距离煤层，上一煤层采用刀柱法、条带法或带状充填法控制顶板，下一煤层采用垮落法控制顶板时，必须制定控制顶板的安全措施。

（2）长壁式采煤工作面分上下面同时回采时，上下面的错距应根据煤层倾角、矿山压力、支护形式、通风、瓦斯、自然发火、涌水等情况，在作业规程中明确规定。

（3）用倾斜分层垮落法回采时，下一分层的采煤工作必须在上一分层顶板垮落的稳定区域下面进行。上下分层的回采间隔时间不应过长，以防假顶腐朽。

采用水平分层垮落法回采时，上一分层的采煤工作面超前下一分层采煤工作面的距离，应在作业规程中规定。

（4）采用掩护支架开采急倾斜煤层时，支架的角度、结构，支架垫层数和厚度以及点柱的支设角度、排列方式和密度，必须在作业规程中规定。

生产中遇有断梁、支架悬空、窜矸等情况时，必须及时处理。支架沿走向弯曲、歪斜及角度超过作业规程规定时，在下一次放架过程中，必须进行调整。应经常检查支架上的螺栓和附件，如有松动，必须及时拧紧。

正倾斜掩护支架的每个回采带的两端，必须设置人行眼，并用木板隔出溜煤眼。伪倾斜掩护支架工作面上下两个出口的要求和工作面的伪倾角，超前溜煤眼的规格、间距和施工方式必须在作业规程中规定。

掩护支架接近平巷时，应缩短每次下放支架的距离，并减少同时爆破的炮孔数目和装药量。掩护支架过平巷时，应加强溜煤眼与平巷连接处的支护或架设木垛。

第二节 煤矿掘进安全技术

64. 破碎岩石常用的方法有哪几种?

在掘进巷道中，破碎岩石是一项主要工序。破碎岩石常用的方法有两种：钻孔爆破破岩法和掘进机破岩法。

(1) 钻孔爆破破岩法（简称钻爆法)。在采用钻爆法掘进巷道时，施工工艺参数往往是以钻爆工序为主配合其他工序而确定的。钻孔爆破技术主要包括岩巷光面爆破技术、毫秒爆破技术、断裂控制爆破技术等。

在钻孔爆破作业时，应根据爆破说明书进行工作面炮孔的布置。编制爆破说明书和爆破图表时，应根据岩石性质、地质条件、设备能力和施工队伍的技术水平等，合理选择爆破参数，尽量采用先进的爆破技术。

(2) 掘进机破岩法。掘进机是一种能够直接从工作面把煤和岩石截割采落、装载运输，并装入矿车或运输设备中，且可调动行走、喷雾除尘的综合作业设备。使用掘进机可以连续掘进，实现破、装、运一体化，减少掘进工序，提高掘进速度，是煤巷、半煤岩巷快速掘进的最佳途径。目前，掘进机破岩主要适用于煤和半煤岩巷道掘进。

掘进机用于巷道掘进施工，具有掘进速度快、效率高、巷道成形规整、岩体免遭爆破震动、施工质量好等诸多优点。

65. 巷道掘进工序有哪些?

在岩（煤）体中，采用一定的手段把岩石（煤）破碎下来，形成地下空间，接着对这个空间进行支护的工作，称为巷道掘进。掘进工序分为主要工序和辅助工序，主要工序有破岩、装岩、运输、支护，辅助工序有排水、掘砌水沟、通风、铺轨和测量等。

66. 平巷施工的安全注意事项有哪些?

平巷施工包括水平岩石巷道施工、水平煤巷施工和半煤岩水平巷道施工。

(1) 水平岩石巷道施工安全注意事项。

1) 根据巷道施工断面大小、支护形式与方法、穿过岩层的地质情况，以及施工队伍的技术水平和装备等正确地选择作业方式。

2) 严格执行正规循环作业图表和钻孔爆破说明书的规定。在炮孔布置、爆破方法、凿岩操作、装岩运输和架设临时支护及永久支护时，应按各项操作规程操作，并执行其安全技术规定。

3) 加强顶板管理工作，特别在采用掘进与支护单行作业时，对临时支架要每班进行检查，发现安全隐患时，要先修复再掘进，防止出现冒顶将人员堵在里面的事故。

4）平行作业时，砌碹地点扩帮挑顶或巷道复喷时，掘进人员应撤到安全地点；工作面爆破时，所有人员必须一同撤到安全地点。

5）平行作业时，永久支护处的工作台必须搭设牢固，并且不准影响运输设备的通过。人员和车辆通过工作台时要有专设的联络信号。

（2）水平煤巷施工安全注意事项。

1）煤巷掘进一般不破顶板，沿中心线掘进，不设腰线，施工中应根据不同的破岩方法，做好顶板管理工作。

2）在有瓦斯煤层中爆破时，应采用毫秒雷管实现全断面一次爆破，其最后一段延期时间不得超过130ms。

3）在巷道顶板破碎、煤质松软、层理节理发育或瓦斯浓度降不到允许爆破的情况下，应采用风镐破煤。

4）使用掘进机掘进煤巷时，应严格控制空顶距，严禁空顶作业。

（3）半煤岩水平巷道施工安全注意事项。

1）巷道凿岩位置的选择。在掘进半煤岩巷道时，必须认真选择在巷道断面内的凿岩位置，即挑顶、卧底或挑顶兼卧底。

2）煤岩的开凿顺序。在半煤岩巷道掘进中，煤、岩的开掘顺序对掘进速度和效率有很大影响。在通常情况，应实行全断面一次开掘，并尽可能实行煤、岩分次爆破和装运。当岩石坚硬、煤层较厚时，根据挑顶或卧底的安排，可分别采用倒台阶工作面或正台阶工作面的掘进法，使煤层超前于岩层开掘。

3）排水。巷道一侧要设置排水沟，以便排出井下涌水，保证生产安全，并且创造较好的行人、运输等工作条件。

67. 斜巷施工的安全注意事项有哪些？

斜巷施工包括上山掘进、下山（斜井）掘进。

（1）上山掘进安全注意事项。

1）掘进上山时应特别注意通风工作。由于瓦斯的相对密度小，常常积聚在上山掘进工作面附近，如果不采取措施，可能会发生瓦斯爆炸。因此，在瓦斯矿井上山掘进时，必须加强通风，采取双巷掘进（一个进风，一个回风），甚至采取自上而下的掘凿方式。

2）在近水平或缓倾斜煤层中，上山掘进一般用矿车或输送机运输。上山掘进使用的绞车，当提升斜长小于150m时，可将绞车布置在上山一侧的小硐室内，如果斜长过大，一台绞车提升能力不够，即应安设多台（一般为两台）绞车，实行分段接力提升。当上山倾角大于25°时，可用搪瓷溜槽运输。但必须将溜煤（矸）道与人行道隔开，防止煤（矸）滑落伤人。

（2）下山（斜井）掘进安全注意事项。

1）掘进下山时，一般都采用矿车运输（巷道坡度小时也可采用输送机运输）。为了避免发生断绳和脱钩事故，应在巷道上部和巷道内设置防止跑车的防护装置。

2）下山掘进时，上部水平及煤、岩层的涌水，都可能流至掘进工作面。为了减少掘进工作面的排水工作量，有利于掘进施工，可以采取将上部平巷靠下山一段水沟加以封闭，在下山巷道中，每隔一定距离（如10～15m）开掘一条横水沟等措施，拦截上部平巷和煤岩涌水。

3）开凿或延伸斜下山时，必须在斜下山的上口设置防止跑车装置，在掘进工作面的上方设置坚固的跑车防护装置。跑车防护装置与掘进工作面的距离必须在施工组织设计或作业规程中规定，斜井（巷）施工期间兼作人行道时，必须每隔 40m 设置躲避硐并设红灯。设有躲避硐的一侧必须有畅通的人行道。上下人员必须走人行道。行车时红灯亮，行人立即进入躲避硐；红灯熄灭后，方可行走。

4）由下向上掘进 25°以上的倾斜巷道时，必须将溜煤（矸）道与人行道分开，防止煤（矸）滑落伤人。人行道应设扶梯和信号装置。斜巷与上部巷道贯通时，必须有安全措施。

68. 掘进工作面顶板管理的主要内容有哪些？

（1）掌握巷道开掘后围岩体的范围及围岩应力分布情况，根据影响巷道围岩应力的因素，如围岩的性质、巷道所处的深度、巷道周围地质构造、水文变化、巷道的横断面形状和尺寸等，了解围岩应力分布情况以及围岩的变形和位移，才能选择合适的支护材料、支护形式，达到维护巷道的目的。

（2）从有利于巷道围岩的稳定性出发，合理选择巷道的施工方法，合理确定钻孔孔位、角度、深度、装药量和爆破等各工序的有关参数，减少对顶板管理的影响。

（3）按作业规程规定控制工作面空顶距离和临时支护巷道的长度，尽可能缩短工作面空顶时间和临时支护巷道的长度。

（4）施工中，做好基础资料的积累和隐蔽工程的记录工作。施工中和竣工时，按井巷工程质量标准进行检查与验收。

69. 巷道掘进期间，日常顶板管理工作有哪些？

（1）敲帮问顶。上班进入工作面，钻孔爆破前均应敲帮问顶，处理隐患，排除不安全因素后再作业。

（2）控制工作面空顶距离，超过规定的空顶距应先支护后掘进。

（3）单孔长距离掘进，要经常检查工作面后方支架的情况，发现断梁折腿或变形严重的支架，应加固修复。修复巷道时，修复地点里面的人员应全部撤出，预防冒顶堵人。工作面因爆破崩倒的棚子应由外向里逐架扶棚复位。

（4）熟悉巷道掘进出现冒顶事故的原因，加强日常检查，采用针对性措施，预防冒顶片帮事故的发生。

70. 影响掘进巷道顶板管理的主要工序是什么，如何减少其影响？

掘进巷道的方法有炮掘和机掘两种，机掘与炮掘相比，巷道成形规整，岩体免遭炮震破裂，对巷道围岩稳定性影响很小，因此机掘对顶板管理影响较小。但炮掘目前占绝大多数，并且对顶板管理影响较大，影响的主要工序是破岩和支护两道工序。破岩工序如果不采用光面爆破，巷道围岩就会因炮震产生裂隙，破坏围岩的强度和完整性，使巷道围岩的稳定性大大降低，不利于巷道支护和顶板管理。如果不按规定要求进行支护，或支护质量不符合质量标准，就不能有效地控制围岩移动，可能使巷道变形、破坏甚至冒顶。

减少炮掘和机掘工序对顶板管理的影响，必须做到：

（1）合理布置炮孔并正确钻孔。应根据围岩性质和巷道断面形状，选择合理的炮孔排列形式、炮孔数量、炮孔的深度、孔距和炮孔的角度。施工时，除掏槽孔大于循环进尺外，其余各孔的孔底要落在与循环进度相等的同一平面上。尤其是周边孔的孔底，一般要落在巷道的轮廓周边线上，使爆破后的巷道断面尺寸符合设计要求。

（2）合理选择爆破参数及爆破顺序。要根据作业地点的岩性和地质条件，选择合理的装药结构、药量及爆破顺序，使爆破后的巷道围岩不受或少受震动，爆出的巷道轮廓不凸不凹，爆落的岩块大小适当，炮孔利用率要高，避免留残孔。

（3）按相关规定和质量标准规定的要求进行支护。

71. 顶板管理的主要针对措施有哪些?

（1）新掘巷道应制定的开口安全措施。

1）开掘地点要选在顶板稳定、支护完好的地区，并且避开地质构造区、应力集中区、顶板冒落区。

2）新掘巷道与原有巷道的方位要保持较大的夹角（最好大于45°）。

3）必须加固好开掘处及其附近的巷道支架，若近处有空顶空帮情况，小范围的可加密支架，背好帮顶；大范围的应用木垛接顶处理，同样用背顶背好打紧；对将受施工影响的棚子进行加固，其方法有挑棚、打点柱、设木垛等。

4）新巷开掘施工，要钻浅孔、少装药、放小炮，或用手镐挖掘的方法，尽量避免震动围岩或因爆破引起冒顶。

5）新巷开掘处要及时进行支护，尽量缩短顶板暴露时间和减少暴露面积。若压力增大，则应及时采用适合现场情况的特殊支护。

（2）沿空掘巷顶板破碎时的顶板管理措施。

1）避开动压影响。巷道施工必须在上区段回采工作面结束，待岩层活动完全稳定后再进行。

2）尽量减少掘进时的空顶面积。爆破前支架紧跟到工作面，爆破后及时架设支架。要减少装药量，避免对顶板的震动。如果爆破难以控制和管理顶板，改用手镐方法掘进。

3）巷道支架要加密，同时将下帮腿与底板的夹角缩小，将顶帮用木板等背严接实。

4）擦边掘进时，如遇上区段巷道的棚腿外露时，其下帮棚腿不要抽掉，可以捆上木板或笆片，起挡矸帘的作用。

（3）有淋水的工作面顶板管理措施。掘进工作面有淋水时，要通过水文地质工作，弄清水的来源，掌握水量的变化，再根据实际条件分别采用预注浆封水、快硬砂浆堵水、截水槽或截水棚截水等方法将水引离工作面。顶板淋水不大时，用压风边吹边喷砂浆止水。有淋水的地段，要加大支架密度，背严帮顶，提高支架的稳定性，防止冒顶事故的发生。

（4）过断层、裂隙地质构造带的顶板管理措施。

1）采用架棚支护时，棚距要缩小，提高支护应变能力。

2）棚梁方向尽量正交节理面架设，增大支架密度，减少空顶距离，永久支架要紧跟工作面，背帮背顶要严实。

3）采用砌碹支护时，每次掘砌长度不大于1m。

4）顶板特别破碎时，需采用超前支护的办法管理顶板。

72. 煤矿机掘工作面的安全检查的重点是什么？

机掘是当今我国煤矿掘进工程中采用的比较先进的一种方式，掘进工序中的巷道开挖成形、装载全部实行了机械化，并且大多配套有锚杆支护、皮带或梭车运输，所以劳动强度小、工作效率高、掘进速度快（一般煤巷月进度500～1000m），大大降低了掘进成本，为集约化生产和建设高产高效矿井奠定了基础。机掘工作面配备了先进的大功率掘进机、锚杆钻孔机、带式输送机或梭车和吸出式除尘机，以及与这些设备相配套的乳化液泵、水泵、供电及电气控制设备。机掘工作面安全检查重点如下：

(1) 局部通风机应有消音装置。风筒（袋）吊挂平直规范，无死弯，无漏风跑风，工作面风筒出风风量充足，出风口与掘进面距离不超过规程规定。

(2) 瓦斯监测探头安装的位置符合规程要求。工作面空气净化水幕符合要求，能够正常喷雾降尘。

(3) 运输轨道铺设质量符合规程要求，牵引绞车稳固完好，电气设备防爆性能好，信号装置齐全、好用。

(4) 带式输送机应具备堆煤仓保护、跑偏保护、断带保护、慢速保护及高温保护装置。输送带完好无损伤，上下托辊齐全转动灵活。刮板输送机做到刮板无歪斜和缺螺丝现象。

(5) 吸出式除尘风机及掘进机的除尘设备齐全运转良好，除尘降尘效果好。

(6) 掘进机往外巷道内管线吊挂整齐规范，巷道内无积水、无杂物、无浮煤，材料场内码放整齐并且不影响行人行车和通风。工作面图牌板齐全规范。

(7) 巷道断面、中线符合规程要求。中线偏差不大于±0.05m，巷壁或棚子保持直线，偏差不大于±0.01m。

(8) 乳化液配比、泵站压力符合规程规定。

(9) 掘进和支护之间的关系合理，最大空顶距符合规程规定。

(10) 棚子质量合格，棚梁平齐，刹顶刹帮严紧，无空帮空顶现象。棚子梁腿结构严实，无吊口（唇）抚肩、后空、后硬现象，棚腿插角合格，迎山有力，无歪斜射箭现象。

(11) 锚杆孔布置和深度符合要求，托板齐全，螺帽紧固并用力矩扳手拧紧螺帽。锚杆外露部分不大于0.05m，螺帽必须满扣拧紧。锚杆拉拔试验初锚力和锚固力符合规程要求。

(12) 掘进机照明良好，各操作手柄和按钮灵活可靠，司机和副司机必须持证上岗。

(13) 掘进机切割程序和轨迹必须符合规程要求，做到成形规范，不割顶板。

(14) 掘进机开机前必须先发出信号，机器前不准有人，喷雾正常后才可开机。机器后退或调整位置必须先发信号，活动范围内撤出所有人员才可移动机器，并且要操作平稳，速度适中。

(15) 停机前先把切割头后退，切割头落地后关机，关机后要断开电源和磁力启动器的隔离开关。

(16) 切割头和切割臂不得用作托举棚梁等。

(17) 检查修理掘进机时，必须先断开电源和磁力启动器的隔离开关，防止误操作伤人。

73. 煤矿炮掘工作面安全检查的重点是什么?

炮掘是我国大多数煤矿的掘进方式，其主要特点是钻孔爆破，巷道由爆破成形，装载方式有人工装车，也有装煤机、装岩机、耙斗机等机械装载，还有的是把刮板输送机直接铺到掘进面，用铁锨把煤或矸石装入输送机再运到天井装车等。支护形式上有架木棚、锚杆、锚喷、砌碹（料石碹、混凝土碹）等。炮掘工作面安全检查重点如下：

（1）查局部通风机供风情况。要求运行平稳，风筒（袋）吊挂平直规范，无跑风、漏风现象。工作面风筒出风量充足，风筒出口距掘进面距离符合规程的规定。

（2）巷道内管线吊挂整齐规范、干净卫生，无积水、无浮煤、无杂物，材料场内材料码放整齐且不影响通风、行人和行车。

（3）工作面牌板齐全规范，内容符合标准要求。

（4）甲烷报警器安装位置符合规定，空气净化喷雾装置运行良好。

（5）必须坚持钻孔前、爆破前、装药前和爆破后检查瓦斯，只有瓦斯浓度不超过规定时才可操作。

（6）炸药、雷管按规定严格管理，按规定要求装配引药，当班用不完的炸药、雷管必须退库。

（7）按规程规定布置炮孔，尤其是巷道周边炮孔必须按爆破说明书的设计布置，孔距、孔深、角度必须合格，以保证成形效果良好。

（8）严格按操作规程由持证的工装药爆破，不准放明炮、糊炮和明火爆破。坚持使用水炮泥，封泥长度要符合规程的规定。

（9）爆破母线必须认真悬挂，其长度符合规程要求。爆破前先把所有人员撤到安全地点，由爆破员连接母线和雷管脚线。爆破前按规定设置警戒岗哨，然后清点人数，确认爆破区无人后必须先发出爆破警号，5s 后才可发爆。

（10）发爆不响应静候 5min 后由爆破员进去查找原因。

（11）出现盲炮要按规程要求进行认真处理。

（12）爆破前要加固支架并在距工作面迎头 10m 以内采取防倒措施。

（13）爆破时，装药、连线和起爆必须由爆破员本人进行。发爆器钥匙（或手把）必须由爆破员随身携带，不准交给别人。

（14）爆破后吹散炮烟，必须先由爆破员、班组长和瓦斯检查工进入爆区，检查通风、瓦斯、支架和顶板情况，并洒水灭尘，修理被炮崩松或崩倒的棚子，然后在棚子支护下进行敲帮问顶，确认安全后才可解除爆破警戒，恢复工作。

（15）巷道支架必须齐全坚固，顶板刹严刹紧，不准缺棚或有断梁折柱和空帮空顶现象。棚子必须达到质量标准化要求。

（16）爆破后最大空顶距不得超过规程的规定，要及时架设前探支架临时支护，并在其掩护下尽快支护新棚子，形成永久支护。

（17）坚持采用湿式钻孔，不准钻凿干孔。

（18）机电设备要做到完好防爆，尤其是接线盒、电铃、信号、电话等小型电气设备更要严格要求，杜绝失爆。

（19）在把刮板输送机铺到工作面迎头时，刮板输送机机尾要采取打压柱或地锚等措施防止翻机伤人。

74. 开凿或延深竖井时有哪些安全要求?

（1）开凿或延深竖井时，井筒内每个工作地点必须设置独立的信号装置。掘进和砌壁平行作业时，从吊盘和掘进工作面所发出的信号，必须有明显的区别。

（2）井内和井口的信号必须由专职信号工发送。除紧急停车外，严禁不经过井口信号工直接从井内向绞车房发送信号。井内作业人员必须熟悉并会发送信号。

（3）井口、井底信号工应在吊罐提起适当高度后，先发暂停信号，进行稳罐；待吊罐稳定，清理罐底附着物后，才能发出下降或提升信号。信号工必须目接、目送吊罐安全通过责任段。

（4）安装井架或井架上的设备时必须盖严井口。装备井筒与安装井架和井架上的设备平行作业时，井口掩盖装置必须坚固可靠，能承受井架上坠落物的冲击。

（5）延深竖井井筒时，必须用坚固的保险盘或留保护岩柱与上部生产水平隔开。只有在井筒装备完毕、井筒与井底车场连接处的开凿和支护完成，制定安全措施后，方可拆除保险盘或掘凿保护岩柱。

（6）冬季或用冻结法开凿竖井时，必须有防冻、清除冰凌的措施。

75. 采用反向凿井法掘凿盲竖井或竖煤仓应遵守哪些安全规定?

（1）用木垛盘支护时，必须及时支护。爆破前最末一道木垛盘与工作面的距离不得超过1.6m。木垛盘的基墩必须牢固可靠。行人、运料眼与溜矸眼之间，必须用木板隔开。在人行眼内必须有木梯和护头板。护头板的间距最大不得超过3m，护头板上的矸石必须及时清理。爆破前，必须将人行眼和运料眼盖严。爆破后，首先通风，吹散炮烟之后方可进入检查，检查人员不得少于两人。经过检查，确认通风、信号正常，人行间、隔板、护头板、顶板、井帮等无危险情况后，方可进行作业。

（2）采用吊罐法施工时，绳孔偏斜率不得超过0.5%，绞车房与出矸水平之间，必须装设两套信号装置，其中1套必须设在吊罐内。爆破前必须摘下吊罐，放置在巷道内安全地点，将提升钢丝绳提到安全位置。爆破后必须指定专人检查提升钢丝绳和吊具，如有损坏，修复后方可使用。吊罐内有人作业时，严禁在吊罐下方进行工作或通行。

（3）采用反井钻机施工时，在扩孔期间，严禁人员在孔的下方停留、通行或观察。扩孔完毕，必须在孔的外围设置栅栏，防止人员进入。

（4）扩井时，必须有防止人员坠落的安全措施。爆破前必须拆除爆破孔底以下0.3m范围内的木垛盘。

（5）溜矸眼内的矸石必须经常放出，防止卡眼，但不得放空。严禁站在溜矸眼的矸石上作业。

76. 采用钻井法开凿竖井井筒应遵守哪些规定?

（1）钻井的设计与施工最终位置必须通过风化带，并向不透水的稳定基岩至少延深5m。

（2）钻井期间，采用封口平台时，必须将井口封盖严密；采用井口梁时，必须有可靠的防坠措施。

（3）钻井过程中，护壁泥浆的各项参数必须定时测定，发现问题立即调整。井筒内的泥浆面，必须保持高于地下静止水位。

（4）钻井时必须测定井筒的偏斜度。偏斜超过规定时，必须及时纠正。井筒偏斜度及测点的间距必须在施工组织设计中明确规定。钻井完毕后，必须绘制井筒的纵横剖面图，井筒中心线和截面必须符合设计要求。

（5）预制井壁的质量，必须逐节检查鉴定。井壁连接部位必须有可靠的防蚀、防水措施，合格后方可下沉井壁。

（6）井壁下沉完成后，必须检查井壁偏斜度，只有符合要求后方可进行壁后充填，壁后充填必须密实。充填材料必须经过试验，满足强度和凝固时间的要求，并保证能够置换出泥浆。开凿沉井井壁的底部或开掘马头门之前，必须检查破壁处及其上方15~30m范围内壁后的充填质量，发现不合格时，必须采取可靠的补救措施。

（7）开凿沉井井壁的底部和开掘马头门采用爆破作业时，必须制定安全措施。

77. 采用冻结法开凿竖井井筒应遵守哪些规定？

（1）冻结深度应穿过风化带延深至稳定的基岩10m以上。基岩段涌水较大时，应加深冻结深度。

（2）钻进冻结孔时，必须测定钻孔的方向和偏斜度，测斜的最大间隔不得超过30m，并绘制冻结孔实际偏斜平面位置图，偏斜度超过规定时，必须及时纠正。因钻孔偏斜影响冻结效果时，必须补孔。

（3）地质检查钻孔不得打在冻结的井筒内。水文观测钻孔偏斜不得超出井筒，深度不得超过冻结段下部隔水层。

（4）冻结管应采用无缝钢管焊接或螺纹连接，冻结管下入钻孔后应进行试漏，发现异常时，必须及时处理。

（5）开始冻结后，必须经常观察水文观测孔的水位变化。只有在水文孔冒水7天、水量正常，确认冻结壁已交圈后，方可进行试挖。冻结和开凿过程中，要经常检查盐水温度和流量、井帮温度和位移，以及井帮和工作面渗漏盐水等情况。检查应有详细记录，发现异常，必须及时处理。

（6）开凿表土层冻结段时，可以采用爆破作业，但必须制定安全技术措施。

（7）掘进施工过程中，必须有防止冻结壁变形、片帮、掉石、断管等安全措施。

（8）生根壁座应设在含水较少的稳定坚硬的基岩中。

（9）只有在永久井壁施工全部完成后，方可停止冻结。

（10）梁窝的设计和施工必须有防止漏水的措施。

（11）不论冻结管能否提拔回收，对全孔必须及时用水泥砂浆或混凝土全部充满填实。

（12）冻结站必须用不燃性材料建筑，并应有通风装置。应经常测定站内空气中氨气，氨的浓度不得超过0.004%。站内严禁烟火，并必须备有急救和消防器材。

（13）氨瓶和氨罐必须经过试验，合格后方准使用；在运输、使用和存放期间，应有安全措施。

78. 竖井井筒穿过含水岩层或破碎带采用地面或工作面预注浆法进行堵水或加固时，应遵守哪些规定？

（1）注浆施工前，必须编制注浆工程设计。

（2）注浆段长度必须大于注浆的含水岩层的厚度，并深入不透水岩层或硬岩层5～10m。井底的设计位置在注浆的含水岩层内时，注浆深度必须大于井深10m。

（3）地面预注浆的钻孔，每钻进40m必须测斜1次，钻孔偏斜率不得超过0.5%。

（4）注浆前，必须进行注浆泵和输送管路系统的耐压试验。试验压力必须达到最大注浆压力的1.5倍，试验时间不得小于15min，无异常情况后，方可使用。

（5）注浆过程中，注浆压力突然上升时，必须停止注浆泵运转，卸压后方可处理。

（6）每次注浆后，为防高压浆顶出钻杆，应至少停歇30min，方可提拔止浆塞。

（7）冬季注浆施工时，注浆站和地面输浆管路，必须采取防冻措施。

（8）井筒工作面预注浆前，在注浆的含水岩层上方，必须按设计要求设置止浆岩帽或混凝土止浆垫。含水岩层厚度大，需采用分段注浆和掘砌时，对每一注浆段，必须按设计要求设置止浆岩帽或混凝土止浆垫。岩帽和混凝土止浆垫的结构形式和厚度应根据最大注浆压力、岩石性质和工作条件确定。混凝土止浆垫由井壁支承时，应对井壁强度进行验算。

（9）孔口管必须按设计孔位埋设牢固，并安设高压阀门。注浆前，必须对止浆垫和孔口管进行耐压试验，试验压力必须大于注浆压力1MPa。

（10）钻注浆孔时，钻机必须安设牢固。取芯钻进时，应使用能够防止顶出钻具的钻头；无芯钻进时，可使用三翼钻头，以防承压水顶出钻具。

（11）井内应设吊泵，及时排除井底积水。当钻进注浆孔时，如井筒涌水量接近吊泵额定排水能力，必须停止钻进，提取钻具，关闭高压阀门，及时注浆。

（12）注浆站设在地面时，井上、井下必须有可靠的通信联系。

（13）制浆和注浆的工作人员，应佩戴防护眼镜和口罩，水泥搅拌房内应采取防尘措施。

（14）注浆结束后，必须检查注浆效果，合格后，方可开凿井筒。

79. 采煤工作人员在什么情况下必须佩戴保险带？

保险带必须定期按有关规定试验。保险带必须拴在牢固的构件上。每次使用前必须检查，发现损坏时，必须立即更换。采煤工作人员在以下情况下必须佩戴保险带：

（1）乘吊桶或随吊盘升降时。

（2）在井架上或井筒内的悬吊设备上作业时。

（3）拆除保险盘或掘凿保护岩柱时。

（4）在井圈上清理浮矸时。

（5）在倒矸台上围栏外作业时。

80. 采用锚杆、锚喷等支护形式时，应遵守哪些安全规定？

（1）锚杆、锚喷等支护的端头与掘进工作面的距离，锚杆的形式、规格、安装角度，混凝土标号、喷体厚度，挂网所采用金属网的规格以及围岩涌水的处理等，必须在施工组织设计或作业规程中规定。

（2）采用钻爆法掘进的岩石巷道，必须采用光面爆破。

（3）打锚杆孔前，必须首先敲帮问顶，将活矸处理掉，在确保安全的条件下，方可作业。

（4）使用锚固剂固定锚杆时，应将孔壁冲洗干净，砂浆锚杆必须灌满填实。

（5）软岩使用锚杆支护时，必须全长锚固。

（6）采用人工上料喷射机喷射混凝土、砂浆时，必须采用潮料，并使用除尘机对上料口、余气口除尘。喷射前，必须冲洗岩帮。喷射后应有养护措施。作业人员必须佩戴劳动保护用品。

（7）锚杆必须按规定做拉力试验。煤巷还必须进行顶板离层监测，并用记录牌板显示。对喷体必须做厚度和强度检查，并有检查和试验记录。在井下做锚固力试验时，必须有安全措施。

（8）锚杆必须用机械或力矩扳手拧紧，确保锚杆的托板紧贴巷壁。

（9）岩帮的涌水地点，必须处理。

（10）处理堵塞的喷射管路时，喷枪口的前方及其附近严禁有其他人员。

81. 煤矿锚杆、锚喷巷道支护的安全检查的重点是什么？

（1）锚杆支护和锚喷对巷道断面成形要求严格，在综合掘进机开挖时要严格掌握，在爆破成形时更要认真搞好光面爆破，尤其是巷道断面周边孔的布置、孔距、孔深、角度及装药量，必须严格执行设计规定，这是保证成形质量的关键。

（2）锚杆孔的布置、孔距、孔深、角度必须符合规程要求，锚杆角度应垂直于帮壁平面。

（3）锚杆无论是楔缝式，还是树脂药卷式，在装设锚杆时必须按规定要求程序装设，尤其是药卷浸水入孔搅拌，更要在浸水时间上和搅拌力度上按规定操作，以保证锚杆锚固质量。

（4）锚杆入孔固定（凝固）好后，把托板或托梁钢带等戴好上平，与顶帮岩石贴紧，如无法贴紧时要用木板垫好，然后上螺帽，螺帽要上满丝扣，用力矩扳手拧紧。锚杆外露长度应不小于0.05m。

（5）锚杆支护要定期做拉拔（拉力）试验，发现锚固力小于规定的要采取补打锚杆或架棚子等措施。

（6）采用锚喷支护时，要按规定布置锚杆孔并及时保质地支设锚杆。

（7）无论是锚杆支护还是锚喷支护，最大空顶距、最小空顶距、初喷与复喷的间距都要在规程中明确规定并严格执行。

（8）喷浆的配比必须符合要求，水泥标号符合要求，喷体强度要定期取样检验。

（9）要保证初喷和复喷质量，尤其是巷道顶部和腰部喷层厚度必须达到要求。喷浆前要用清水冲洗巷道帮壁，喷后巷道帮壁平整，断面规格和中线符合要求，不准出现吊脚穿裙现象。帮壁凹进部分要逐次补喷，必要时要挂网喷浆，每次补喷厚度不大于0～1m。

（10）喷浆作业时要停止其他作业。做好喷浆时防尘工作，操作者要戴好个体防尘口罩。喷浆时要撤出设备，不能撤出的要遮盖保护。

（11）用风钻、电钻钻孔必须湿式凿岩钻孔，不准钻凿干孔。

（12）水泥、石子、速凝剂等材料要加强管理，堆放整齐，巷道内做到干净卫生，文明生产。

（13）喷浆机保持完好，操作控制设备要灵活，电气设备要防爆。喷浆机司机和喷浆手应经培训合格持证上岗。

82. 煤矿巷道和硐室掘进现场安全检查内容是什么？

进行巷道和硐室掘进的现场安全检查时，可使用安全检查表，其检查内容见表2-2。

表2-2 巷道和硐室掘进现场安全检查表

矿井__________检查日期__________检查人__________

项 目	检 查 项 目	存在问题	评 价
作业规程	（1）有无经矿总工程师批准的掘进作业规程。 （2）作业规程是否符合矿井设计。 （3）作业规程是否内容完整、图文清晰、符合有关规定。 （4）规程是否贯彻执行，有无学习和考试记录		
施工作业	（5）掘进毛断面是否符合设计和有关规定。 （6）巷道施工中标定的中线和腰线是否符合规定。 （7）长距离巷道掘进施工中是否按有关规定设立躲避硐室。 （8）掘进工作面接近煤层时是否打探孔探测煤层情况。 （9）相向掘进巷道贯通前是否按规定施工。 （10）掘进巷道贯通旧巷时是否执行有关规定。 （11）在倾斜巷道中施工是否采取防止跑车和坠物的安全措施		
巷道支护	（12）是否按规定正确使用临时支架。 （13）临时支架距工作面是否符合规定要求。 （14）永久支护的架设是否符合作业规程的要求。 （15）架棚巷道永久支护是否符合其支护质量标准。 （16）砌碹巷道永久支护是否符合其支护质量标准。 （17）锚喷巷道永久支护是否符合其支护质量标准。 （18）临时支架翻棚时是否按有关规定操作。 （19）轨道铺设是否平直稳固，枕木间距是否符合规定，夹板、螺丝、垫圈是否齐全		
爆破作业	（20）是否有符合实际需要的爆破说明书，是否按说明书要求布孔。 （21）钻孔与装药是否平行作业，装药是否有专人负责，使用水炮泥和黄泥封满孔。 （22）爆破母线与爆破距离是否符合作业规程规定。 （23）是否执行“一炮三检”和“三人连锁放炮”制度		
装岩运输	（24）400mm以上大块矸石是否经破碎处理后装车。 （25）经过斜井矸石车是否超过车沿。 （26）是否按有关要求使用、维修装岩机。 （27）推动矿车时是否采取必要的安全措施		
现场管理	（28）有无区队长跟班上岗，是否坚持现场交接班和特殊工种持证上岗。 （29）有无施工图板，是否与现场实际相符。 （30）瓦斯和矿尘浓度是否超限，通风是否连续稳定可靠。 （31）是否具备班组质量检验等级评定记录和材料试验记录。 （32）巷道有无积水、淤泥、杂物，材料工具是否码放整齐		

第三节　煤矿爆破安全技术

83. 使用煤矿许用火工品应符合哪些规定？

（1）煤矿企业须凭所在地县级公安机关核发的《爆炸物品购买证》向指定的持有《爆炸物品销售许可证》供应点购买所需矿用火工品。

（2）设立的专用火工品仓库和储存室必须符合国家技术监督局颁布的《小型民用爆破器材仓库安全标准》的规定，并取得所在地县级公安机关核发的《爆炸物品储存许可证》。

（3）地方煤矿矿用火工品的承运单位，必须凭《爆炸物品运输证》承办运输业务，运输单位必须指派专人负责押运。

84. 火工品存储、使用管理有哪些安全规定？

（1）储存矿用火工品的仓库、储存室应制定《使用煤矿许用火工品管理规范》。

（2）专用火工品仓库、储存室的建设和矿用火工品的储存，必须符合《煤矿安全规程》的规定和公安机关的要求。

（3）地方煤矿使用矿用火工品，必须向所在地的县级公安机关申请领取《爆炸物品使用许可证》方可使用。

（4）地方煤矿井下爆破作业，必须由经过培训考核合格并取得《爆破员作业证》的专职爆破员担任。

（5）在煤与瓦斯（二氧化碳）突出的煤层中，专职爆破员必须固定在一个工作面。

（6）地方煤矿井下爆破作业，必须由总工程师或者技术负责人按照矿井瓦斯等级选用相应安全等级的煤矿许用炸药。

（7）地方煤矿井下爆破作业，必须由总工程师或者技术负责人按照相关规定选用电雷管，但对不同生产单位的或者不同品种的电雷管，不得混用。

85. 爆破材料有哪些安全管理要求？

（1）爆炸材料的购买、运输、储存、使用和销毁，永久性爆炸材料库建筑结构及各种防护措施，库区的内、外部安全距离等都必须符合国家有关法规和标准的规定。

（2）爆破作业使用的器材，必须符合国家或行业标准。露天煤矿爆破作业，必须遵守《爆破安全规程》(GB 6722—2003）的规定。

（3）运输爆炸材料应使用专用车辆。

1）专用车辆必须保持完好状态，车箱底部铺设胶皮，顶部备有篷布，车辆上装设防静电装置和灭火器。车辆的排气管应符合安全规定。

2）运输爆炸材料的汽车必须有明显的标志，必须按指定路线行驶。行驶中不得与其他车辆抢行，严禁随意停车、无关人员搭乘和进入加油站加油。冬季在冰雪路面上行驶时，应有防滑措施。

3）运输爆炸材料的铁路车辆必须符合铁路运输的有关规定。用汽车装运爆炸材料时，装运量不得超过汽车额定装载量的80%，并用苫布盖好、绑牢。

4）严禁炸药、雷管同车装运。

（4）运输爆炸材料的车辆必须专人押运，装卸和运输过程中严禁装卸、押运人员携带火柴、打火机等点火物品，严禁穿钉子鞋。采用铵油炸药混装车和乳化炸药车时，必须对装料、混药、装车、运输和装药等作业制定安全措施。

（5）爆炸材料车到达爆破地点后，爆破人员应对爆炸材料进行检查验收，无误后双方签字盖章。

（6）爆炸材料的领用、保管和使用必须严格执行账、卡、物一致的管理制度。

（7）严禁发放和使用变质失效的炸药。

（8）爆破后剩余的爆炸材料，必须当天退回爆炸材料库，严禁在工地存放和销毁。

（9）在爆破区域内放置和使用爆炸材料过程中，20m以内严禁烟火，10m以内严禁非工作人员进入。

86. 不同性质的炸药和爆破材料应如何储存？

（1）雷管和导火索可以储存在同一个库。

（2）黑火药和导火索可储存在同一个库。

（3）导火索、导爆索和硝酸铵类炸药可以储存在同一个库。

（4）硝化甘油类炸药、硝酸铵类炸药、黑火药和雷管，任何两种都不准储存在同一个库。

（5）雷管、黑火药、导爆索和硝化甘油类炸药，任何两种都不准储存在同一个库房。

（6）硝化甘油类炸药和导火索不准储存在同一个库房内。

87. 爆破材料的保管的主要任务是什么，保管员要经常检查哪些内容？

爆破材料的保管的主要任务是防止爆破材料受温度、湿度影响和与其他物品作用而引起的变质，因炸药本身分解等引起的燃烧或爆炸以及被盗等。实践证明：保管期间的温度越高，湿度越大，则保存期越短；在同一温度条件下，因潮湿情况不同，保存期限相差6~8倍。

保管员应经常检查以下内容：

（1）库房内的温度、湿度是否符合规定。

（2）爆破材料是否受湿、受热或分解变质。

（3）经常检查门、窗、锁是否完好。

（4）消防设备是否齐全、有效。

（5）防雷设施是否可靠。

88. 爆破材料的发放与清退有哪些要求？

（1）爆破员必须携带爆破合格证和班组长签章的爆破工作指示单到爆破材料库领取爆破材料。

（2）发放爆破材料时，保管员与爆破员要当面点清所支领爆破材料的品种、规格和数量，并盖章或签字。

（3）不经导通编号的雷管，保管员禁止发放。电雷管实行专人专号，不得遗失、借用或挪作他用。

（4）爆破员必须在爆破材料库的发放硐室领取爆破材料，不得携带矿灯进入库内。发放炸药、雷管时，要做到轻拿轻放，严禁摔、扔炸药或雷管。

（5）爆破员班后必须严格执行班组长在报单上签字制度，无签字者或签字不清楚，保管员拒收炸药、雷管。清退爆破材料时，爆破员与保管员要当面点清，做到账物相符。

（6）所有接触爆破材料的人员，应穿棉布或抗静电衣服，严禁穿化纤衣服。

89. 运输爆破材料应注意哪些事项?

爆破材料的运输包括地面运输到用户单位或爆破材料库，以及把爆破材料运输到爆破现场（包括井下运输）。在运输爆破材料时要注意以下事项：

（1）雷管和导火索可以一同运输；黑火药和导火索可以一同运输；导火索、导爆索和硝铵炸药可以一同运输；硝化甘油类炸药、硝酸铵类炸药、黑火药和雷管，任何两种都不准一同运输；硝化甘油类炸药和导火索不准一同运输。

（2）运输硝化甘油类炸药，要注意防冻的有关规定。已冻结或半冻结的硝化甘油类炸药禁止运输，因为轻微的摩擦、震动就会引起爆炸事故。

（3）从地面炸药库向井下炸药库运送炸药时，应事先通知绞车司机和井上、井下的把钩工做好运输准备。运输爆破材料不得在交接班时间进行。

（4）护送人员一定要乘罐笼护送炸药下井，每层罐笼只准搭乘两人。除爆破员或护送员外，不准无关人员搭乘运输炸药的罐笼或吊桶。同时，炸药和雷管必须分别运送。

（5）炸药不准在井口房内存放。炸药下放到井底车场后，应立即运往炸药库，不准在井底车场或其他巷道里存放。

（6）人工搬运爆破材料时，也要重视安全。

（7）为了防止雷管意外爆炸时引爆炸药，应分别把雷管和炸药放在专用袋或专用箱内，不得将雷管装在衣袋内。

（8）为了防止爆破材料散落、丢失、被盗，爆破作业人员领到爆破材料后，应直接送到爆破作业地点，不得转给他人，禁止乱丢、乱放。

90. 地面运输爆炸材料有哪些安全要求?

在地面运输爆炸材料时，除必须遵守《民用爆炸物品管理条例》外，还应遵守以下规定：

（1）运输爆炸材料的车辆，出车前必须经过检查。车厢不得用栏杆加高，并必须插有标有“危险”字样的黄旗。夜间运输时，车辆前后应有标志危险的信号灯；长途运输爆炸材料时，必须用封闭式后开门专用棚车。

（2）爆炸材料应用帆布覆盖、捆紧，装有爆炸材料的车辆，严禁在车库内逗留。

（3）严禁用煤气车、拖拉机、自翻车、三轮车、自行车、摩托车、拖车运输爆炸材料。

（4）用车辆运输雷管、硝化甘油类炸药时，装车高度必须低于车厢上缘100mm。用车辆运输雷管时，雷管箱不得侧放或立放，层间必须垫软垫。运输硝酸铵类炸药、含水炸药、导火索、导爆索时，装车高度不得超过车厢上缘。

（5）蒸汽机车进入爆炸材料库区时，机车与最近库房的距离不得小于50m，并必须关闭燃烧室和炉灰箱，停止鼓风。机车烟筒必须有挡火星装置的完整的炉灰箱。

91. 井下用机车运送爆炸材料时应遵守哪些安全规定？

（1）炸药和电雷管不得在同一列车内运输。如用同一列车运输，装有炸药与装有电雷管的车辆之间，以及装有炸药或电雷管的车辆与机车之间，必须用空车分别隔开，隔开长度不得小于3m。

（2）硝化甘油类炸药和电雷管必须装在专用的、带盖的有木质隔板的车厢内，车厢内部应铺有胶皮或麻袋等软质垫层，并只准放1层爆炸材料箱。其他类炸药箱可以装在矿车内，但堆放高度不得超过矿车上缘。

（3）爆炸材料必须由井下爆炸材料库负责人或经过专门训练的专人护送。跟车人员、护送人员和装卸人员应坐在尾车内，严禁其他人员乘车。

（4）列车的行驶速度不得超过2m/s。

（5）装有爆炸材料的列车不得同时运送其他物品或工具。

（6）水平巷道和倾斜巷道内有可靠的信号装置时，可用钢丝绳牵引的车辆运送爆炸材料，但炸药和电雷管必须分开运输，运输速度不得超过1m/s。运输电雷管的车辆必须加盖、加垫，车厢内以软质垫物塞紧，防止震动和撞击。严禁用刮板输送机、带式输送机等运输爆炸材料。

92. 人力运送爆炸材料时应遵守哪些安全规定？

由爆炸材料库直接向工作地点用人力运送爆炸材料时，应遵守以下规定：

（1）电雷管必须由爆破员亲自运送，炸药应由爆破员或在爆破员监护下由其他人员运送。

（2）爆炸材料必须装在耐压和抗撞冲、防震、防静电的非金属容器内。电雷管和炸药严禁装在同一容器内。严禁将爆炸材料装在衣袋内。领到爆炸材料后，应直接送到工作地点，严禁中途逗留。

（3）携带爆炸材料上、下井时，在每层罐笼内搭乘的携带爆炸材料的人员不得超过4人，其他人员不得同罐上下。

（4）在交接班、人员上下井的时间内严禁携带爆炸材料人员沿井筒上下。

93. 爆破材料销毁有哪些安全要求，如何进行销毁处理？

由于管理不当，储存条件不好或储存时间过长，致使爆破材料安全性能不合格或失效变质时，必须及时销毁。

（1）销毁场地的安全要求。爆炸或焚烧爆破材料，必须在专用空场内进行。销毁场地应尽量选择在有天然屏障的隐蔽地方。场地周围50m内，要清除树木杂草与可燃物。在不具备天然屏障的隐蔽地方，要考虑销毁时爆炸冲击波对周围企业、单位、民用建筑、铁路、高压线等设施的影响。

（2）销毁处理方法。

1）一般对感度高的引爆药（如雷汞、氮化铅和二硝基重氮酚等）以及少量废炸药的销毁，采用化学处理法或焚烧法均可，采用化学处理法比较安全。

2）对硝铵炸药、黑火药、导火索等失去爆炸性能的爆破材料，可用焚烧法处理。性质不同的炸药及制品不能混在一起烧毁。起爆药用烧毁法销毁时，须先经机油钝化。雷管和导爆索易引爆，不宜采用烧毁法销毁，可采用炸毁法处理。

3）对一些能溶解于水的废爆破材料，如硝酸铵、黑火药和硝铵炸药，可采用溶解法销毁。

94. 常用的炸药可分为哪几类？

（1）按主要组成成分分类可分为硝酸铵类炸药、含水炸药和硝化甘油类炸药（图2-5）。硝酸铵类炸药是以硝酸铵为主体成分并加入其他成分的混合炸药。含水炸药是由硝酸铵、硝酸钠为氧化剂的水溶液等组成的混合炸药。硝化甘油类炸药是以硝化甘油为主要成分的非安全性抗水混合炸药。

图2-5 矿用炸药按组成成分分类

（2）按应用范围和使用条件分类，按其是否允许在井下有瓦斯或煤尘爆炸危险的采掘工作面使用情况，将矿用炸药分为煤矿许用炸药和非煤矿许用炸药（岩石炸药和露天炸药）两类。

（3）按化学成分分类可分为单质炸药和混合炸药。我国目前所使用的矿用炸药都属于混合炸药。单质炸药只作为起爆药和混合炸药的组成部分。

95. 煤矿许用炸药的选用应遵守哪些安全规定？

井下爆破作业，必须使用煤矿许用炸药和煤矿许用电雷管。煤矿许用炸药的选用应遵守以下规定：

（1）低瓦斯矿井的岩石掘进工作面必须使用安全等级不低于一级的煤矿许用炸药。

（2）低瓦斯矿井的煤层采掘工作面、半煤岩掘进工作面必须使用安全等级不低于二级的煤矿许用炸药。

（3）高瓦斯矿井、低瓦斯矿井的高瓦斯区域，必须使用安全等级不低于三级的煤矿许用炸药。有煤（岩）与瓦斯突出危险的工作面，必须使用安全等级不低于三级的煤矿许用含水炸药。

（4）严禁使用黑火药和冻结或半冻结的硝化甘油类炸药。同一工作面不得使用两种不同品种的炸药。

（5）在采掘工作面，必须使用煤矿许用瞬发电雷管或煤矿许用毫秒延期电雷管。使用煤矿许用毫秒延期电雷管时，最后一段的延期时间不得超过130ms。不同厂家生产的或不同品种的电雷管，不得掺混使用。不得使用导爆管或普通导爆索，严禁使用火雷管。

96. 煤矿许用炸药如何选用？

煤矿许用炸药的安全等级是指在特定条件下，炸药爆炸时对瓦斯、煤尘的引爆能力。安全程度越低的炸药在爆破时就越容易引起瓦斯、煤尘爆炸。

由于矿井瓦斯等级不同，对煤矿许用炸药的要求也不同，矿井瓦斯等级高的，要求使用安全等级高的煤矿许用炸药。为适用不同瓦斯等级和不同工作面的要求，我国煤矿许用炸药按其安全等级分为5级。

煤矿许用炸药的选用方法如下：

（1）煤矿许用铵梯炸药。煤矿许用铵梯炸药属于中、低型安全炸药，对煤矿瓦斯和煤尘有一定的安全性。在生产中普遍使用的是2号煤矿炸药、3号煤矿炸药、2号抗水煤矿炸药、3号抗水煤矿炸药。非抗水型用于无水炮孔，抗水型用于有水炮孔。2号煤矿炸药、2号抗水型煤矿铵梯炸药属于一级安全炸药，适用于低瓦斯矿井的岩石掘进工作面。3号煤矿炸药、3号抗水型煤矿铵梯炸药属于二级安全炸药，适用于低瓦斯矿井的煤层采掘工作面。

（2）煤矿许用水胶炸药。煤矿许用水胶炸药是由硝酸铵为主的水溶液作为氧化剂和以硝酸甲胺敏化剂、消焰剂、胶凝剂、密度调节剂和交联剂制成的含水炸药。按其对瓦斯的安全性共分为五级，常用的有一、三级煤矿许用水胶炸药。

（3）煤矿许用乳化炸药。煤矿乳化炸药根据瓦斯的安全性分为五级，目前生产的主要有二级、三级、四级三种。二级适用于低瓦斯矿井，三级适用于煤和瓦斯突出矿井，四级适用于煤和瓦斯突出最危险的矿井。在选用时应严格根据瓦斯等级选用，不得相互混用。

（4）被筒炸药。被筒炸药是以爆轰性能较好的煤矿铵梯炸药作药芯，其外部包覆一个用消焰剂做成的“安全被筒”，形成单个药卷。具有较高的安全性能，但威力不大。可用于低瓦斯矿井的高瓦斯区域、高瓦斯矿井与瓦斯突出危险工作面。安全被筒品种较多，分为惰性被筒和活性被筒。被筒炸药工艺比较复杂，工序较多，药卷直径大，容易吸潮，且装药时被筒易破裂，药包之间不易传爆，只适用于堵塞的溜煤眼和煤仓爆破。

（5）离子交换炸药。离子交换炸药是以硝酸钠和氯化铵的混合物为主要成分，再加敏化剂硝化甘油而成的煤矿许用炸药，硝酸钠和氯化铵称为离子交换盐。离子交换炸药是我国现有煤矿许用炸药中安全性能最高的品种，特别适用于有煤与瓦斯突出危险的工作面。它具有较好的储存安全性、间隙效应小等优点。

97. 选用煤矿许用炸药时应注意哪些事项?

（1）煤矿铵梯炸药必须严格按照矿井瓦斯的安全等级选用，不得将用于低瓦斯矿井的炸药用于高瓦斯矿井。

（2）含水超过0.5%的煤矿铵梯炸药不得使用。铵梯炸药受潮或超过保质期发生硬化若不能用手揉松，则不准在井下使用，因为炸药硬化后爆力降低、感度差、传爆不好，容易产生残爆、爆燃，以致拒爆，引起瓦斯煤尘爆炸。同时，生成的有害气体增多，威胁人体健康和安全。

（3）有水和潮湿的工作面，必须选择抗水型炸药。

（4）煤矿水胶炸药的安全性高于铵梯炸药，但在使用、保管时应和铵梯炸药同样对待，严格按瓦斯安全等级选用。

（5）要注意炸药外形的检查，如发现药卷出水，要尽快使用；如出水严重，要经过性能检验，再确定是否继续使用。

（6）外皮破损，出现漏药、破乳，此情况使炸药难以发生爆炸，即使发生爆炸，也容易造成爆燃或残爆，造成爆破事故，同时也达不到爆破工作的要求。

（7）水胶炸药的爆炸性能随温度降低而下降，0℃以下有可能出现残爆或拒爆。因此，水胶炸药药温不宜过低。

98. 电雷管的种类有哪些?

电雷管是一种用电流起爆的雷管。电雷管的品种较多，是常用的起爆材料。

（1）瞬发电雷管。通入足够的电流，能在瞬间立即起爆的电雷管。瞬发电雷管由通电到爆炸时间小于13ms，无延期过程。

瞬发电雷管可分为普通型和煤矿许用型两种。前者可用于露天爆破，后者可用于高瓦斯矿井和煤与瓦斯突出矿井。

煤矿许用型瞬发电雷管与普通瞬发电雷管结构基本相同。它之所以具有瓦斯安全性，主要是在副起爆药（猛炸药）中加入适量的消焰剂，消焰剂通常采用氯化钾，具有降低爆温、消焰和隔离瓦斯与爆炸火焰接触的作用，从而有效预防引爆瓦斯，瞬发电雷管在巷道掘进中只能用于全断面齐发次爆破。其保证期一般为两年。

（2）秒延期电雷管。通入足够的电流后，以1s、0.5s为间隔才爆炸的雷管。秒延期电雷管共分为7段，用1.5A恒定直流电测定，各段从通电到电雷管起爆的延期时间及脚线颜色标志见表2-3。

表 2-3　国产秒延期电雷管的延期时间及标志

规格段落	1	2	3	4	5	6	7
延期时间/s	0.1	1.0+0.5	2.0+0.6	3.1+0.7	4.3+0.8	5.6+0.9	7.0+1.0
脚线颜色	灰蓝	灰白	灰红	灰绿	灰黄	灰蓝	黑白

秒延期电雷管的构造与瞬发电雷管基本相同，主要区别是：电引火装置是药头式且与正起爆药间增加了一段延期药或缓燃剂作为延期引爆元件，改变导火索的长短或燃烧速度就可以得到各个段的不同延期时间。为排出导火索燃烧时的气体而不影响导火索的燃速，管壳设有出气孔。

秒延期电雷管为非煤矿许用电雷管，由于它在延期时间内能喷出火焰和高温气体，因此不能用于煤矿井下爆破作业。

（3）毫秒延期电雷管。通入足够的电流，以若干毫秒间隔时间延期爆炸的电雷管，也称毫秒电雷管。毫秒电雷管分为普通型和煤矿许用型两种。国产毫秒延期电雷管共 20 段，用 1.5A 恒定直流电测定，各段延期时间及脚线颜色标志见表 2-4。

表 2-4　国产毫秒延期电雷管延期时间与标志

类　型	段　别	延期时间/ms	脚线颜色	类　型	段　别	延期时间/ms	脚线颜色
煤矿（安全）许用型	1	13	灰红	普通型	11	400±40	用数字牌分区
	2	25±10	灰黄		12	550±45	用数字牌分区
	3	50±10	灰蓝		13	650±50	用数字牌分区
	4	75±10 或 75±15	灰白		14	760±55	用数字牌分区
	5	100±15	绿红		15	880±60	用数字牌分区
普通型	6	150±20	绿黄		16	1020±70	用数字牌分区
	7	200±20 或 200±25	绿白		17	1200±90	用数字牌分区
	8	250±25	黑白		18	1240±100	用数字牌分区
	9	310±30	黑黄		19	1700±130	用数字牌分区
	10	380±35	黑白		20	2000±150	用数字牌分区

普通型毫秒电雷管可广泛用于各类爆破工程中，但不能用于煤矿井下爆破作业。煤矿许用毫秒电雷管可适用于有瓦斯或煤尘爆炸危险的采掘工作面、高瓦斯矿井或煤与瓦斯突出矿井。毫秒延期电雷管的保证期一般为 1.5 年。

99. 矿用电雷管常见异常及对安全爆破的影响有哪些？

（1）电雷管脚线裸露处表面氧化，导致电阻增大，有时单个雷管的电阻可达 100Ω 以上，从而使整个爆破网络电阻超过发爆器的能力，造成丢炮、拒爆。

（2）雷管桥丝接触不良、松动、折断或电阻不稳定。这种情况往往使雷管电阻明显增大，造成雷管不响或整个网络拒爆。

（3）雷管外壳有裂缝、严重砂眼，无法引爆炸药或使炸药发生爆燃。

（4）雷管进水，起爆药受潮，易发生雷管拒爆。

（5）不同厂家、不同批次雷管同时串联使用，电打火特性差异过大，造成串联丢炮

(即用单发发火电流单独通电仍能起爆，但串联通电时却未被点燃)，使部分雷管拒爆。

100. 装配起爆药卷时，必须遵守哪些安全规定?

(1) 必须在顶板完好、支架完整、避开电气设备和导电体的爆破工作地点附近进行。严禁坐在爆炸材料箱上装配起爆药卷。装配起爆药卷数量，以当时当地需要的数量为限。

(2) 装配起爆药卷必须防止电雷管受振动、冲击，折断脚线和损坏脚线绝缘层。

(3) 电雷管必须由药卷的顶部装入，严禁用电雷管代替竹、木棍扎孔。电雷管必须全部插入药卷内。严禁将电雷管斜插在药卷的中部或捆在药卷上。

(4) 电雷管插入药卷后，必须用脚线将药卷缠住，并将电雷管脚线扭结成短路。

101. 炮孔深度和炮孔的封泥长度应符合哪些安全要求?

(1) 炮孔深度小于0.6m时，不得装药、爆破；在特殊条件下，如挖底、刷帮、挑顶确需浅孔爆破时，必须制定安全措施，炮孔深度可以小于0.6m，但必须封满炮泥。

(2) 炮孔深度为0.6~1m时，封泥长度不得小于炮孔深度的一半。

(3) 炮孔深度超过1m时，封泥长度不得小于0.5m。

(4) 炮孔深度超过2.5m时，封泥长度不得小于1m。

(5) 光面爆破时，周边光爆炮孔应用炮泥封实，且封泥长度不得小于0.3m。

(6) 工作面有两个或两个以上自由面时，在煤层中最小抵抗线不得小于0.5m，在岩层中最小抵抗线不得小于0.3m。浅孔装药爆破大岩块时，最小抵抗线和封泥长度都不得小于0.3m。

102. 炮孔的装药和充填必须遵守哪些安全规定?

(1) 装药前在爆破区两端插好警戒旗，严禁与工作无关人员和车辆进入爆破区。

(2) 雷管脚线、导爆索、导爆管的连线和装药布设必须由专人负责。

(3) 装药时，每个炮孔同时操作人员不应超过3人，严禁向炮孔内投掷起爆具和受冲击易爆的炸药，严禁使用塑料、金属或带金属包头的炮杆。

(4) 炮孔卡堵或雷管脚线及导爆索损坏时应及时处理，无法处理时必须插上标志，按拒爆处理。

(5) 机械化装药时，必须由专人操作。

103. 在哪些情况下应严禁装药和爆破?

(1) 采掘工作面的控顶距离不符合作业规程的规定，或者支架有损坏，或者伞檐超过规定。

(2) 爆破地点附近20m以内风流中瓦斯浓度达到1.0%。

(3) 在爆破地点20m以内，矿车及未清除的煤、矸或其他物体堵塞巷道断面1/3以上。

(4) 炮孔内发现异状、温度骤高骤低、有显著瓦斯涌出、煤岩松散、透老空等情况。

(5) 采掘工作面风量不足。

104. 爆破母线和连接线应符合哪些安全要求?

(1) 煤矿井下爆破母线必须符合标准。

(2) 爆破母线和连接线、电雷管脚线和连接线、脚线和脚线之间的接头必须相互扭紧并悬挂，不得与轨道、金属管、金属网、钢丝绳、刮板输送机等导电体相接触。

(3) 巷道掘进时，爆破母线应随用随挂。一般不得使用固定爆破母线；特殊情况下，在采取安全措施后，可不受此限。

(4) 爆破母线与电缆、电线、信号线应分别挂在巷道的两侧。如果必须挂在同一侧，爆破母线必须挂在电缆的下方，并应保持0.3m以上的距离。

(5) 只准采用绝缘母线单回路爆破，严禁用轨道、金属管、金属网、水或大地等当作回路。

(6) 爆破前，爆破母线必须扭结成短路。

105. 煤矿早爆事故原因是什么，如何进行预防?

在正式通电起爆前，雷管、炸药突然爆炸，最容易造成伤亡事故。煤矿爆破作业中，造成炸药、雷管早爆主要有杂散电流导入雷管或雷管、炸药受到机械撞击、挤压和摩擦，爆破器具保管不当等多方面的原因。

预防早爆措施有：降低电机车牵引网路产生的杂散电流，加强井下设备和电缆的检查和维修，发现问题及时处理；采用电雷管起爆时，杂散电流不得超过30mA；电雷管脚线、爆破母线在连线以前扭结成短路，连线后电雷管脚线和连接线、脚线与脚线之间的接头，都必须悬空，并用绝缘胶布包好，不得同任何导电体或潮湿的煤、岩壁相接触；存放炸药、电雷管和装配起爆卷的地点安全可靠，严防煤、岩块或硬质器件撞击电雷管和炸药；发爆器及其把手、钥匙应妥善保管，严禁交给他人；对杂散电流较大的地点也可使用电磁雷管；在爆破区出现雷电时，受雷电影响的地方应停止爆破作业。

106. 拒爆（盲炮）事故原因是什么，如何进行预防?

使用电雷管起爆时，通电后出现未爆炸的现象，即为全网络拒爆。爆破后由于某种原因造成的部分或单个雷管拒爆的现象即为丢炮。拒爆、丢炮是爆破作业中经常发生的爆破故障，且极易造成人身伤亡事故。

拒爆、丢炮的预防：不领取变质炸药和不合格的电雷管；不使用硬化到不能用手揉松的硝酸铵类炸药，也不使用破乳和不能揉松的乳化炸药；有水和潮湿的炮孔应使用抗水炸药；同一爆破网络中，不使用不同厂家生产或同一厂家生产的但不同批次的电雷管；不领取、不使用未经导通、全电阻测试或管口松动的电雷管；向孔内装药或封泥时，脚线要紧贴孔壁；按操作规程进行装药，防止把药卷压实或把雷管脚线折断、绝缘皮破损而造成网络不通、短路或漏电的现象；装药前应认真把炮孔内的煤、岩粉清干净；网络连接时，连线接头必须扭紧牢固，尤其雷管脚线裸露处的锈在连线时应进行处理；连线后认真检查，防止出现接触不良、错连、漏连，连线方式合理，严格按爆破说明书要求的方式进行连接；爆破网络连接的电雷管数量不得超过发爆器的起爆能力；炮孔布置应合理，尽量采取减少或消除间隙效应的措施；不准装盖药、垫药，不准采用不合理的装药方式。

107. 残爆、爆燃和迟爆事故原因是什么，如何进行预防?

残爆是指炮孔里的炸药引爆后，因爆轰中断而残留部分不爆药卷的现象。爆燃是指炮孔里的药卷未能正常起爆而发生快速燃烧，或形成爆轰后又衰减为快速燃烧的现象。迟爆是指在通电后，炸药延迟一段时间才爆炸的现象。迟爆时间可长达几分钟至十几分钟，爆破人员以为是拒爆而进入工作面检查，最容易发生伤亡事故。

残爆、爆燃和迟爆事故预防：采用合理的装药方法；禁止使用不合格的炸药、雷管；装药前，清除炮孔内的杂物；装药时应把药卷轻轻送入，炮孔内的各药卷间彼此密接；避免把炸药捣实；合理布置炮孔，不装盖药和垫药；采取措施，减弱或消除管道效应；起爆药卷内的雷管聚能穴和装配位置应符合要求，并且雷管应全部插入药卷内。

108. 处理拒爆和熄爆应遵守哪些安全规定?

（1）在专人监视下进行检查，并在危险区边界设警戒，严禁无关人员进入警戒区或在警戒区内进行其他作业。

（2）因地面网络连接错误或地面网络断爆出现拒爆，可再次连线起爆。

（3）如炮孔内为非防水炸药，可向孔内注水浸泡炸药，使其失效；浅孔拒爆可用风或水将炸药清除，重新装药爆破。

（4）严禁穿孔机按原穿孔位穿孔，应在距拒爆孔0.5～1.0m处重新穿孔装药爆破，孔深应与原孔相等。

（5）如不能立即处理，应报告矿调度室，并设置拒爆警戒标志，派专人指挥挖掘机挖掘。

109. 放空炮事故原因是什么，如何进行预防?

炮孔内装药，在爆破时未能对周围介质产生破坏作用，而是沿炮孔口方向崩出的现象称为放空炮。其主要原因是充填炮孔的炮泥质量不好或炮孔间距过大，炮孔方向与最小抵抗线方向重合。

预防方法：充填炮孔的炮泥质量要符合《煤矿安全规程》的规定，水炮泥水量充足，黏土炮泥软硬适度；保证炮泥的充填长度和炮孔封填质量符合《煤矿安全规程》的规定；要根据煤、岩层的硬度、构造发育情况和施工要求布置炮孔，炮孔的间距、角度要合理，装药量要适当。

110. 预防爆破伤人及炮烟熏人的措施有哪些?

预防爆破伤人的措施：爆破母线要有足够的长度；躲避处选择能避开飞石袭击的安全地点；掩护物要有足够的强度；爆破时，安全警戒必须执行《煤矿安全规程》的规定；通电以后装药炮孔不响时，不能提前进入工作面，以免炮响崩人；爆破员应最后一个离开爆破地点，并按规定发出数次爆破信号，爆破前应清点人数；采取措施，避免因杂散电流造成突然爆炸崩人；处理拒爆、残爆时必须按《煤矿安全规程》规定的程序和方法操作。

预防炮烟熏人的措施：工作面爆破后，作业人员要待炮烟吹散吹净后，方可进入爆破地点作业；控制一次爆破量，避免产生的炮烟量超过通风能力；不使用硬化、含水量超标、过期变质的炸药；采掘工作面避免串联通风，不应在巷道内长期堆积坑木、煤、矸等障碍物，应保证回风巷有足够的通风断面；装药时要清理干净炮孔内的煤、岩粉和水，保证炸药爆炸时零氧平衡；炮孔封泥时应使用水炮泥，并且封泥的质量和长度符合作业规程的规定；爆破时，除警戒人员以外，其他人员都要在进风巷道内躲避等候；单孔掘进巷道内所有人员要远离爆破地点，同时风量要充足；作业人员通过较高浓度的炮烟区时，要用潮湿的毛巾捂住口鼻，迅速通过；爆破前后，爆破地点附近应充分洒水，以利于吸收部分有害气体和煤岩粉。

111. 预防爆破崩倒支架及造成冒顶的措施有哪些？

爆破崩倒支架事故的预防措施：爆破前，必须检查支架并对爆破地点附近 10mm 内的支护进行加固；掘进工作面的顶帮要插严背实，并打上拉条、撑木，实行必要的加固；掘进工作面要选择合理的掏槽方式、炮孔布置、角度、个数等参数；钻孔应靠近支架开孔，使孔底正处于两支架的中间；采煤工作面支架除加强刹顶外，要用紧楔和打撑木的办法进行必要的加固；采煤工作面要留有足够宽的炮道，掘进工作面要有足够的掏槽深度；严格按作业规程规定的装药量进行装药，避免出现装药量过大现象。

爆破造成冒顶事故的预防：采掘工作面遇到地质构造，顶板破碎、松软、裂隙发育时，应采用少装药放小炮，或直接挖过去的办法，减少对顶板的震动或破坏；炮孔布置的角度、位置要合理，顶孔孔底要与顶板离开 0.2 ~ 0.3m 的距离；一次爆破的炮孔数和装药量应控制在作业规程范围内；爆破前，应对爆破地点及其附近的支护进行加固，防止崩倒支架，崩倒的支架应及时扶起；空顶时，严禁装药爆破。

112. 如何对煤矿进行爆破作业？

（1）在重要建（构）筑物和设备附近实施硐室爆破、抛掷大爆破、老空区爆破等特殊爆破时，必须编制设计，制订安全措施，涉及本企业以外的建（构）筑物时，必须征得相关单位的同意。

（2）在老空区、煤及半煤岩等温度异常的自然发火区进行爆破作业时，必须测试孔内温度。有明火的炮孔或孔内温度在 80℃ 以上的高温炮孔必须采取灭火、降温措施。高温孔经降温处理合格后，应迅速装药起爆。高温孔应采用热感度低的炸药，或将炸药、雷管作隔热包装。

（3）爆破作业应在白天进行，雾天和夜间爆破必须采取安全技术措施。严禁在雷雨时进行爆破作业。

113. 处理拒爆事故时，应进行哪些安全检查，应遵守哪些规定？

处理拒爆事故时，应进行的安全检查项目主要有：

（1）爆破后，待工作面的炮烟被吹散，爆破员和班组长必须首先巡视爆破地点，检查通风、瓦斯、煤尘、顶板、支架、拒爆、残爆等情况。如果有危险情况，必须立即处理。

（2）通电以后装药炮孔不响时，爆破员必须先取下把手或钥匙，并将爆破母线从电源上摘下，扭结成短路，再等一定时间（使用瞬发电雷管时，至少等 5min；使用延期电雷管时，至少等 15min）才可沿线路检查，找出拒爆原因。

(3) 处理拒爆（包括残爆）必须在班组长直接指导下进行，并应在当班处理完毕。如果当班未能处理完毕，爆破员必须同下一班爆破员在现场交接清楚。

处理拒爆时，必须遵守以下规定：

(1) 由于连线不良造成的拒爆，可重新连线起爆。

(2) 在距拒爆炮孔至少0.3m处另打与拒爆炮孔平行的新炮孔，重新装药起爆。

(3) 严禁用镐刨或从炮孔中取出原放置的起爆药卷或从起爆药卷中拉出电雷管，严禁将炮孔残底（无论有无残余炸药）继续加深，严禁用钻孔的方法往外掏药，严禁用压风吹这些炮孔。

(4) 处理拒爆的炮孔爆炸后，爆破员必须详细检查炸落的煤、矸，收集未爆的电雷管。

(5) 在拒爆处理完毕以前，严禁在该地点进行与处理拒爆无关的工作。

114. 巷道贯通爆破时，应进行哪些安全检查？

(1) 用爆破方法贯通井巷时，必须有准确的测量图，每班在图上填明进度。测量人员必须勤校正中线、腰线，钻孔人员和爆破员要严格按中线、腰线调整方向和坡度，布置炮孔。

(2) 当贯通的两个工作面相距20m（在有冲击地压煤层中，两个掘进工作面相距30m）前，地测部门必须事先下达通知书，并且只准从一个工作面向前接通。停掘的工作面必须保持正常通风，经常检查风筒是否脱节，还必须正常检查工作面及其回风流中的瓦斯浓度，瓦斯浓度超限时，必须立即处理。掘进工作面每次装药爆破前，班组长必须派专人和瓦斯检查员共同到停掘工作面检查工作面及其回风流中的瓦斯浓度，瓦斯超限时，先停止掘进工作面的工作，然后处理瓦斯。只有当两个工作面及其回风巷风流中的瓦斯浓度都在1%以下时，掘进工作面方可装药爆破。每次爆破前，在两个工作面内必须设置栅栏和有专人警戒。间距小于20m的平行巷道，其中一个巷道爆破时，两个工作面的人员都必须撤离至安全地点。

(3) 贯通爆破前，要加固贯通地点支架，背好帮顶，防止崩倒支架或冒顶埋人。

(4) 距贯通地点5m内，要在工作面中心位置打超前探孔，探孔深度要大于炮孔深度1倍以上，孔内不准装药。在有瓦斯工作面，爆破前用炮泥将探孔填满。

(5) 与停掘已久的巷道贯通时，应按上述规定认真执行，并在贯通前，严格检查停掘巷道的瓦斯、煤尘、积水、支架和顶板，发现问题，立即处理，否则不准贯通。

(6) 由班组长指派警戒人员，并亲自接送。在班组长或班组长指定的专人来接以前，警戒人员不得擅离岗位。

(7) 两巷较近时，可采取少装药、放小炮的办法进行爆破，防止崩垮巷道。

(8) 到预测贯通位置而未贯通时，应立即停止掘进，查明原因，重新采取贯通措施。

115. 遇老空区爆破时，应进行哪些安全检查？

老空区也称为老塘，是井下采空区和报废巷道的总称。由于老空区内没有排水和通风设施，往往积存着大量的水、瓦斯和其他有害气体，爆破时如误穿老空区，往往易发生突然涌水、人员中毒和瓦斯爆炸等恶性事故。所以，在接近老空区时，必须制定安全措施，并注意以下事项：

（1）爆破地点距老空区15m前，必须通过打探孔、探钻等有效措施，探明老空区的准确位置和范围，以及水、火、瓦斯等情况，必须根据探明的情况采取措施，进行处理，否则不准装药或爆破。

（2）钻孔时，如发现炮孔内出水异常，煤、岩松散，工作面温度骤高骤低，瓦斯大量涌出等异常情况，说明工作面已临近老空区，必须查明原因，采取有效的放水、瓦斯排放等措施，具备爆破条件时才可以装药爆破。

（3）揭露老空区爆破时，必须将人员撤至安全地点，并在无危险地点起爆。只有经过检查，证明无危险后，方可恢复工作。

（4）必须坚持"有疑必探，先探后掘"的原则，发现异常情况，必须查明原因，采取措施，否则不准装药爆破，以免误穿老空区，发生透水、火灾、大量涌出瓦斯以及瓦斯爆炸等事故。

116. 接近积水区的爆破时，应该怎样进行安全监察？

由于水具有较强的流动性和渗透性，当地质、水文地质情况和采空区位置不明，或测量不准确，以及过去小煤窑的存在，往往在爆破时误穿积水区导致大量积水涌出，造成冲毁设备、人员伤亡、甚至淹没矿井等严重事故。透水是煤矿五大灾害之一，因此，在接近积水区爆破时，必须加强管理，并采取如下安全措施：

（1）在接近溶洞、含水丰富的地层（流沙层、冲积层、风化带等）、导水断层、积水的井巷和老空区、打开隔水煤（岩）柱放水等有透水危险的地点爆破时，必须坚持"有疑必探，先探后掘"的原则。

（2）接近积水区时，要根据已查明的情况进行切实可行的排放水设计，制定安全措施，否则严禁爆破。

（3）工作面或其他地点发现有透水预兆（挂红、挂汗、空气变冷、出现雾气、水叫、顶板来压、顶板淋水加大、地板鼓起或产生裂隙出现涌水、水色发浑、有臭味、煤岩变松软等其他异状）时，必须停止爆破作业，及时汇报，采取措施，查明原因。若情况危急，必须发出警报，立即撤出所有受水害威胁地点的人员。

（4）钻孔时，如发现炮孔涌水，要立即停止钻孔，不要拔出钻杆，并马上向班组长或调度室汇报。

（5）合理选择掘进爆破方法，在探水孔严密掩护下，可采取多钻孔、少装药、放小炮的方法，以利于保持煤体的稳定性。

117. 浅孔爆破时制订的安全措施应符合哪些要求？

在特殊条件下，如挖底、刷帮、挑顶确需浅孔爆破时，必须制订安全措施，应符合以下要求：

（1）每孔装药量不得超过150g。

（2）炮孔必须封满炮泥。

（3）爆破前必须在爆破地点附近洒水降尘并检查瓦斯浓度，瓦斯浓度达到1%时，不准爆破。

(4) 检查并加固爆破地点附近支架。

(5) 采取有效措施，保护好风、水管路，电气设备及其他设施，以防崩坏。

(6) 爆破时，必须布置好警戒并有值班长在现场指挥。

118. 爆破方法处理溜煤（矸）眼堵塞时，应进行哪些安全检查?

溜煤（矸）眼堵塞是矿井经常遇到的问题，由于溜煤（矸）眼被堵塞后，往往通风不好，容易积聚瓦斯，而且煤尘也多，极易引起瓦斯、煤尘爆炸。《煤矿安全规程》规定，如果确无爆破以外的方法，可爆破处理，但必须遵守以下规定：

(1) 必须采用取得煤矿矿用产品安全标志的用于溜煤（矸）眼的煤矿许用刚性被筒炸药或不低于该安全等级的煤矿许用炸药。

(2) 每次爆破只准使用1个煤矿许用电雷管，最大装药量不得超过450g。

(3) 爆破前必须检查溜煤（矸）眼内堵塞部位的上部和下部空间的瓦斯，瓦斯浓度达到1%时严禁爆破。

(4) 每次爆破前，必须洒水降尘。

(5) 在安全受到威胁的地点必须撤人、停电。

119. 安全警戒距离应符合哪些安全要求?

(1) 深孔松动爆破（孔深大于5m）：距爆破区边缘，软岩不得小于100m、硬岩不得小于200m。

(2) 浅孔爆破（孔深小于5m）：无充填预裂爆破，不得小于300m。

(3) 二次爆破：钻孔法不得小于200m。裸露爆破药量不超过20kg时，不得小于200m；药量超过20kg时，不得小于400m。

(4) 扩孔爆破：不得小于100m。

(5) 轰水：不得小于50m。

120. 机电设备距爆破区外端的安全距离有哪些规定?

各种机电设备距爆破区外端的安全距离应符合表2-5规定。

表2-5 机电设备距爆破区外端的安全距离 (m)

设备名称	深孔爆破	浅孔爆破及二次爆破	备注
挖掘机、钻机	30	40	司机室背向爆破区
风泵车	40	50	小于此距离应采取保护措施
信号箱	30	30	小于此距离应采取保护措施
电气柜、变压器、移动变电站	30	30	小于此距离应采取保护措施或移动到安全地点
高压电缆	40	50	小于此距离应停电拆除

机车、汽车等机动设备处于警戒范围内且不能撤离时，应采取安全措施；与电杆距离不得小于5m，在5～10m时，必须采用减震爆破。

121. 爆破地震安全距离应符合哪些安全要求?

爆破地震安全距离应按式（2-1）计算:

$$R = \left(\frac{K}{v}\right)^{\frac{1}{\alpha}} Q^{m} \tag{2-1}$$

式中　R——爆破地震安全距离，m;

Q——药量（齐发爆破取总量，延期爆破取最大一段药量），kg;

v——安全质点振动速度，cm/s;

m——药量指数，取 $m=1/3$;

K，α——与爆破地点地形、地质条件有关的系数和衰减指数。

在特殊建（构）筑物附近、爆破条件复杂和爆破震动对边坡稳定有影响的地区进行爆破时，必须进行爆破地震效应的监测或试验，以确定被保护物的安全性。

各类建（构）筑物地面质点的安全振动速度不应超过以下数值:

（1）重要工业厂房，0.4cm/s。

（2）土窑洞、土坯房、毛石房，1.0cm/s。

（3）一般砖房、非抗震的大型砌块建筑物，2~3cm/s。

（4）钢筋混凝土框架房屋，5cm/s。

（5）水工隧道，10cm/s。

（6）交通涵洞，15cm/s。

（7）围岩不稳定有良好支护的矿山巷道，10cm/s；围岩中等稳定有良好支护的矿山巷道，15cm/s；围岩稳定无支护的矿山巷道，20cm/s。

122. 采取震动爆破措施时，应遵守哪些安全规定?

（1）必须编制专门设计。爆破参数，爆破器材及起爆要求，爆破地点，反向风门位置，避灾路线及停电、撤人和警戒范围等，必须在设计中明确规定。

（2）震动爆破工作面，必须具有独立、可靠、畅通的回风系统，爆破时回风系统内必须切断电源，严禁人员作业和通过。在其进风侧的巷道中，必须设置两道坚固的反向风门。与回风系统相连的风门、密闭、风桥等通风设施必须坚固可靠，防止突出后的瓦斯涌入其他区域。

（3）震动爆破必须由矿技术负责人统一指挥，并有矿山救护队在指定地点值班，爆破30min后矿山救护队员方可进入工作面检查。应根据检查结果，确定采取恢复送电、通风、排除瓦斯等具体措施。

（4）震动爆破必须采用铜脚线的毫秒雷管，雷管总延期时间不得超过130ms，严禁跳段使用。电雷管使用前必须进行导通试验。电雷管的连接必须使通过每一电雷管的电流达到其引爆电流的两倍。爆破母线必须采用专用电缆，并尽可能减少接头，有条件的可采用遥控发爆器。

（5）应采用挡栏设施降低震动爆破诱发突出的强度。

（6）震动爆破应一次全断面揭穿或揭开煤层。如果未能一次揭穿煤层，在掘进剩余部分时（包括掘进煤层和进入底板、顶板2m范围内），必须按震动爆破的安全要求进行爆破作业。

123. 爆破作业说明书应符合哪些安全要求?

爆破作业必须编制爆破作业说明书，必须依照说明书进行爆破作业。爆破作业说明书必须符合以下要求：

（1）炮孔布置图必须标明采煤工作面的高度和钻孔范围或掘进工作面的巷道断面尺寸，炮孔的位置、个数、深度、角度及炮孔编号，并用正面图、平面图和剖面图表示。

（2）炮孔说明表必须说明炮孔的名称、深度、角度，使用炸药、雷管的品种，装药量，封泥长度，连线方法和起爆顺序。

（3）必须编入采掘作业规程，并及时修改补充。

第三章　煤矿机械与电气安全技术

第一节　煤矿机械安全

124. 提升系统的安全检查验收和测试的内容有哪些?

为确保提升系统的安全运行，必须对设备进行预防性计划检修，具体包括日检、周检、月检，小修、中修、大修，并要制定出检修周期、检修内容和质量标准等。对所安装的提升设备，经验收后方可投入使用。投入运行后的设备，必须每年进行一次检查，每3年进行一次测试，认定合格后方可继续使用。检查和试验结果必须写成书面报告，对所发现的缺陷，必须提出整改措施。检查验收和测试的内容包括：

（1）《煤矿安全规程》所规定的各种保险装置，包括防止过卷装置、防止过速装置、过负荷和欠电压保护装置、限速装置、深度指示器失效保护装置、闸间隙保护装置、松绳保护装置、储仓保护装置、减速功能保护装置等。

（2）天轮的垂直、水平程度，有无轮缘变形和轮辐弯曲现象。

（3）电气、机械传动装置和控制系统的情况。

（4）各种调整和自动记录装置以及深度指示器的动作状况和精密程度。

（5）检查常用闸和保险闸的各部间隙及连接、固定情况，并验算其制动力矩和防滑条件。

（6）测试保险闸空动时间和制动减速度。对摩擦式提升机，要检验在制动过程中钢丝绳是否打滑。

（7）测试盘形闸的贴闸压力。

（8）井架的变形、损坏、锈蚀和振动情况。

（9）井筒罐道的垂直度及固定情况。

125. 确保提升容器安全运行的条件是什么?

（1）竖井中升降人员，应使用罐笼或带乘人间的箕斗。在井筒作业或因其他原因，需要使用普通箕斗或救急罐升降人员时，必须制定安全措施。凿井期间，竖井中升降人员可采用吊桶，并遵守以下规定：

1）应采用不旋转提升钢丝绳。

2）吊桶必须沿钢丝绳罐道升降。在凿井初期，尚未装设罐道时，吊桶升降距离不得超过40m；凿井时吊盘下面不装罐道的部分也不得超过40m；井筒深度超过100m时，悬挂吊盘用的钢丝绳不得兼作罐道使用。

3）吊桶上方必须装保护伞。

4）吊桶边缘上不得坐人。

5）装有物料的吊桶不得乘人。

6）用自动翻转式吊桶升降人员时，必须有防止吊桶翻转的安全装置，严禁用底开式吊桶升降人员。

7）吊桶提升到地面时，人员必须从井口平台进出吊桶，并只准吊桶停稳和井盖门关闭以后进出吊桶。双吊桶提升时，井盖门不得同时打开。

（2）专为升降人员和升降人员与物料的罐笼（包括有乘人间的箕斗）必须符合以下要求：

1）乘人层顶部应设置可以打开的铁盖或铁门，两侧装设扶手。

2）罐底必须满铺钢板，如果需要设孔时，必须设置牢固可靠的门；两侧用钢板挡严，并不得有孔。

3）进出口必须装设罐门罐帘，高度不得小于1.2m。罐门或罐帘下部边缘至罐底的距离不得超过250mm，罐帘横杆的间距不得大于200mm。罐门不得向外开，门轴必须防脱。

4）提升矿车的罐笼内必须装有阻车器。

5）单层罐笼和多层罐笼的最上层净高（带弹簧的主拉杆除外）不得小于1.9m，其他各层净高不得小于1.8m。带弹簧的主拉杆必须设保护套筒。

6）罐笼内每人占有的有效面积应不小于0.18m^2。罐笼每层内1次能容纳的人数应明确规定。超过规定人数时，把钩工必须制止。

（3）提升装置的最大载重量和最大载重差，应在井口公布，严禁超载和超载重差运行。箕斗提升必须采用定重装载。

（4）升降人员或升降人员和物料的单绳提升罐笼、带乘人间的箕斗，必须装设可靠的防坠器。

（5）检修人员站在罐笼或箕斗顶上工作时，必须遵守以下规定：

1）在罐笼或箕斗顶上，必须装设保险伞和栏杆。

2）必须佩戴保险带。

3）提升容器的速度，一般为0.3～0.5m/s，最大不得超过2m/s。

4）检修用信号必须安全可靠。

（6）竖井中用罐笼升降人员时的加速度和减速度，都不得超过0.75m/s^2。最大速度不得超过式（3-1）所求得的数值，且最大不得超过12m/s。

$$v = 0.5\sqrt{H} \tag{3-1}$$

式中 v——最大提升速度，m/s；

H——提升高度，m。

竖井中用吊桶升降人员的最大速度：在使用钢丝绳罐道时，不得超过式（3-1）求得数值的1/2；无罐道时，不得超过1m/s。

（7）竖井升降物料时，提升容器的最大速度，不得超过用式（3-2）所求得的数值：

$$v = 0.6\sqrt{H} \tag{3-2}$$

竖井中用吊桶升降物料时的最大速度：在使用钢丝绳罐道时，不得超过用式（3-2）求得数值2/3；无罐道时，不得超过2m/s。

126. 对矿井提升信号及信号工、把钩工的安全要求有哪些?

(1) 井口和井底系统必须有把钩工。人员上下井时，必须遵守乘罐制度，听从把钩工指挥。开车信号发出后严禁进出罐笼。严禁在同一层罐笼内人员和物料混合提升。

(2) 提升信号装置及信号工有序配合。每一提升装置，必须装有从井底信号工发给井口信号工和从井口信号工发给提升机司机的信号装置。井口信号装置必须与提升机的控制回路闭锁，只有在井口信号工发出信号后，提升机才能启动。除常用的信号装置外，还必须有备用信号装置。井底车场与井口之间，井口与提升机司机台之间，除有上述信号装置外，还必须装设直通电话。

一套提升装置服务几个水平使用时，从各水平发出的信号必须有区别。

井底车场的信号必须经由井口信号工转发，不得直接向提升机司机发信号。但有以下情况之一时，不受此限:

1) 发送紧急停车信号。

2) 箕斗提升(不包括带乘人间的箕斗的人员提升)。

3) 单容器提升。

4) 井上下信号连锁的自动化提升系统。

用多层罐笼升降人员或物料时，井上、下各层出车平台都必须设有信号工。各信号工发送信号时，必须遵守以下规定:

1) 井下各水平的总信号工收齐该水平各层信号工的信号后，方可向井口总信号工发出信号。

2) 井口总信号工收齐井口各层信号工信号并接到井下总信号工信号后，才可向提升机司机发出信号。

3) 信号系统必须设有保证按上述顺序发出信号的闭锁装置。

(3) 竖井罐笼提升时，井口必须设置的安全设施。在竖井提升的地面井口和各个水平的井口，都必须装有防止人员、矿车及其他物件坠入井底的安全门、阻车器，防止发生人员、矿车等坠井事故。井口安全门必须同提升信号及罐位信号闭锁，只有在人员上下时，安全门才能打开，其他时间关闭；井口阻车器必须同罐位信号闭锁，只有罐笼在井口停车位置停稳后，才能打开阻车器；为防止摇台同罐笼发生冲撞，摇台必须同提升信号闭锁，即摇台未抬起，发不出开车信号。

127. 正确使用和维护制动装置的规定有哪些?

为了使制动装置能发挥作用，保证提升机安全工作，制动装置的使用和维护必须按照《煤矿安全规程》及有关技术规范的要求进行。

(1) 提升机必须装备有司机不离开座位即能操纵的常用闸(即工作闸)和保险闸(即安全闸)。保险闸必须能自动发生制动作用。当常用闸和保险闸共同使用1套闸瓦制动时，操纵和控制机构必须分开。双滚筒提升机的两套闸瓦的传动装置必须分开。对具有两套闸瓦只有1套传动装置的双滚筒绞车，应改为每个滚筒各自有其控制机构的弹簧闸。提升机除设有机械制动外，还应设有电气制动装置。严禁司机离开工作岗位。严禁擅自调整制动闸。

（2）保险闸必须采用配重式或弹簧式的制动装置，除可由司机操纵外，还必须能自动抱闸，并同时自动切断提升装置电源。常用闸必须采用可调节的机械制动装置。

（3）保险闸或保险闸第一级由保护回路断电时起至闸瓦接触到闸轮上的空动时间：压缩空气驱动闸瓦式制动闸不得超过0.5s，储能液压驱动式制动闸不得超过0.6s，盘式制动闸不得超过0.3s。对斜井提升，为保证上提紧急制动不发生松绳而必须延时制动时，上提空动时间不受此限。盘式制动闸的闸瓦与制动盘之间的间隙应不大于2mm。保险闸施闸时，杠杆和闸瓦不得发生显著的弹性摆动。

（4）提升机的常用闸和保险闸制动时，所产生的力矩与实际提升最大静荷载旋转力矩之比不得小于3。在调整双滚筒提升机滚筒旋转的相对位置时，制动装置在各滚筒闸轮上所发生的力矩，不得小于该滚筒所悬质量（钢丝绳质量和提升容器质量之和）形成的旋转力矩的1.2倍。计算制动力矩时，闸轮和闸瓦摩擦系数应根据实测确定，一般采用0.30～0.35，常用闸和保险闸的力矩应分别计算。

（5）在竖井和倾斜井巷中，提升装置的保险闸发生作用时，全部机械的减速度必须符合表3-1的规定。

表3-1　全部机械的减速度规定值　（m/s^2）

倾角/(°)	<15	$15 \leqslant \theta \leqslant 30$	>30
上提重载	$\leqslant A_c$	$\leqslant A_c$	≤5
下放重载	≥0.75	$\geqslant 0.3A_c$	≥1.5

注：$A_c = g(\sin\theta + f\cos\theta)$。式中，$A_c$为自然减速度，$m/s^2$；$g$为重力加速度，$m/s^2$；$\theta$为井巷倾角；$f$为绳端载荷。

（6）摩擦式提升绞车常用闸或保险闸的制动，除必须符合上述（3）、（4）的规定外，还必须满足以下防滑要求：

1）各种载荷（满载或空载）和各种提升状态（上提或下放重物）下，保险闸所能产生的制动减速度的计算值不得超过滑动极限。钢丝绳在摩擦轮间摩擦系数的取值不得大于0.25，由钢丝绳自重所引起的不平衡重必须计入。

2）在各种载荷及各种提升状态下，保险闸发生作用时，钢丝绳都不出现滑动。严禁用常用闸进行紧急制动。

（7）提升机除有制动装置外，应加设定车装置，以便调整位置或修理制动装置时使用。

128. 竖井提升装置的过卷高度和过放距离应符合哪些规定？

（1）罐笼和箕斗提升，过卷高度和过放距离不得小于表3-2中所设数值。

（2）吊桶提升，过卷高度不得小于表3-2确定数值的1/2。

（3）在过卷高度或过放距离内，应安设性能可靠的缓冲装置，缓冲装置应能将全速过卷（过放）的容器或平衡锤平稳地停住，并保证不再反向下滑（或反弹）。吊桶提升不受此限。

（4）过放距离内不得积水和堆积杂物。

表 3-2　竖井提升装置的过卷高度、过放距离

提升速度/m·s^{-1}	≤3	4	6	8	≥10
过卷高度、过放距离/m	4.0	4.75	6.5	8.25	10

注：提升速度为表中所列速度的中间值时，用插值法计算。

129. 竖井提升的安全检查内容有哪些？

（1）升降人员容器的检查。

（2）防止井筒坠物的检查。

（3）防止罐笼运行中摇摆的检查。

（4）罐顶作业防止坠人的检查。

（5）提升信号的检查。

（6）管理及各项规章制度的检查。

130. 罐道和罐耳的磨损达到什么程度时，必须更换？

（1）木罐道任一侧磨损量超过 15mm 或其总间隙超过 40mm。

（2）钢轨罐道轨头任一侧磨损量超过 8mm，或轨腰磨损量超过原有厚度的 25%；罐耳的任一侧磨损量超过 8mm，或在同一侧罐耳和罐道的总磨损量超过 10mm，或罐耳与罐道的总间隙超过 20mm。

（3）组合钢罐道任一侧的磨损量超过原有厚度的 50%。

（4）钢丝绳罐道与滑套的总间隙超过 15mm。

131. 竖井提升容器间及提升容器与井壁、罐道梁、井梁之间的最小间隙应符合哪些规定？

（1）竖井提升容器间及提升容器与井壁、罐道梁、井梁之间的最小间隙，必须符合表 3-3 规定。

表 3-3　竖井提升容器间及提升容器与井壁、罐道梁、井梁间的最小间隙值　（mm）

罐道和井梁布置		容器与容器之间	容器与井壁之间	容器与罐道梁之间	容器与井梁之间	备注
罐道布置在容器一侧		200	150	40	150	罐耳与罐道卡子之间为 20
罐道布置在容器两侧	木罐道		200	50	200	有卸载滑轮的容器，滑轮与罐道梁间隙增加 25
	钢罐道		150	40	150	
罐道布置在容器正面	木罐道	200	200	50	200	
	钢罐道	200	150	40	150	
钢丝绳罐道		500	350		350	设防撞绳时，容器之间最小间隙为 200

（2）提升容器在安装或检修后，第 1 次开车前必须检查各个间隙，不符合规定时，不得开车。

（3）采用钢丝绳罐道，当提升容器之间的间隙小于表 3-3 规定时，必须设防撞绳。

（4）凿井时，两个提升容器的导向装置最突出部分之间的间隙不得小于 $0.2+H/3000$（H 为提升高度，m）；井筒深度小于 300m 时，上述间隙不得小于 300mm。

132. 如何正确地使用和维护提升钢丝绳?

除了合理选择钢丝绳以外，还应正确地使用与维护钢丝绳，以延长钢丝绳的使用寿命，这在经济和安全方面均有重要意义。

（1）在钢丝绳的使用中，一定要满足《煤矿安全规程》中规定的滚筒直径与钢丝绳直径的比值要求，以减轻钢丝绳的弯曲疲劳；绳槽直径必须合理，绳槽过小时会引起钢丝绳过度挤压而提前断丝，绳槽过大时会使钢丝绳在绳槽中支持面积减小，增大其接触应力，导致绳与绳槽的加速磨损。

（2）有接头的钢丝绳，只准在以下设备中使用：

1）平巷运输设备；

2）30°以下倾斜井巷中专为升降物料的绞车；

3）斜巷无极绳绞车；

4）斜巷架空乘人装置；

5）斜巷钢丝绳牵引带式输送机。

（3）在倾斜井巷中使用的钢丝绳，其插接长度不得小于钢丝绳直径的1000倍。

（4）钢丝绳使用过程中应注意涂油，定期并正确地涂油对提高钢丝绳使用寿命作用很大。涂油的主要作用有：

1）保护外部钢丝不受锈蚀；

2）起润滑作用，减少股间和丝间的磨损；

3）阻止湿气和水分侵入绳内，并经常补充绳芯油量。涂油应采用专用的钢丝绳油，并注意与钢丝绳厂家制造时所用的油脂相适应。摩擦轮式提升绳只准使用增磨脂。

（5）严禁用布条之类的材料捆缚在钢丝绳上作提升容器位置的标记，这样会破坏钢丝绳在捆缚处的防护和润滑，导致该处严重锈蚀，国内外都曾因此发生过断绳事故。

133. 防止断绳事故发生的措施有哪些?

（1）建立正规的维护检查制度，坚持由专人每天检查钢丝绳的断丝情况，并认真做好记录，经常分析钢丝绳运行情况，及时发现钢丝绳直径突然变细、拉长或断丝超过规定等不正常情况，并及时更换。

（2）某矿井曾经由于井筒淋水从提升钢丝绳与楔形绳环连接处的缝隙进入，并浸入钢丝绳的绳芯内部，使钢丝绳的钢丝从内部开始受到腐蚀，导致提升钢丝绳在进入楔形绳环约 20mm 处被拉断。事后发现：钢丝绳在进入楔形绳环以里的长达 70mm 范围内，钢丝已经受腐蚀发黑，部分钢丝有麻坑或形成沟纹，直径明显变细，腐蚀严重。为了防止类似的事故发生，应当用干油将钢丝绳与楔形绳环连接处封死，防止矿井水从该处流入浸蚀钢丝绳。

（3）对使用中的钢丝绳，必须定期涂油，至少每月一次；摩擦轮式提升装置使用的提升钢丝绳，只准涂、浸专用的钢丝绳油，对于提升容器至导向轮之间不绕过摩擦轮的一小段钢丝绳，应该定期涂防腐油，以提高该段钢丝绳的抗腐蚀性能。对含有酸性淋水的井筒，应采用镀锌钢丝绳。

（4）要仔细地运输、存放及悬挂钢丝绳。司机操作要平稳，注意卷筒及天轮衬垫情况，认真加强对钢丝绳的维护，对提升钢丝绳进行严格管理，保证提升安全，提高钢丝绳的使用寿命。

134. 如何对提升钢丝绳进行日常检查及定期检验？

（1）日常检查。提升钢丝绳，每天必须以不大于0.3m/s的速度进行详细检查，并记录断丝情况。钢丝绳如果遭受卡罐或突然停车等猛烈拉力时，必须立即停车检查。钢丝绳做多层缠绕时，由下层转到上层的临界段必须加强检查，并且每季度移绳1/4圈。

钢丝绳的检查方法目前大都是用眼睛观察并用手捋绳检查，不仅劳动条件恶劣，而且不能检查绳内部的断丝情况。为解决此问题，目前已研制出钢丝绳探伤装置，如利用电磁感应原理研制的电磁式钢丝绳探伤器，可以检查出钢丝绳外部断丝，对内部断丝也有所反映。

（2）定期检验。提升用钢丝绳（30°以下斜井提物例外）和平衡尾绳，在使用前都要经过试验。试验合格的备用钢丝绳，必须妥善保管，防止损坏或锈蚀。

除摩擦式提升机用钢丝绳和平衡尾绳以及30°以下斜井专为升降物料用的钢丝绳外，提升钢丝绳在使用过程中要定期做剁头试验。通过剁绳头也可移动钢丝绳在滚筒上的缠绕位置，移动钢丝绳受损最严重部位的位置，改善钢丝绳的受力情况，延长钢丝绳的使用寿命。

提升钢丝绳的每天日常检查，仅能观察钢丝绳外部的断丝、磨损、锈蚀情况，通过定期检验，可以了解运转一定时间的钢丝绳力学性能变化情况，也能观察钢丝绳的绳芯情况。

提升钢丝绳的定期检验应使用符合条件的设备和方法进行，检验周期应符合以下要求：升降人员或升降人员和物料用的钢丝绳，自悬挂时起每隔6个月检验一次；悬挂吊盘的钢丝绳，每隔12个月检验一次；升降物料用的钢丝绳，自悬挂时起12个月时进行第一次检验，以后每隔6个月检验一次；摩擦轮式绞车用的钢丝绳、平衡钢丝绳以及直径为18mm及其以下的专为升降物料用的钢丝绳（竖井提升用绳除外），不受此限。

135. 提升钢丝绳的使用期限及更换标准是什么？

（1）摩擦轮式提升钢丝绳的使用期限应不超过2年，平衡钢丝绳的使用期限应不超过4年。到期后如果钢丝绳的断丝、直径缩小和锈蚀程度不超过以下规定时可继续使用，但不得超过1年：

1）各种股捻钢丝绳在1个捻距内断丝断面积与钢丝总面积之比，达到以下数值的必须更换：升降人员或升降人员和物料用的钢丝绳为5%，专为升降物料用的钢丝绳、平衡钢丝绳、防坠器的制动钢丝绳（包括缓冲绳）和兼作运人的钢丝绳、牵引带式输送机的钢丝绳为10%，罐道钢丝绳为15%，架空乘人装置、专为无极绳运输用的和专为运物料的钢丝绳、牵引带式输送机用的钢丝绳为25%。

2）以钢丝绳标称直径为准计算的直径减小量达到以下数值时必须更换：提升钢丝绳或制动钢丝绳为10%，罐道钢丝绳为15%，使用密封钢丝绳外层钢丝厚度磨损量达到50%。

3）钢丝绳的钢丝有变黑、锈皮、点蚀麻坑等损伤时，不得用作升降人员。钢丝绳锈蚀严重，或点蚀麻坑形成沟纹，或外层钢丝松动时，不论断丝数多少或绳径是否变化，必须立即更换。

（2）井筒中悬挂水泵、抓岩机的钢丝绳，使用期限一般为1年；悬挂水管、风管、输料管、安全梯和电缆的钢丝绳，使用期限为2年。到期后经检查鉴定，并应符合上述3）的规定。

（3）提升装置使用中的钢丝绳做定期检验时，安全系数有以下情况之一的，必须更换：专为升降人员用的小于7；升降人员和物料用的钢丝绳，升降人员时小于7，升降物料时小于6；专为升降物料和悬挂吊盘用的小于5。

（4）钢丝绳在运行中遭受到卡罐、突然停车等猛烈拉力时，必须立即停车检查，发现以下情况之一者，必须将受力段剁掉或更换全绳：钢丝绳产生严重扭曲或变形；断丝超过上述（1）之1）的规定；直径减小量超过上述（1）之2）的规定；遭受猛烈拉力的一段长度伸长0.5%以上。在钢丝绳使用期间，如断丝数突然增加或伸长突然加快，必须立即更换。

136. 钢丝绳悬挂时的安全系数必须符合哪些规定？

各种用途的钢丝绳悬挂时的安全系数必须符合表3-4的规定。

表3-4 钢丝绳安全系数最低值

用途分类			安全系数①的最低值
单绳缠绕式提升装置	专为升降人员		9
	升降人员和物料	升降人员时	9
		混合提升②时	9
		升降物料时	7.5
	专为升降物料		6.5
摩擦轮式提升装置	专为升降人员		9.2～0.0005H
	升降人员和物料	升降人员时	9.2～0.0005H
		混合提升时	9.2～0.0005H
		升降物料时	8.2～0.0005H
	专为升降物料		7.2～0.0005H
倾斜钢丝绳牵引带式输送机	运人		6.5～0.001L ≥6
	运物		5～0.001L ≥4
倾斜无极绳绞车	运人		6.5～0.001L ≥6
	运物		5～0.001L ≥3.5

续表 3-4

用途分类	安全系数①的最低值
架空乘人装置	6
悬挂安全梯用的钢丝绳	6
罐道绳、防撞绳、起重用的钢丝绳	6
悬挂吊盘、水泵、排水管、抓岩机等用的钢丝绳	6
悬挂风筒、风管、供水管、注浆管、输料管、电缆用的钢丝绳	5
拉紧装置用的钢丝绳	5
防坠器的制动绳和缓冲绳（按动载荷计算）	3

注：H 为钢丝绳悬挂长度，m；L 为由驱动轮到尾部绳轮的长度，m。

①钢丝绳的安全系数，等于实测的合格钢丝绳拉断力的总和与其所承受的最大静拉力（包括绳端载荷和钢丝绳自重所引起的静拉力）之比；

②混合提升指多层罐笼同一次在不同层内提升人员和物料。

137. 新钢丝绳悬挂前的检验有哪些规定？

新钢丝绳悬挂前的检验（包括验收检验）和在用绳的定期检验，必须按以下规定执行：

（1）新绳悬挂前的检验。必须对每根钢丝做拉断、弯曲和扭转 3 种试验，并以公称直径为准对试验结果进行计算和判定：

1）不合格钢丝的断面积与钢丝总断面积之比达到 6%，不得用作升降人员；达到 10%，不得用作升降物料。

2）以合格钢丝拉断力总和为准算出的安全系数，如低于表 3-4 的规定时，该钢丝绳不得使用。

（2）在用绳的定期检验。可只做每根钢丝的拉断和弯曲两种试验。试验结果，仍以公称直径为准进行计算和判定：

1）不合格钢丝的断面积与钢丝总断面积之比达到 25% 时，该钢丝绳必须更换。

2）以合格钢丝拉断力总和为准算出的安全系数，如低于相关规定时，该钢丝绳必须更换。

（3）新绳和在用绳的韧性指标必须符合表 3-5 的规定。

表 3-5 不同钢丝绳的韧性指标

钢丝绳用途	钢丝绳种类	钢丝绳韧性指标下限		说明
		新绳	在用绳	
升降人员或升降人员和物料	光面绳	MT716 中光面钢丝韧性指标	新绳韧性指标的 90%	在用绳按 MT717 标准（面接触绳除外）
	镀锌绳	MT716 中 AB 类镀锌钢丝韧性指标	新绳韧性指标的 85%	
	面接触绳	GB/T 16269—1996 中钢丝韧性指标	新绳韧性指标的 90%	
升降物料	光面绳	MT716 中光面钢丝韧性指标	新绳韧性指标的 80%	
	镀锌绳	MT716 中 A 类镀锌钢丝韧性指标	新绳韧性指标的 80%	
	面接触绳	GB/T 16269—1996 中钢丝韧性指标	新绳韧性指标的 80%	
罐道绳	密封绳	特	普	按 GB 352—1988 标准

138. 滚筒上缠绕钢丝绳时，应符合哪些要求？

（1）滚筒边缘高出最外1层钢丝绳的高度，至少为钢丝绳直径的2.5倍。

（2）滚筒上必须设有带绳槽的衬垫。

（3）钢丝绳由下层转到上层的临界段（相当于绳圈1/4长的部分）必须经常检查，并应在每季度将钢丝绳移动1/4绳圈的位置。

（4）对现有不带绳槽衬垫的在用绞车，只要在滚筒板上刻有绳槽或用1层钢丝绳作底绳，可继续使用。

139. 煤矿提升装置应装设哪些保险装置？

（1）防止过卷装置。当提升容器超过正常终端停止位置（或出车平台）0.5m时，必须能自动断电，并能使保险闸发生制动作用。

（2）防止过速装置。当提升速度超过最大速度15%时，必须能自动断电，并能使保险闸发生作用。

（3）过负荷和欠电压保护装置。

（4）限速装置。提升速度超过3m/s的提升绞车必须装设限速装置，以保证提升容器（或平衡锤）到达终端位置时的速度不超过2m/s。如果限速装置为凸轮板，其在1个提升行程内的旋转角度应不小于270°。

（5）深度指示器失效保护装置。当指示器失效时，能自动断电并使保险闸发生制动作用。

（6）闸间隙保护装置。当闸间隙超过规定值时，能自动报警或自动断电。

（7）松绳保护装置。缠绕式提升绞车必须设置松绳保护装置并接入安全回路和报警回路，在钢丝绳松弛时能自动断电并报警。箕斗提升时，松绳保护装置动作后，严禁受煤仓放煤。

（8）满仓保护装置。箕斗提升的井口煤仓仓满时能报警和自动断电。

（9）减速功能保护装置。当提升容器（或平衡锤）到达设计减速位置时，能示警并开始减速。

（10）防止过卷装置、防止过速装置、限速装置和减速功能保护装置应设置为相互独立的双线形式。

（11）竖井、斜井缠绕式提升绞车应加设定车装置。

140. 煤矿主要提升装置必须具备哪些资料？

（1）绞车说明书。

（2）绞车总装配图。

（3）制动装置结构图和制动系统图（必须悬挂在绞车房内）。

（4）电气系统图（必须悬挂在绞车房内）。

（5）提升装置（绞车、钢丝绳、天轮、提升容器、防坠器和罐道等）的检查记录簿。

（6）钢丝绳的检验和更换记录簿。

（7）安全保护装置试验记录簿。

（8）事故记录簿。

（9）岗位责任制（必须悬挂在绞车房内）和设备完好标准。

（10）司机交接班记录簿。

（11）操作规程。

141. 倾斜井巷提升有哪些安全规定?

（1）人员上下的主要倾斜井巷，垂深超过50m时应采用机械运送人员。

（2）斜井提升容器的最大速度和最大加、减速度应符合以下要求：

1）升降人员时的速度，不得超过5m/s，并不得超过人车设计的最大允许速度。升降人员时的加速度和减速度，不得超过$0.5m/s^2$。

2）用矿车升降物料时，速度不得超过5m/s。

3）用箕斗升降物料时，速度不得超过7m/s；当铺设固定道床并采用不小于38kg/m钢轨时，速度不得超过9m/s。

（3）倾斜井巷运送人员的人车必须有顶盖，车辆上必须装有可靠的防坠器。当断绳时防坠器能自动发生作用，也能人工操纵。

（4）倾斜井巷运送人员的人车必须有跟车人，跟车人必须坐在设有手动防坠器把手或制动器把手的位置上。每班运送人员前，必须检查人车的连接装置、保险链和防坠器，并必须先放1次空车。

（5）用架空乘人装置运送人员时应遵守以下规定：

1）巷道倾角不得超过设计规定的数值。

2）蹬座中心至巷道一侧的距离不得小于0.7m，运行速度不得超过1.2m/s，乘坐间距不得小于5m。

3）驱动装置必须有制动器。

4）吊杆和牵引钢丝绳之间的连接不得自动脱扣。

5）在下人地点的前方，必须设有能自动停车的安全装置。

6）在运行中人员要坐稳，不得引起吊杆摆动，不得手扶牵引钢丝绳，不得触及邻近的任何物体。

7）严禁同时运送携带爆炸物品和人员。

8）每日必须对整个装置检查1次，发现问题，及时处理。

（6）斜井人车必须设置使跟车人在运行途中任何地点都能向司机发送紧急停车信号的装置。多水平运输时，从各水平发出的信号必须有区别。人员上、下地点应悬挂信号牌，任一区段行车时，各水平必须有信号显示。

（7）倾斜井巷内使用串车提升时必须遵守以下规定：

1）在倾斜井巷内安设能够将运行中断绳、脱钩的车辆阻止住的跑车防护装置。

2）各车场安设能够防止带绳车辆误入非运行车场或区段的阻车器。

3）在上部平车场入口安设能够控制车辆进入摘挂钩地点的阻车器。

4）在上部平车场接近变坡点处，安设能够阻止未连接的车辆滑入斜巷的阻车器。

5）在变坡点下方略大于1列车长度的地点，设置能够防止未连挂的车辆继续往下跑车的挡车栏。

6）各车场安设甩车时能发出警号的信号装置。

上述挡车装置必须经常关闭，放车时方准打开。兼作行驶人车的倾斜井巷，在提升人员时，倾斜井巷中的挡车装置和跑车防护装置必须是常开状态，并可靠地锁住。

（8）倾斜井巷使用绞车提升时必须遵守以下规定：

1）轨道的铺设质量符合有关的规定，并采取轨道防滑措施。

2）托绳轮（辊）按设计要求设置，并保持转动灵活。

3）倾斜井巷上端有足够的过卷距离。过卷距离根据巷道倾角、设计载荷、最大提升速度和实际制动力等参量计算确定，并有1.5倍的备用系数。

4）串车提升的各车场设有信号硐室及躲避硐；运人斜井各车场设有信号和候车硐室，候车硐室具有足够的空间。

（9）斜井提升时，严禁蹬钩、行人。运送物料时，开车前把钩工必须检查牵引车数、各车的连接和装载情况。牵引车数超过规定、连接不良或装载物料超重、超高、超宽或偏载严重有翻车危险时，严禁发出开车信号。

142. 倾斜井巷跑车的主要原因是什么？

（1）钢丝绳断绳跑车。钢丝绳损伤、强度降低、断丝超过安全规定；绳径减小过限或密封钢丝绳外层钢丝厚度磨损过限，钢丝绳钢丝锈蚀过限；钢丝绳出现硬弯或扭结；钢丝绳张力过大、提升过载、刮卡车辆、拉掉道车辆。

（2）连接件断裂跑车。连接件有疲劳隐裂或裂纹，刮卡车辆张力过大；使用不合格的连接件。

（3）矿车底盘槽钢断裂跑车。底盘槽钢锈蚀过限，失于管理；超期服役、疲劳过限或遭受严重脱轨冲击形成隐患。

（4）连接销窜出脱钩跑车（窜销脱钩）。没按规定使用防自行坠落的连接装置，连接销窜出。其具体原因有：轨道或矿车质量低劣，车辆运行严重颠簸或脱轨导致脱销跑车；轨道结冰、车辆颠簸倾倒导致脱销跑车。

（5）制动装置不良引起跑车。由于制动装置故障引起制动力矩不足；由于对保险闸制动力矩调定不当引起的保险制动减速度或力矩过大；当向上提升保险制动时，由于制动力矩过大，使绞车减速度大于串车自然减速度时产生松绳，因此，会坠车冲击断绳造成跑车事故。提升钢丝绳承受的最大张力，主要有两部分：一是下放额定载荷时的最大静张力，二是与其减速度成正比的减速动张力。因此，下放重载紧急保险制动时，减速度过大或制动力过大，则提升钢丝绳所承受的张力也过大。这时，在钢丝绳损失较大处容易发生断绳，造成跑车事故。

（6）工作失误造成跑车。没挂钩或没挂好钩就将矿车从平巷推入斜巷，造成跑车；未关闭阻车器就推进矿车造成跑车；推车过变坡点存绳，造成坠车冲击断绳跑车；连接插销不到位造成脱钩跑车；下放重载，电动机未送电又没有施闸造成带绳跑车（放飞车）；钢丝绳在松弛的条件下，提升容器突然自由下放（或下落）造成松绳冲击。

143. 防跑车装置和跑车防护装置作用是什么？

倾斜井巷使用串车运输时，为防止因脱扣、连接装置折断等原因引发跑车事故，为降低事故危害，必须装设防跑车装置和跑车防护装置。

防跑车装置就是能够防止在倾斜井巷中发生跑车的装置，主要有防跑车保险绳和防跑车阻车器等。防跑车保险绳有串车首尾连接式和绳套车辆式两种。串车首尾连接式是在提升钢丝绳的钩头以上连接一根保险绳，提升时把保险绳的另一端沿矿车的一端绕过整个串车用插销固定在最后一辆的矿车尾部，如图 3-1 所示。绳套车辆式是在提升钢丝绳的钩头上，连接一根环形保险绳，提升时把保险绳沿矿车侧面绕串车一圈套在矿车上，防止脱钩跑车，如图 3-2 所示。防跑车阻车器按不同的方工分为以下几种：按组合数量分为单式阻车器、复式阻车器，按动力方式分为风动式、电动式和手动式，按阻车部位分为阻轮式、阻轴式、阻碰头式、阻挡（矿车底挡）式。

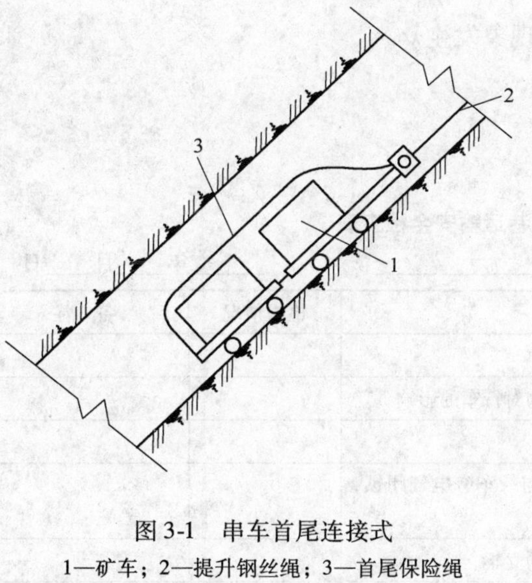

图 3-1　串车首尾连接式

1—矿车；2—提升钢丝绳；3—首尾保险绳

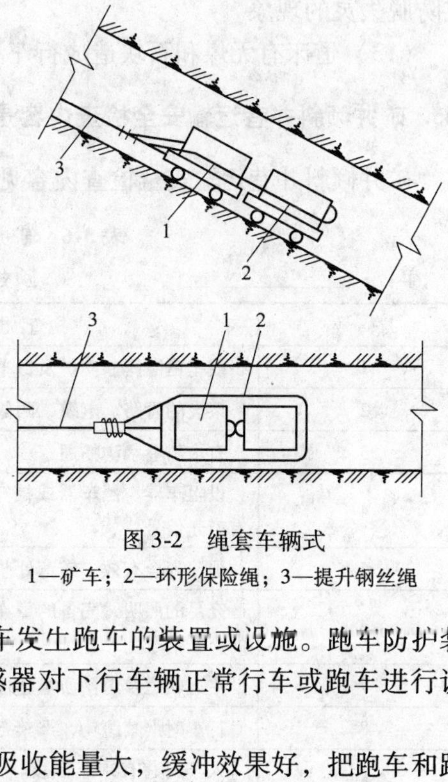

图 3-2　绳套车辆式

1—矿车；2—环形保险绳；3—提升钢丝绳

跑车防护装置是能够阻挡在倾斜井巷内运行矿车发生跑车的装置或设施。跑车防护装置主要有如下两个功能：（1）识别功能，通过传感器对下行车辆正常行车或跑车进行识别；（2）防护功能，对下跑车辆进行阻挡防护。

对跑车防护装置的要求：（1）在阻挡跑车时，吸收能量大，缓冲效果好，把跑车和跑车防护装置撞击造成的损失降到最低；（2）跑车事故处理后，跑车防护装置复位方便，能及时恢复正常行车；（3）正常行车时，跑车防护装置的能量消耗小；（4）结构简单，动作可靠，检查维护方便。

144. 矿井倾斜井巷中，车辆运送人员应检查哪些内容？

（1）倾斜井巷环境、斜巷断面、管线敷设是否符合《煤矿安全规程》规定；巷道支护是否达到合格；巷道两侧有无杂物，堆放物品与行车的安全距离是否符合规定。

（2）轨道铺设是否平直、稳固、不悬空，轨型是否符合规定要求。

（3）是否有足够的照明和完备的声光信号。

（4）倾斜巷道各车场有无信号硐室和躲避硐，是否设阻车器或挡车栏。

（5）过卷开关上端有无过卷距离，过卷距离是否根据巷道的倾角、设计载荷、最大提升速度和实际制动力矩计算确定，并有1.5倍的备用系数。

(6) 倾斜巷道运输时，是否严禁蹬钩，行车时是否严禁行人。

(7) 倾斜井巷运输矿车的钢丝绳、连接装置是否设专人负责检查，安全系数及有关要求是否符合《煤矿安全规程》的规定。

(8) 挂钩工是否严格按操作规程作业，在矿车停稳后摘挂钩。

(9) 司机下放重载时，是否因违章操作而出现超速。

(10) 钢丝绳严重锈蚀、过度磨损或断丝超限时，是否及时更换。

(11) 司机操作运行中是否有过大的加减速度。

(12) 矿车的插销、环链及连接件是否认真检查，有无漏检或挂钩工没挂好防脱插销或防脱失灵的现象。

(13) 道床有无煤和石块造成行车颠簸的现象发生。

145. 矿井倾斜井巷运输安全检查内容是什么?

矿井倾斜井巷运输安全检查内容见表3-6。

表3-6 矿井倾斜井巷运输安全检查表

单位：________ 倾巷地点：________ ____年____月____日

序号	检查项目及内容	检查情况	备注
1	绞车道断露、支护及行车安全间隙		
2	架设的管路、电缆、两侧堆积杂物对行车的影响		
3	有水斜巷水沟畅通		
4	设阻车器、挡车器或挡车栏，要与绞车有电气闭锁，有声光信号		
5	地滚齐全有效，转弯处装设转动的立辊		
6	充足的照明，完备的声光信号；各车场有甩车、顶车的声光信号		
7	主运轨道及道岔质量达优良，其余合格		
8	行车时严禁蹬钩，严禁行人		
9	人车斜巷有乘车制度，严禁矿车运人，人车有跟车工，人车防坠器定期检修		
10	试验，动作灵活可靠，使用斜井人车专用信号，双钩提升错码信号		
11	斜井上端有足够的过卷距离		
12	有专人对人车、矿车、连接装置、钢丝绳、保险装置定期检查、试验、维修		
13	岗位人员持证操作，执行岗位责任制及操作规程的检查		

146. 采用滚筒驱动带式输送机运输时，应遵守哪些规定?

(1) 必须使用阻燃输送带。带式输送机托辊的非金属材料零部件和包胶滚筒的胶料，其阻燃性和抗静电性必须符合有关规定。

（2）巷道内应有充分照明。

（3）必须装设驱动滚筒防滑保护、堆煤保护和防跑偏装置。

（4）应装设温度保护、烟雾保护和自动洒水装置。

（5）在主要运输巷道内安设的带式输送机还必须装设：输送带张紧力下降保护装置和防撕裂保护装置，在机头和机尾防止人员与驱动滚筒和导向滚筒相接触的防护栏。

（6）倾斜井巷中使用的带式输送机，上运时，必须同时装设防逆转装置和制动装置；下运时，必须装设制动装置。

（7）液力耦合器严禁使用可燃性传动介质（调速型液力耦合器不受此限）。

（8）带式输送机巷道中行人跨越带式输送机处应设过桥。

（9）带式输送机应加设软启动装置，下运带式输送机应加设软制动装置。

147. 井巷中采用钢丝绳牵引带式输送机运送人员时，应遵守哪些规定？

（1）在上、下人员的20m区段内输送带至巷道顶部的垂距不得小于1.4m，行驶区段内的垂距不得小于1m。下行带乘人时，上、下输送带间的垂距不得小于1m。

（2）输送带的宽度不得小于0.8m，运行速度不得超过1.8m/s。钢丝绳牵引带式输送机的输送带绳槽至带边的宽度不得小于60mm。

（3）乘坐人员的间距不得小于4m。乘坐人员不得站立或仰卧，应面向行进方向，并严禁携带笨重物品和超长物品，严禁抚摸输送带侧帮。

（4）上、下人员的地点应设有平台和照明。上行带下人平台的长度不得小于5m，宽度不得小于0.8m，并有栏杆。上、下人的区段内不得有支架或悬挂装置。下人地点应有标志或声光信号，在距下人区段末端前方2m处，必须设有能自动停车的安全装置。在卸煤口，必须设有防止人员坠入煤仓的设施。

（5）运送人员前，必须卸除输送带上的物料。

（6）应装有在输送机全长任何地点可由搭乘人员或其他人员操作的紧急停车装置。

（7）钢丝绳芯带式输送机应设断带保护装置。

148. 布设固定带式输送机应遵守哪些安全规定？

（1）应避开工程地质不良地段、老空区，必要时采取安全措施。

（2）应在适当地点设置行人栈桥。

（3）带式输送机下面的过人地点，必须设置安全保护设施。

（4）应设防护罩或防雨棚，必要时设通廊。倾斜带式输送机人行走廊地面应防滑，并设置扶手栏杆。

（5）封闭式带式输送机必须设置通风、除尘及防火设施，暗道应按一定距离设置通向地面的安全通道。

（6）在转载点和机头处应设置消防设施。

149. 带式输送机应设置哪些安全保护装置？

（1）应设置防止输送带跑偏、驱动滚筒打滑、纵向撕裂和溜槽堵塞等保护装置；上行带式输送机应设置防止输送带逆转的安全保护装置，下行带式输送机应设置防止超速的安全保护装置。

（2）在带式输送机沿线应设紧急连锁停车装置。

（3）在驱动、传动和自动拉紧装置的旋转部件周围，应设防护装置。

150. 带式输送机司机的岗位责任制是什么？

带式输送机司机必须经过安全技术培训，必须掌握所使用的带式输送机的结构、性能、工作原理，会排除一般故障，熟悉操作规程和维护保养制度，并须考试合格，取得操作资格证书，方可上岗作业。

带式输送机司机的岗位责任制如下：

（1）必须熟悉设备的性能、构造、原理，达到会操作、会保养、会维修，一般事故能及时排除，确保机械正常运转。

（2）掌握运转情况，经常检查各部件和安全保护装置是否动作可靠，保持设备完好。

（3）在设备正常运转期间，若发现零部件欠缺、安全保护装置失灵、接头断裂等情况，应按规定及时处理，并及时汇报。

（4）认真执行“一坚守”、“二做到”、“三勤快”、“四严格”：

一坚守：坚守工作岗位。

二做到：做到设备清洁完好，做到巷道清洁卫生、无杂物。

三勤快：维护保养勤快，处理输送带跑偏勤快，清理机头机尾勤快。

四严格：严格遵守操作规程，严格执行岗位交接班制度，严格执行巡回检查制度，严格遵守劳动纪律。

151. 带式输送机司机为什么要执行交接班制度，其内容有哪些？

交接班制度是设备运行维护管理工作的重要环节，是带式输送机司机在接班前和每班结束后必须进行的一项重要工作。为了保持运行与维护工作的连续性，保证带式输送机运输的安全性，上一班必须把本班的运行情况、注意事项与下一班交代清楚。有的带式输送机司机在交接班时，不是严肃认真地执行，而是敷衍了事，马虎从事，有的甚至根本不进行交接班，从而引起事故的发生。因此，必须要有一个完善的交接班制度，并且要严格执行。其内容如下：

（1）接班人员必须在现场交接班。

（2）接班人员应提前半小时到达现场。

（3）交班人员必须把本班设备运行和维修情况向接班人交代清楚，提出注意事项，并有记录。

（4）接班人员必须与交班人核对运转及检查情况，若发现问题应及时提出。

（5）接班人员应对信号、安全保护装置进行试验。

（6）交班人员若发现接班人醉酒、精神不正常、有病或其他情况不宜接班时，应停止交班，并及时汇报。

（7）双方交接班完成后，必须在交接簿上进行交接签字。

152. 带式输送机司机开车前应做哪些准备工作?

(1) 检查各部件是否有损坏、是否紧固，有无障碍物。

(2) 检查驱动滚筒及托辊处有无浮煤，如有，必须及时清理。

(3) 检查托辊是否齐全，转动是否灵活。

(4) 检查各部油量、油质是否符合规定。

(5) 将机器空转一周，检查输送带张紧是否合适；输送带接头是否牢固完整；输送带是否跑偏；输送带有无卡堵现象。

(6) 检查消防设施是否齐全。

(7) 检查通信信号系统、安全保护装置是否正常。

153. 带式输送机司机的操作规程是如何规定的?

(1) 开车前应检查的项目与要求。

1) 各部位螺栓齐全紧固。

2) 清扫器齐全，清扫器刮板与输送带的距离不大于2mm，并有足够的压力，接触长度应在85%以上。

3) 机架连接牢固可靠，机头、机尾固定牢固。

4) 托辊齐全，并与带式输送机中心线垂直。

5) 输送带张紧力合适（不得打滑，不得超过出厂规定）。

6) 输送带接头完好，卡子无折断、松动，输送带无断裂、伤痕。

7) 油位、油质和油封必须符合规定。

8) 通信、信号系统可靠无故障。

9) 各种安全保护装置（断带、打滑、超速、烟雾、过载等）齐全、灵敏可靠。

(2) 启动运行。

1) 启动前必须与机头、机尾及各装载点取得联系，待收到正确信号，所有人员离开转动部位后方可开机。

2) 注意输送带是否跑偏，各部温度、声音是否正常。

3) 保证所有托辊转动灵活，保证机头、机尾无积煤、浮煤。

4) 发现以下情况时，必须停机，妥善处理后，方可继续运行：输送带跑偏、撕裂、接头卡子断裂；输送带打滑或闷车；电气、机械部件温升超限或运转声音不正常；液力耦合器的易熔塞熔化导致耦合器内的工作介质喷出；输送带上有大块煤（矸石）、铁器、超长材料等；危及人身安全时；信号不明或下一台输送机停机时。

5) 操作工离开岗位时要切断电源。

6) 正常工作停机前，应将输送带上的煤拉空。

154. 带式输送机运行时应遵守哪些安全规定?

(1) 严禁用输送采剥物料的带式输送机运送工具、材料、设备和人员。

(2) 输送带与滚筒打滑时，严禁在输送带与滚筒间楔木板和缠绕杂物。

(3) 采用绞车拉紧的带式输送机必须配备可靠的测力计。

（4）严禁人员攀越输送带。

155. 维护、清扫带式输送机应遵守哪些安全规定？

维修带式输送机必须遵守以下规定：

（1）维修时必须停机上锁，并有专人监护。

（2）在地下或暗道内用电焊、气焊或喷灯焊检修带式输送机时，必须制定安全措施。

清扫带式输送机必须遵守以下规定：

（1）清扫滚筒和托辊时，带式输送机必须停机上锁，并有专人监护。

（2）清扫工作完毕后解锁送电，并通知有关人员。

156. 带式输送机司机操作时应注意哪些事项？

（1）机械设备有异响、电动机和减速器被埋住、电动机温度超过80℃、保护装置不灵、故障未处理好、信号不清均不得开车。

（2）经常巡视各部运转情况，发现问题，及时停机处理。

（3）正常情况下，输送机要求空载启动，并避免频繁启动。

（4）正常情况下停机时，应将输送机上的货物拉空后方可停机。

（5）停机后清扫各部，保持周围清洁。

（6）不准用带式输送机运送设备和笨重物料。

157. 井下带式输送机的安全检查内容有哪些？

（1）井下一般带式输送机的安全检查。

1）带式输送机是否设置输送带防滑保护、堆煤保护、防跑偏装置。

2）是否使用阻燃输送带。

3）带式输送机是否使用合格的易熔合金保护塞，安装是否正常，是否用其他代用。

4）每台带式输送机是否有专职司机持证上岗。

（2）倾斜井巷钢丝绳带式输送机运送人员的检查。

1）巷道断面与空间的检查。

2）乘坐人员及地点的检查。

158. 采用钢丝绳牵引带式输送机运输时，应遵守哪些规定？

（1）必须装设以下保护装置，并定期进行检查和试验：

1）过速保护。

2）过电流和欠电压保护。

3）钢丝绳和输送带脱槽保护。

4）输送带局部过载保护。

5）钢丝绳张紧车到达终点和张紧重锤落地保护。

（2）在倾斜井巷中，必须装设弹簧式或重锤式制动闸，制动闸的性能应符合以下要求：

1）制动力矩与设计最大静拉力差在闸轮上作用力矩之比不得小于2，也不得大于3。

2）在事故断电或各种保护装置发生作用时能自动施闸。

159. 安全使用刮板输送机有哪些要求？

（1）启动前必须发出信号，向工作人员示警，然后断续启动，如果转动方向正确，又无其他情况，方可正式启动运转。

（2）防止强行启动。一般情况下都要先启动刮板输送机，然后再往输送机的溜槽里装煤。在机械化采煤工作面，同样应先启动刮板输送机，然后再开动采煤机。

（3）在进行爆破时，必须把整个设备，特别是管路、电缆等保护好。

（4）不要向溜槽里装入大块煤或矸石，如发现应该立即处理，以防损坏刮板链或引起采煤机掉道事故。

（5）一般情况下不准用刮板输送机运送支柱和木料等物料。必须运输时，要制定防止顶人、顶机组和顶倒支柱的安全措施，并通知司机。

（6）启动程序一般应由外向里（由放煤眼到工作面），沿逆煤流方向依次启动。

（7）刮板输送机应尽可能在空载状态下停机。

（8）工作面停止出煤前，应将溜槽里的煤拉动干净，然后由里向外沿顺煤流方向依次停止运转。

（9）运转时要及时供水、洒水降尘。停机时要停水。无煤时不应长时间的空运转。

（10）运转中发现断链、刮板严重变形、机头掉链、溜槽拉坏、出现异常声音和温度过高等事故，都应立即停机检查处理，防止事故扩大。

（11）刮板输送机与顺槽转载机运输能力、相互位置应配合适当，防止煤炭堆积在链轮附近，被回空链带入溜槽底部。应经常保持机头、机尾的清洁。

（12）在运转中，要特别注意刮板链的松紧程度。刮板链在松弛状态下运转时会出现卡链和跳链现象，使链条和链轮损坏，并发生断链或底链掉道等故障。检查刮板链松紧程度最简单的方法是：点动机尾电动机（或反向点动机头电动机），拉紧底链。如果在机尾（或机头）出现两个以上完全松弛的链环，需重新紧链。

（13）操作人员（司机）必须经过培训持证上岗。

（14）我国许多煤矿在使用刮板输送机中积累了丰富的经验，主要概括为四个字，即“平、直、缓、链”，这是保证刮板输送机正常运转的关键。所谓平，即输送机铺得平；直，工作面成直线；缓，输送机缓缓弯曲，避免急弯；链，链条装配正确，松紧程度适当。

160. 如何保养与维护刮板输送机？

刮板输送机的保养与维护的具体体现是坚持日检、周检、季检、半年检和大修等，具体内容如下：

（1）日检。

1）检查各转动部分是否有异常响声和剧烈振动、发热等异常现象，如有则应及时排除。

2）检查减速箱、液力耦合器、液压缸以及推进系统软管是否漏损，漏损严重者应及时处理，并补充油液。

3）检查减速箱、盲轴、链轮、挡煤板、铲煤板和刮板链螺栓是否松动，如发现松动应及时处理。

4）检查刮板、连接环及圆环链是否损坏，如发现损坏应及时更换。

5）检查刮板链松紧是否适度，有无跳牙现象。如果刮板链过松，应及时张紧。

6）检查溜槽有无掉销和错口现象，一经发现应及时更换。

（2）周检。

1）检查减速箱、液力耦合器、盲轴等部位油液量是否适当，有无变质。

2）检查挡煤板和铲煤板连接螺栓是否松动或掉落。

3）检查机头（机尾）架是否损坏变形。

4）检查机头（机尾）各连接螺栓的紧固情况。

5）检查拨链器、刮板的磨损情况。

6）检查电动机的引线是否损坏。

7）检查溜槽挡煤板和铲煤板损坏变形情况。

8）检查液压缸和软管是否损坏。

（3）季检和半年检。每季度应对液力耦合器、过渡槽、链轮和拨链器等进行轮换检修1次（其中拨链器可视磨损情况而定），每半年应对电动机和减速器进行1次全面检修。

（4）大修。当采完一个工作面后，应将设备升井进行全面检修。

161. 采煤工作面刮板输送机有哪些安全要求？

（1）采煤工作面刮板输送机必须安设能发出停止和启动信号的装置，发出信号点的间距不得超过15m。

（2）刮板输送机的液力耦合器，必须按所传递的功率大小，注入规定量的难燃液，并经常检查有无漏失。易熔合金塞必须符合标准，并设专人检查、清除塞内污物。严禁用不符合标准的物品代替。

（3）刮板输送机严禁乘人。用刮板输送机运送物料时，必须有防止顶人和顶倒支架的安全措施。

（4）移动刮板输送机的液压装置，必须完整可靠。移动刮板输送机时，必须有防止冒顶、顶伤人员和损坏设备的安全措施。必须打牢刮板输送机的机头、机尾锚固支柱。

162. 平巷电机车运输的安全检查内容有哪些？

在矿井平巷电机车运输中，常见的事故有行车中撞伤行人、运行中司机或蹬钩工本身被挤撞受伤害、机车电火花引起瓦斯煤尘爆炸事故。为了预防上述事故的发生，安全检查人员依据《煤矿安全规程》的规定，在现场重要地点检查以下各项：

（1）电机车运行区域的检查。

1）低瓦斯矿井进风主要运输巷中使用架线电机车的巷道有无防火措施。

2）高瓦斯矿井进风巷使用架线机车时，在瓦斯涌出的区域是否装有瓦斯自动检测报警断电装置。

3）在瓦斯矿井的主要回风道和采区进回风道内，在煤（岩）与瓦斯突出矿井和瓦斯喷出区域中，进风的主要运输巷道内或主要回风道内是否使用防爆特殊型电机车，是否在机车内装设瓦斯自动检测报警断电装置。

（2）防爆特殊型电机车的电气设备的检查。

1）各电气设备是否安装紧固，有无松动、失爆现象。

2）防爆特殊型电机车在运行中是否打开电气设备；发现电源装置有异常现象，及时断电停车，由其他机车拖回车库检查。

3）电源装置是否有防爆合格标志，电源装置上的“Ex”（《爆炸性气体环境用电气设备 第1部分：通用要求》GB 3836—2000 标志为“S”）和警告牌“危险”标志，“不能随便开盖”的字迹是否损坏或拆除。

（3）电机车运行的检查。

1）电机车安全设施。电机车的灯、铃（喇叭）、闸、连接器和撒沙装置是否正常或防爆部分是否失去防爆性能，列车或单独机车是否前有照明、后有红尾灯；对闸是否灵活可靠；施闸时列车制动距离，运送物料时是否超过40m，运送人员时是否超过20m；运行的电机车是否有司机室（棚）。

2）电机车运行。①在电机车运行时司机是否集中精力瞭望前方，接近风门、道口、硐室出口、弯道、道岔、坡度大或噪声大等处所及司机视线有障碍时或两列车会车时，是否降低速度，发出警告信号；②机车在运行中，司机是否将头和身子探出车外；③正常运行中，机车是否在列车前端（调车或处理事故时，不受此限）；④两机车或两列车在同一轨道同一方向行驶时，是否保持不小于100m 的距离；⑤停车后是否将控制器手把扳回零位；⑥司机离开机车时，是否切断电源取下换向器手把，扳紧车闸，不得关闭车灯。

（4）窄轨铁路的检查。

1）铁轨轨型是否与行驶车辆的吨位及地点相适应。

2）轨道机件是否齐全、紧固并与轨型一致。

3）接头平整度、轨距允许偏差、坡度误差、道岔水平偏差等是否达到标准。

4）转辙器拉杆零件是否齐全、连接牢固、动作灵活可靠。

（5）井下电机车牵引网路的检查。

1）电机车架空线悬挂高度。架空线的悬挂高度，自轨道算起是否小于以下规定：①在行人的巷道内、车场内以及人行道同运输巷道交岔的地方为2m，在不行人的巷道内有1.9m；②在井底车场内，从井底到乘车场为2.2m；③在地面或工业场地内，不与其他道路交岔的地方不小于2.2m。

2）架空线的分段开关。为预防人员触电，架空线是否在以下地点设分段开关：①有人员上下车的地点（人车站）；②干线和主要支线分岔处；③干线长度大于500m 时。

（6）平巷车辆运送人员的检查。

1）车辆运行的沿途巷道断面，巷道两侧敷设的管线、电缆与车体最突出部分之间的距离是否符合《煤矿安全规程》的规定。

2）轨道质量是否达到优良。

3）车辆是否有顶盖。

4）运送人员的列车有无跟车人，跟车人是否坐在列车行驶方向的第一辆车里的第一排座位上，面向前方。手动防坠器手把是否装在该车跟车人的座位内。

5）跟车人在运送人员前，是否检查人车的连接装置、保险链和防坠器。

6）运送人员时列车行驶速度是否超过4m/s。

7）乘车人员是否携带易燃、易爆或腐蚀性物品上车；携带工具和零件是否露出车外；有无扒车、蹬车、跳车现象；是否超负荷载人。

163. 采用机车运输时，应遵守哪些规定？

(1) 列车或单独机车都必须前有照明，后有红灯。

(2) 同一区段轨道上，不得行驶非机动车辆。如果需要行驶时，必须经井下运输调度站同意。

(3) 列车通过的风门，必须设有当列车通过时能够发出在风门两侧都能接收到声光信号的装置。

(4) 巷道内应装设路标和警标。

(5) 必须有用矿灯发送紧急停车信号的规定。非危险情况，任何人不得使用紧急停车信号。

(6) 在弯道或司机视线受阻的区段，应设置列车占线闭塞信号；在新建和改扩建的大型矿井井底车场和运输大巷，应设置信号集中闭塞系统。

164. 瓦斯矿井中使用机车运输时，应遵守哪些规定？

(1) 低瓦斯矿井进风（全风压通风）的主要运输巷道内，可使用架线电机车，但巷道必须使用不燃性材料支护。

(2) 在高瓦斯矿井进风（全风压通风）的主要运输巷道内，应使用矿用防爆特殊型蓄电池电机车或矿用防爆内燃机车。如果使用架线电机车，必须遵守以下规定：沿煤层或穿过煤层的巷道必须砌碹或锚喷支护；有瓦斯涌出的掘进巷道的回风流，不得进入有架线的巷道中；采用炭素滑板或其他能减少火花的集电器；架线电机车必须装设便携式甲烷检测报警仪。

(3) 掘进的岩石巷道中，可使用矿用防爆特殊型蓄电池电机车或矿用防爆内燃机车。

(4) 瓦斯矿井的主要回风巷和采区进、回风巷内，应使用矿用防爆特殊型蓄电池电机车或矿用防爆内燃机车。

(5) 煤（岩）与瓦斯突出矿井和瓦斯喷出区域中，如果在全风压通风的主要风巷内使用电机车运输，必须使用矿用防爆特殊型蓄电池电机车或矿用防爆内燃机车。

165. 电机车的日常维护及保养的内容有哪些？

电机车司机除按交接班的规定进行检查外，还必须按完好标准要求做好电机车的日常维护和保养工作，以保持电机车处于完好状态。发现问题时，能解决的立即处理，自己解决不了的要及时汇报，尽快处理。

一般电机车的日常维护及保养内容有：

(1) 检查制动系统的杠杆、销轴是否良好，动作是否灵活，并进行注油。

(2) 检查闸瓦磨损情况，更换磨损超限的闸瓦；检查闸瓦与车轮踏面的间隙，超过规定的要及时调整；清除调节闸瓦螺杆和闸瓦上的泥垢。

(3) 检查车轮有无裂纹、轮箍是否松动、车轮踏面磨损程度。

(4) 检查传动齿轮及齿轮罩有无松动和磨损。

(5) 检查车架弹簧有无裂纹及失效，清除弹簧上的泥垢，在铰接点及均衡梁之间进行注油。

(6) 检查车体及各部螺栓销轴、开口销是否齐全，螺栓是否紧固，销轴和开口销连接是否良好。特别是吊挂牵引电动机的装置要仔细检查。

(7) 检查连接装置，是否有损伤、磨损超限。

(8) 检查撒沙系统各部件是否齐全、连接良好，沙管有无堵塞，是否对准轨道中心，与车轮、轨道的距离是否符合要求。

(9) 检查空气压缩机的运输情况，风管、汽缸、阀门是否漏风，并放出储气罐内的废油与积水。

(10) 检查空气压缩机电动机的换向器、碳刷和刷架工作情况是否正常。

(11) 检查调压器的接触子，清除各处油垢。

(12) 检查受电器弹簧压力是否足够，滑板是否断裂和磨损超限，各框架、螺栓及销子是否齐全完整。

(13) 检查电阻器是否断裂，各接线端子是否松动，清扫尘垢。

(14) 试验控制器的机械闭锁装置是否可靠，各接线端子有无松动现象；清扫控制器和接触子、自动开关和接触子的尘垢；检查控制器各触头特别是使用频繁的触头的烧损情况。

(15) 电机车停运后立即检查牵引电动机、轴瓦及油箱的情况，电动机温度是否超限(75℃)，轴瓦温度是否超限(65℃)，清除油箱积尘，定期注油、换油。

(16) 照明灯是否完好，亮度足够，熔断器应符合规定。

166. 用人车运送人员时，应遵守哪些规定？

(1) 每班发车前，应检查各车的连接装置、轮轴和车闸等。

(2) 严禁同时运送有爆炸性的、易燃性的或腐蚀性的物品，或附挂物料车。

(3) 列车行驶速度不得超过4m/s。

(4) 人员上下车地点应有照明，架空线必须安设分段开关或自动停送电开关，人员上下车时必须切断该区段架空线电源。

(5) 双轨巷道乘车场必须设信号区间闭锁，人员上下车时，严禁其他车辆进入乘车场。

167. 乘车人员应该遵守哪些规定？

(1) 听从司机及乘务人员的指挥，开车前必须关上车门或挂上防护链。

(2) 人体及所携带的工具和零件严禁露出车外。

(3) 列车行驶中和尚未停稳时，严禁上、下车和在车内站立。

(4) 严禁在机车上或任何两车厢之间搭乘。

(5) 严禁超员乘坐。

(6) 车辆掉道时，必须立即向司机发出停车信号。

(7) 严禁扒车、跳车和坐矿车。

168. 使用刨煤机采煤时，应遵守哪些安全规定？

（1）工作面至少每隔30m应装设能随时停止刨头和刮板输送机的装置，或装设向刨煤机司机发送信号的装置。

（2）刨煤机应有刨头位置指示器，必须在刮板输送机两端设置明显标志，防止刨头与刮板输送机机头撞击。

（3）工作面倾角在12°以上时，配套的刮板输送机必须装设防滑、锚固装置。

169. 采煤机在安全使用中应注意哪些问题？

（1）没有经过培训（无司机证）的人员不得开车。

（2）采煤机禁止带负荷启动和频繁启动。

（3）一般情况下不允许用隔离开关或断路器断电、停电，紧急情况除外。

（4）无冷却水或冷却水的压力、流量达不到要求时不准开机，无喷雾不准割煤。

（5）截割滚筒上的截齿应无缺损。

（6）防止采煤机滚筒截割支架顶梁和刮板输送机铲煤板等物体。

（7）采煤机运行时，随时注意电缆的拖移情况，防止损坏电缆。

（8）必须在电动机即将停止时操作截割部离合器。

（9）煤层倾角大于10°应设防滑装置，大于16°应设液压安全绞车（无链牵引时按有关产品说明书的规定执行）。

（10）采煤机在割煤过程中要割直、割平，并严格控制采高，防止出现工作面弯曲和台阶式的顶板和底板。

（11）牵引部顶部的手动操作旋钮（柄），只允许在处理事故中使用。

（12）检查滚筒、更换截齿或在滚筒附近工作时，必须打开截割部离合器。

（13）开机前，应注意查看采煤机附近有无人员及可能危害人身安全的隐患，然后发出信号及大声喊话。

（14）司机在翻转挡煤板时要正确操作，防止其变形。

（15）注意防止刮板输送机上的中、大型异物带动采煤机强迫运行。

（16）采煤机司机交接班时，应认真填写运转记录和班检记录。

170. 采煤机的保养与维护有哪些要求，定期检修有哪些规定？

采煤机的保养与维护要求：

（1）班检。由当班司机负责进行，检查时间不少于30min。

（2）日检。由司机班长、包机人、机修工、机修班长在检修班进行，检查时间不少于6h。

（3）周检（旬检）。由单位主要领导和技术负责人以及日检人员参加，时间不小于6h。

（4）月检。由主管综采的副矿长或相应管理机构的负责人组织周检人员参加检查，时间一般不少于6h，可根据任务适量延长。

除了做好采煤机日常维护工作，严格执行“四检”外，还必须执行定期强制性检修制度：

（1）小修。小修是指在工作面运行期间进行的强制性维修（包括更换个别零件及注油）。小修周期为1个月。

（2）中修。中修是指采完一个工作面后，整机（至少牵引部）升井，由煤矿综采检修部门进行检修。中修由煤矿主管部门负责组织，每期为4～6个月。

（3）大修。大修一般在采煤机运行2～3年，产煤量达到800～1000kt后进行。

171. 使用滚筒式采煤机采煤应遵守哪些安全规定？

（1）采煤机上必须装有能停止工作面刮板输送机运行的闭锁装置。采煤机因故暂停时，必须打开隔离开关和离合器。采煤机停止工作或检修时，必须切断电源，并打开其磁力起动器的隔离开关。启动采煤机前，必须先巡视采煤机四周，确认对人员无危险后，方可接通电源。

（2）工作面遇有坚硬夹矸或黄铁矿结核时，应采取松动爆破措施处理，严禁用采煤机强行截割。

（3）工作面倾角在15°以上时，必须有可靠的防滑装置。

（4）采煤机必须安装内、外喷雾装置。截煤时必须喷雾降尘，内喷雾压力不得小于2MPa，外喷雾压力不得小于1.5MPa，喷雾流量应与机型相匹配。如果内喷雾装置不能正常喷雾，外喷雾压力不得小于4MPa。无水或喷雾装置损坏时必须停机。

（5）采用动力载波控制的采煤机，当两台采煤机由一台变压器供电时，应分别使用不同的载波频率，并保证所有的动力载波互不干扰。

（6）采煤机上的控制按钮，必须设在靠采空区一侧，并加保护罩。

（7）使用有链牵引采煤机时，在开机和改变牵引方向前，必须发出信号，只有在收到反向信号后，才能开机或改变牵引方向，防止牵引链跳动或断链伤人。必须经常检查牵引链及其两端的固定连接件，发现问题，及时处理。采煤机运行时，所有人员必须避开牵引链。

（8）更换截齿和滚筒上下3m以内有人工作时，必须护帮护顶，切断电源，打开采煤机隔离开关和离合器，并对工作面输送机施行闭锁。

（9）采煤机用刮板输送机作轨道时，必须经常检查刮板输送机的溜槽连接、挡煤板导向管的连接，防止采煤机牵引链因过载而断链；采煤机为无链牵引时，齿（销、链）轨的安设必须紧固、完整，并经常检查。必须按作业规程规定和设备技术性能要求操作、推进刮板输送机。

172. 使用掘进机掘进应遵守哪些安全规定？

（1）掘进机必须装有只准以专用工具开、闭的电气控制回路开关，专用工具必须由专职司机保管。司机离开操作台时，必须断开掘进机上的电源开关。

（2）在掘进机非操作侧，必须装有能紧急停止运转的按钮。

（3）掘进机必须装有前照明灯和尾灯。

（4）开动掘进机前，必须发出警报。只有在铲板前方和截割臂附近无人时，方可开动掘进机。

（5）掘进机作业时，应使用内、外喷雾装置，内喷雾装置的使用水压不得小于3MPa，外喷雾装置的使用水压不得小于1.5MPa；如果内喷雾装置的使用水压小于3MPa或无内喷雾装置，则必须使用外喷雾装置和除尘器。

（6）掘进机停止工作和检修以及交班时，必须将掘进机切割头落地，并断开掘进机上的电源开关和磁力起动器的隔离开关。

（7）检修掘进机时，严禁其他人员在截割臂和转载桥下方停留或作业。

173. 操作掘进机时，应该注意哪些事项？

（1）首先启动液压系统的电动机，提醒附近人员撤离危险区。

（2）开始截割时，应使截割头慢速靠近煤岩，当达到截深后所有截齿与煤岩接触时，才能根据负荷情况和机器振动情况加大进程速度。

（3）当需要调速时，要注意速度变化的平稳度，以防止冲击。

（4）截割头在最低工作位置时（如底部掏槽、开切扫底、打柱窝、挖水沟等），严禁将装载板抬起。

（5）截割头横向进行截割时，必须注意与前一刀的衔接，重叠厚度以150～200mm为宜。

（6）掘进机在前进或后退时，必须注意前后左右人员和自身的安全，同时注意防止轧坏电缆。

（7）严禁手持水管站在截割头附近喷水，以防发生事故。

（8）操纵液压系统的控制阀组手把时，不得用力过猛，以免因液压冲击而损坏机件。

（9）液压缸行程至终点位置时，应迅速扳回操纵阀手把，以免液压系统长时间溢流发热。

（10）截齿磨损或损坏时，不得开机。

（11）无冷却水不得开机。

（12）搞好截割、支护和转载3个主要工序间的协调配合工作。

（13）从机器到工作面至少要有2m的自由移动范围。当机器向前移动时放下铲板，后退时要抬起铲板。

（14）要及时清除机器周围的堆积物和煤岩。

（15）当截割头不转时，不要强使机器硬顶工作面，以免损坏回转台和截割臂内的轴承。

（16）认真执行交接班制度。

174. 使用耙装机应遵守哪些安全规定？

（1）耙装机作业时必须照明。

（2）耙装机绞车的刹车装置必须完整、可靠。

（3）必须装有封闭式金属挡绳栏和防耙斗出槽的护栏；在拐弯巷道装岩（煤）时，必须使用可靠的双向辅助导向轮，清理好机道，并有专人指挥和信号联系。

（4）耙装作业开始前，甲烷断电仪的传感器，必须悬挂在耙斗作业段的上方。

（5）固定钢丝绳滑轮的锚桩及其孔深与牢固程度，必须根据岩性条件在作业规程中作出明确规定。

（6）在装岩（煤）前，必须将机身和尾轮固定牢靠。严禁在耙斗运行范围内进行其他工作和行人。在倾斜井巷移动耙装机时，下方不得有人。倾斜井巷倾角大于20°时，在司机前方必须打护身柱或设挡板，并在耙装机前方增设固定装置。倾斜井巷使用耙装机时，必须有防止机身下滑的措施。

（7）耙装机作业时，其与掘进工作面的最大和最小允许距离必须在作业规程中明确规定。

（8）高瓦斯区域、煤与瓦斯突出危险区域煤巷掘进工作面，严禁使用钢丝绳牵引的耙装机。

175. 煤矿机电管理安全检查的内容有哪些？

（1）机电入井。

1）是否制定防爆电器入井检验制度。

2）严禁非防爆或无煤安标志的设备入井规定的执行情况。

（2）“三专两闭锁”。“三专两闭锁”是指专用变压器、专用开关、专用线路、风电闭锁、甲烷风电闭锁。

（3）“双回路”供电。

1）年产60kt及以上的煤矿是否设置“双回路”供电。

2）年产60kt以下煤矿备用发电机能否在规定时间内启动。

176. 设备检修有哪些安全要求？

（1）严禁在设备运转中进行检修。检修时，必须切断供电电源、水源、气源、风源、油源等，并悬挂“正在检修，禁止启动”字样的警示牌。拆卸有压容器和工件前，必须将压力释放。拆装和检修有危险的设备和部件时，必须制定安全技术措施。

（2）电焊、气焊、切割必须遵守以下规定：

1）工作场地必须通风良好，无易燃、易爆物品。各类气瓶要距明火10m以上；氧气瓶距乙炔瓶5m以上；在重点防火、防爆区焊接作业时，必须办理用火审批单，并制定防火、防爆措施。

2）在焊接或切割装过易燃、易爆品或情况不明物品的容器时，必须事先清理。

3）进入设备内部或容器内部进行焊接、切割时，必须在确认无易燃、易爆气体或物品后，采取安全措施，方可作业。

4）各种气瓶连接处、胶管接头、减压器等，严禁沾染油脂。

5）电焊设备及工具的绝缘和焊机外壳的接地必须良好。

6）在采用电子线路技术控制的设备上进行焊接时，必须采取防止电控系统受到焊接电流冲击的措施。

（3）使用吊装设备进行吊装作业时，必须严格遵守国家关于起重吊装作业的规定。使用手动起重设备时，不得超负荷起吊。工件质量超过50kg时，应使用钢丝绳；钢丝绳的安全系数不得小于3.5。

（4）高空作业时，必须遵守以下规定：

1）高空作业必须使用登高工具和安全用具。

2）作业时必须戴安全帽和系安全带。

3）使用梯子时，支承必须牢固，并有防滑措施。

4）严防物体坠落，严禁上下抛掷工具和器材。

(5) 检修矿用卡车必须遵守以下规定：

1）自卸卡车厢斗举升检修时，必须采用加垫或按车辆设计的安全设施固定厢斗，严禁利用举升缸支撑作业。

2）在车上进行焊接和切割作业时，要防止火花溅落到下方作业区或油箱，必要时，应采取防护措施。

3）重型卡车拆卸故障轮胎时，必须将气放尽；拆卸后桥轮胎时，必须将相连两胎的气放尽。

4）严禁用短路方式测试电瓶的充电量。

5）搬运蓄电池时要防止电解液溅出。

(6) 修理液压、气压设备时必须先卸尽压力，有蓄能器装置的必须先把全部能量释放。

177. 人力推车时应遵守哪些规定?

(1) 1次只准推1辆车。严禁在矿车两侧推车。同向推车的间距，在轨道坡度不大于0.5%时，不得小于10m；坡度大于0.5%时，不得小于30m。

(2) 推车时必须时刻注意前方。在开始推车、停车、掉道、发现前方有人或有障碍物，从坡度较大的地方向下推车以及接近道岔、弯道、巷道口、风门、硐室出口时，推车人必须及时发出警号。

(3) 严禁放飞车。

(4) 巷道坡度大于0.7%时，严禁人力推车。

178. 用多层罐笼升降人员或物料时，信号工应遵守哪些规定?

用多层罐笼升降人员或物料时，井上、下各层出车平台都必须设有信号工。各信号工发送信号时，必须遵守以下规定：

(1) 井下各水平的总信号工收齐该水平各层信号工的信号后，方可向井口总信号工发出信号。

(2) 井口总信号工收齐井口各层信号工信号并接到井下总信号工信号后，才可向绞车司机发出信号。

(3) 信号系统必须设有保证按上述顺序发出信号的闭锁装置。

第二节 煤矿电气安全

179. 矿井供电系统一般由哪几部分组成?

为保证矿山供电的可靠性，由两个独立的电源向矿井变电所供电。我国矿井一般由

35kV 专用线路供电，有些乡镇煤矿取自农用电网。距供电电源较近时，用平行双回路供电，距供电电源较远时，电源一路，另一路由相邻矿区变电所供电。

井下供电系统一般由输电电缆、中央变电所、分区变电所、采区变电所、移动变电站、采区配电点及各类电缆组成，如图 3-3 所示。

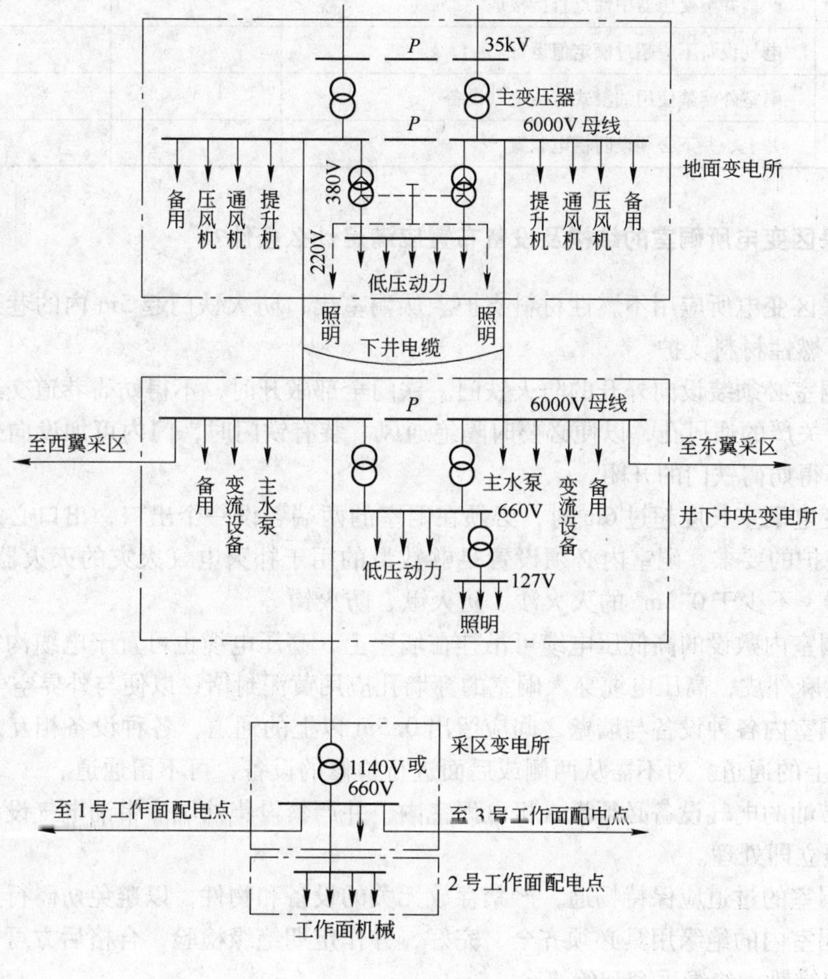

图 3-3　供电系统

180. 矿井供电系统安全检查项目有哪些？

矿井供电系统安全检查内容见表 3-7。

表 3-7　矿井供电系统安全检查内容

序　号	检查项目及内容	检查情况	备　注
1	应有两回路电源线路		
2	两回路电源线路都不得分接任何负荷		
3	矿井电源应采用分列运行方式		
4	任一回路均能担负矿井全部负荷		

续表 3-7

序　号	检查项目及内容	检查情况	备　注
5	严禁装设负荷定量器		
6	10kV 及以下的矿井架空电源线路不得共杆架设		
7	严禁井下变压器中性点直接接地		
8	电气设备不应超过额定值运行		
9	硐室外严禁使用油浸式低压电气设备		
10	井上、井下必须设防雷电装置		

181. 煤矿采区变电所硐室的结构及设备布置应满足什么条件？

（1）采区变电所应用不燃性材料支护。从硐室出口防火铁门起 5m 内的巷道，应砌碹或用其他不燃性材料支护。

（2）硐室必须装设向外开的防火铁门。铁门全部敞开时，不得妨碍巷道交通。铁门上应装设便于关严的通风孔，以便必要时隔绝通风。装有铁门时，门内可加设向外开的铁栅栏门，但不得妨碍铁门的开闭。

（3）变电硐室长度超过 6m 时，必须在硐室的两端各设一个出口，出口必须符合用不燃性材料支护的要求，硐室内必须设置足够数量的用于扑灭电气火灾的灭火器材。例如，干粉灭火器、不少于 $0.2m^3$ 的灭火沙、防火锹、防火钩等。

（4）硐室内敷设的高低压电缆可吊挂在墙壁上，高压电缆也可置于电缆沟中，高压电缆应去掉黄麻外皮，高压电缆穿入硐室的穿墙孔应用黄泥封堵，以便与外界空气隔绝。

（5）硐室内各种设备与墙壁之间应留出 0.5m 以上的通道，各种设备相互之间，应留出 0.8m 以上的通道。对不需从两侧或后面进行检修的设备，可不留通道。

（6）带油的电气设备必须设在机电硐室内，并严禁设集油坑。带油电气设备溢油或漏油时，必须立即处理。

（7）硐室的过道应保持畅通，严禁存放无关的设备和物件，以避免妨碍行人和搬迁。

（8）硐室内的绝缘用具必须齐全、完好，并作定期绝缘检验，合格后方可使用。绝缘用具包括绝缘靴、绝缘手套和绝缘台。

（9）硐室入口处必须悬挂“非工作人员禁止入内”字样的警示牌。硐室内必须悬挂与实际相符的供电系统图。硐室内有高压电气设备时，入口处和硐室内必须在明显地点悬挂“高压危险”字样的警示牌。

（10）采区变电所应设专人值班。应有值班工岗位责任制、交接班制度、运行制度。值班工应如实填写交接班记录、运行记录、漏电继电器试验记录等，无人值班的变电硐室必须关门加锁，并有值班人员巡回检查。

（11）硐室内的设备，必须分别编号，标明用途，并有停送电的标志。

182. 矿井电网保护由哪几部分组成？

矿井电网保护结构如图 3-4 所示。

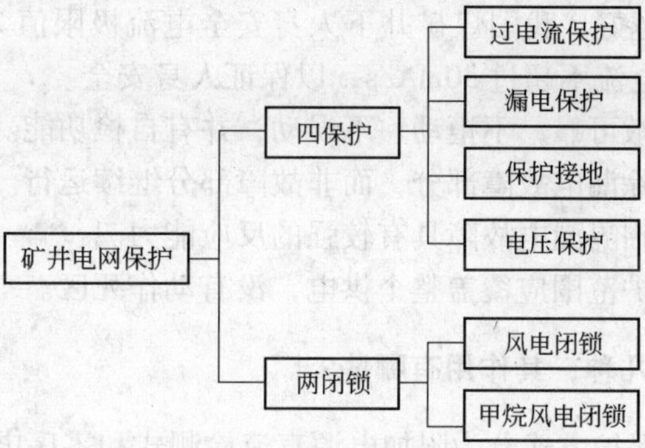

图3-4　矿井电网保护结构

183. 煤矿井下漏电故障的产生原因及预防措施有哪些?

煤矿井下常见的漏电故障分为集中性漏电和分散性漏电两种。集中性漏电是指电网的某一处因绝缘破损导致漏电，占井下漏电的85%以上。分散性漏电是因淋水、潮湿导致电网中某段线路或某些设备绝缘下降至危险值而形成的漏电。漏电会导致人体触电，引起瓦斯、煤尘爆炸，提前引爆电雷管，引起电气火灾等。

漏电故障的原因如下：

(1) 电气设备受潮或进水。

(2) 电缆受到挤压、砍砸、过度弯曲、铁器划伤或针刺。

(3) 导线连接接头不牢固、有毛刺、无防松措施等。

(4) 电气设备超期服役或长期超负荷运行造成绝缘老化。

(5) 维修电气设备时，由于停、送电操作错误。

(6) 维修电气设备时，将工具和材料等导电体遗留在设备内部。

(7) 操作电气设备时，由于弧光放电造成一相接地。

(8) 在电气设备内部增加其他部件，使带电导体与外壳之间的电气间隙或爬电距离小于安全值时。

预防措施如下：

(1) 严禁电气设备及电缆长期过负荷。

(2) 导线连接要牢固，无毛刺，防松装置好，接线正确。

(3) 维修电气设备时要按规程操作，严禁将工具和材料等导体遗留在电气设备中。

(4) 避免电缆、电气设备浸泡在水中，防止电缆的机械损伤。

(5) 不在电气设备中增加额外部件，必须设置时，必须遵守有关规定。

(6) 设置保护接地装置、漏电保护装置。

184. 对煤矿井下低压漏电保护装置有哪些要求?

为保证漏电保护装置能有效可靠，防止漏电引发各种危害，对煤矿井下低压漏电保护装置提出如下要求：

(1) 安全性。包括人身安全、设备安全和整个矿井的安全。为防止人体触电，漏电保护装置的动作速度越快越好。我国煤矿井下人身安全电流极限值为30mA，快速切断漏电故障线路使通过人体的电流不超过30mA/s，以保证人身安全。

（2）可靠性。要灵敏可靠，不拒动、不误动，并有自检功能。

（3）选择性。即切除漏电故障部分，而非故障部分继续运行。

（4）灵敏性。即对临界漏电故障具有较强的反应能力。

（5）全面性。指保护范围应覆盖整个供电，没有动作死区。

185. 漏电保护方式有哪几种，其作用有哪些？

按保护原理，漏电保护方式分为附加电源直流检测式和零序电流方向式两种。前者没有选择性，后者有选择性。

漏电保护的作用主要有：

（1）监视电网的绝缘。

（2）迅速切断漏电故障线路的电源，防止漏电故障引发各种危害。

（3）补偿电容电流。

186. 漏电保护安全检查的重点是什么？

（1）检漏继电器是否与单台馈点开关配合使用。

（2）检漏继电器的辅助接地线应是橡套电缆，芯线总面积不少于10mm²。距局部接地极的直线距离不小于5m。

（3）检漏继电器应水平装设在适当高度的支架上，并要求动作可靠，便于检查试验。

（4）值班电工是否每天对检漏继电器的运行情况进行一次检查，是否有试验记录。

（5）电缆与设备连接是否牢固。

（6）电缆的各种绝缘损失情况（机械或外力损害、挤压、砍砸、过度弯曲）。

187. 对电气设备的允许最高表面温度有哪些规定？

为保证各种类型电气设备在运行中不产生引燃爆炸性混合物的温度，对电气设备运行时最高表面温度作了规定，见表3-8。

表3-8　电气设备的允许最高表面温度

电气设备类型	温度组别	设备允许表面温度/℃	说　明
Ⅰ类	—	150	设备表面可能堆积粉尘
	—	450	采取措施防止粉尘堆积
Ⅱ类	T_1	450	$450 \leqslant t$①
	T_2	300	$300 \leqslant t < 450$
	T_3	200	$200 \leqslant t < 300$
	T_4	135	$135 \leqslant t < 200$
	T_5	100	$100 \leqslant t < 135$
	T_6	85	$85 \leqslant t < 100$

①可燃性气体蒸汽的引燃温度。

188. 煤矿矿用电气设备可分为哪几类，各有何要求？

煤矿矿用电气设备分为矿用一般型和矿用防爆型两类。

（1）矿用一般型电气设备是只能用于井下无瓦斯、煤尘爆炸危险场所的非防爆型电气设备。其外壳明显处有清晰的永久性凸纹标志“KY”。其要求有：

1）外壳坚固、封闭，不能从外部直接触及带电部分。

2）防滴溅、防潮性能好。

3）有电缆引入装置，并能防止电缆扭转、拔脱和损伤。

4）开关手柄和门盖有连锁装置等。

（2）矿用防爆电气设备是按国家标准《爆炸性气体环境用电气设备　第1部分：通用要求》（GB 3836.1—2000）生产的专供煤矿井下使用的电气设备。国标将其分为Ⅰ、Ⅱ两类，其中Ⅰ类为煤矿井下用防爆电气设备。防爆标志由设备类型、级别、组别，连同防爆电气设备总标志“Ex”组成。如矿用隔爆型电气设备的防爆标志为“ExdⅠ”。在防爆电气设备外壳明显处均有清晰的永久性凸纹标志“Ex”和煤矿矿用产品安全标志“MA”。其基本要求和标志符号见表3-9。

表3-9　矿用防爆电气设备

序号	防爆类型	标志符号	基本要求
1	矿用隔爆型	d	具有隔爆外壳的防爆电气设备，该外壳既能承受其内部爆炸性气体混合物引爆产生的爆炸压力，又能防止爆炸产物穿出隔爆间隙点燃外壳周围的爆炸性混合物
2	矿用增安型	c	在正常运行条件下不会产生电弧、火花或可能点燃爆炸性混合物的高温的设备结构上，采取措施提高安全程度，以避免在正常和认可的过载条件下出现这些现象的电气设备
3	矿用本质安全型	ia i ib	全部电路均为本质安全电路的电气设备。所谓本质安全电路，是指在规定的试验条件下，正常工作或规定的故障状态下产生的电火花和热效应均不能点燃规定的爆炸件混合物的电路
4	矿用正压型	p	具有正压外壳的电气设备。即外壳内充有保护性气体，并保持其压力（压强）高于周围爆炸性环境的压力（压强），以防止外部爆炸性混合物进入的防爆电气设备
5	矿用充油型	o	全部或部分部件浸在油内，使设备不能点燃油面以上的或外壳外的爆炸性混合物的防爆电气设备
6	矿用充沙型	q	外壳内充填沙粒材料，使之在规定的条件下壳内产生的电弧、传播的火焰、外壳壁或砂料材料表面的过热温度，均不能点燃周围爆炸性混合物的防爆电气设备
7	矿用浇封型	m	将电气设备或其部件浇封在浇封剂中，使它在正常运行和认可的过载或认可的故障下不能点燃周围的爆炸性混合物的防爆电气设备
8	矿用火花型	n	在正常运行条件下，不会点燃周围爆炸性混合物，且一般不会发生有点燃作用的故障的电气设备
9	矿用气密型	b	具有气密外壳的电气设备
10	矿用特殊型	s	异于现有防爆形式，由主管部门制订暂行规定，经国家认可的检验机构检验证明，具有防爆性能的电气设备。该型防爆电气设备须报国家技术监督局备案

189. 什么是矿用隔爆型电气设备，其失爆现象有哪些?

(1) 隔爆型电气设备是指设备的所有电气元件全部置于隔爆外壳内，隔爆外壳既具有耐爆性又具有隔爆性（不传爆性），即内部可燃性爆炸混合物爆炸时所产生的压力不会因外壳损坏、变形引起壳外爆炸性混合物（瓦斯、煤尘）的爆炸，内部产生的高温火焰不会传到壳外引起壳外爆炸性混合物（瓦斯、煤尘）的爆炸（由隔爆面的长度、间隙和粗糙度决定)。

(2) 由于使用、管理、维护不善会造成防爆电气设备的失爆。失爆是指电气设备的隔爆外壳失去了耐爆性或隔爆性。井下隔爆型电气设备常见的失爆现象有:

1) 隔爆外壳严重变形或出现裂纹、焊缝开焊、连接螺丝不全、螺口损坏或拧入深度小于规定值。

2) 隔爆面锈蚀严重、间隙超过规定值，有凹坑、连接螺丝没压紧。

3) 电缆进线、出线不使用密封圈或使用不合格密封圈，闲置喇叭口不使用挡板。

4) 电气设备内部随意增加电气元部件、维修设备时遗留导体或工具导致短路烧漏外壳。

5) 螺栓松动、缺少弹簧垫使隔爆间隙超过规定值。

190. 防爆特殊型电源装置的日常维护及保养内容有哪些?

防爆特殊型蓄电池电机车的日常维护，除包括一般电机车的项目外，还要对电源装置进行检查，电源装置的检查工作由充电工负责在充电室内进行，主要内容有:

(1) 检查插销连接器与电缆的连接是否牢固，防爆性能是否良好。

(2) 检查蓄电池组的连接线及极柱焊接处有无断裂、开焊。

(3) 检查橡胶绝缘套有无损坏，极柱及带电部分有无裸露。

(4) 检查蓄电池组、蓄电池有无短路及反极现象。

191. 采用矿用防爆型柴油动力装置时，应遵守哪些规定?

(1) 排气口的排气温度不得超过70℃，其表面温度不得超过150℃。

(2) 排出的各种有害气体被巷道风流稀释后，其浓度必须符合《煤矿安全规程》的规定。

(3) 各部件不得用铝合金制造，使用的非金属材料应具有阻燃和抗静电性能。油箱及管路必须用不燃性材料制造。油箱的最大容量不得超过8h的用油量。

(4) 燃油的闪点应高于70℃。

(5) 必须配置适宜的灭火器。

192. 防爆电气设备安全检查重点是什么?

(1) 是否按《煤矿安全规程》规定选用。

(2) 隔爆外壳是否完整无损，是否有裂纹和变形。

(3) 隔爆外壳的紧固件、密封件、接地件是否齐全完好。

(4) 隔爆面的间隙和有效宽度是否符合规定，隔爆面的粗糙度、螺纹隔爆结构的拧入深度和啮合扣数是否符合规定。

（5）电缆接线盒和电缆引入装置是否完好，零部件是否齐全，有无缺损，电缆连接是否牢固、可靠。电缆与密封圈之间是否包扎他物；闲置喇叭口是否用挡板封堵。

（6）连锁装置功能完整，内部电气元件、保护装置是否完好无损、动作可靠。

（7）隔爆型电气设备安装地点有无滴水、淋水，周围围岩是否坚固；设备放置是否与地面垂直，最大倾角是否符合规定。

193. 煤矿选用的井下电气设备，应符合哪些安全要求？

煤矿选用的井下电气设备，必须符合表3-10的要求。

表3-10 井下电气设备选用规定

类 别	煤（岩）与瓦斯（二氧化碳）突出矿井和瓦斯喷出区域	瓦斯矿井				
		井底车场、总进风巷和主要进风巷		翻车机硐室	采区进风巷	总回风巷、主要回风巷、采区回风巷、工作面和工作面进回风巷
		低瓦斯矿井	高瓦斯矿井①			
高低压电机和电气设备	矿用防爆型②（矿用增安型除外）	矿用一般型	矿用一般型	矿用防爆型	矿用防爆型	矿用防爆型（矿用增安型除外）
照明灯具	矿用防爆型③（矿用增安型除外）	矿用一般型	矿用防爆型	矿用防爆型	矿用防爆型	矿用防爆型（矿用增安型除外）
通信、自动化装置和仪表、仪器	矿用防爆型（矿用增安型除外）	矿用一般型	矿用防爆型	矿用防爆型	矿用防爆型	矿用防爆型（矿用增安型除外）

①使用架线电机车运输的巷道中及沿该巷道的机电设备硐室内可以采用矿用一般型电气设备（包括照明灯具、通信、自动化装备和仪表、仪器）；

②煤（岩）与瓦斯突出矿井的井底车场的主泵房内，可使用矿用增安型电动机；

③允许使用经安全检测鉴定，并取得煤矿矿用产品安全标志的矿灯。

普通型携带式电气测量仪表，必须在瓦斯浓度1.0%以下的地点使用，并实时监测使用环境的瓦斯浓度。

194. 检修、搬迁井下电气设备、电缆应遵守哪些规定？

（1）井下不得带电检修、搬迁电气设备、电缆和电线。

（2）检修或搬迁前，必须切断电源，检查瓦斯，在其巷道风流中瓦斯浓度低于1.0%时，再用与电源电压相适应的验电笔检验；检验无电后，方可进行导体对地放电。控制设备内部安有放电装置的，不受此限。

（3）有开关的闭锁装置必须能可靠地防止擅自送电，防止擅自开盖操作，开关把手在切断电源时必须闭锁，并悬挂“有人工作，不准送电”字样的警示牌，只有执行这项工作的人员才有权取下此牌送电。

195. 井下用好、管好电缆的基本要求是什么?

(1) 严格按《煤矿安全规程》规定选用、敷设、连接、电缆。

(2) 合格悬挂电缆，不埋压、不淋水电缆。

(3) 采区应使用分相屏蔽阻燃电缆，严禁使用铝芯电缆。

(4) 盘圈、盘“8”字形电缆不得带电，采掘机组除外。

196. 煤矿井下电缆选用应遵守哪些安全规定?

(1) 电缆敷设地点的水平差应与规定的电缆允许敷设水平差相适应。

(2) 电缆应带有供保护接地用的足够截面的导体。

(3) 严禁采用铝包电缆。

(4) 必须选用取得煤矿矿用产品安全标志的阻燃电缆。

(5) 电缆主线芯的截面应满足供电线路负荷的要求。

(6) 对固定敷设的高压电缆:

1) 在竖井井筒或倾角为45°及以上的井巷内，应采用聚氯乙烯绝缘粗钢丝铠装聚氯乙烯护套电力电缆、交联聚乙烯绝缘粗钢丝铠装聚氯乙烯护套电力电缆。

2) 在水平巷道或倾角在45°以下的井巷内，应采用聚氯乙烯绝缘钢带或细钢丝铠装聚氯乙烯护套电力电缆、交联聚乙烯钢带或细钢丝铠装聚氯乙烯护套电力电缆。

3) 在进风斜井、井底车场及其附近、中央变电所至采区变电所之间，可以采用铝芯电缆；其他地点必须采用铜芯电缆。

(7) 固定敷设的低压电缆，应采用MVV铠装或非铠装电缆或对应电压等级的移动橡套软电缆。

(8) 非固定敷设的高低压电缆，必须采用符合MT818标准的橡套软电缆。移动式和手持式电气设备应使用专用橡套电缆。

(9) 照明、通信、信号和控制用的电缆，应采用铠装或非铠装通信电缆、橡套电缆或MVV型塑力缆。

(10) 低压电缆不应采用铝芯，采区低压电缆严禁采用铝芯。

197. 煤矿敷设电缆时应遵守哪些安全规定?

(1) 电缆必须悬挂应遵守以下规定:

1) 在水平巷道或倾角在30°以下的井巷中，电缆应用吊钩悬挂。

2) 在竖井井筒或倾角在30°及其以上的井巷中，电缆应用夹子、卡箍或其他夹持装置进行敷设。夹持装置应能承受电缆重量，并不得损伤电缆。

(2) 水平巷道或倾斜井巷中悬挂的电缆应有适当的弛度，并能在意外受力时自由坠落。其悬挂高度应保证电缆在矿车掉道时不受撞击，在电缆坠落时不落在轨道或输送机上。

(3) 电缆悬挂点间距，在水平巷道或倾斜井巷内不得超过3m，在竖井井筒内不得超过6m。

(4) 沿钻孔敷设的电缆必须绑紧在钢丝绳上，钻孔必须加装套管。

198. 煤矿电缆的连接应符合哪些安全要求？

（1）电缆与电气设备的连接，必须用与电气设备性能相符的接线盒。电缆线芯必须使用齿形压线板（卡爪）或线鼻子与电气设备进行连接。

（2）不同型电缆之间严禁直接连接，必须经过符合要求的接线盒、连接器或母线盒进行连接。

（3）同型电缆之间直接连接时必须遵守以下规定：

1）橡套电缆的修补连接（包括绝缘、护套已损坏的橡套电缆的修补）必须采用阻燃材料进行硫化热补或与热补有同等效能的冷补。在地面热补或冷补后的橡套电缆，必须经浸水耐压试验，合格后方可下井使用。在井下冷补的电缆必须定期升井试验。

2）塑料电缆连接处的机械强度以及电气、防潮密封、老化等性能，应符合该型矿用电缆的技术标准。

199. 煤矿矿井应按什么规定对电气设备和电缆进行检查、调整？

煤矿矿井应按表3-11的规定对电气设备和电缆进行检查、调整。检查和调整结果应记入专用的记录簿内。检查和调整中发现的问题，应指派专人限期处理。

表3-11 电气设备和电缆的检查、调整规定

检查、调整项目	检查周期	备 注
使用中的防爆电气设备的防爆性能检查	每月1次	每日应由分片负责电工检查1次外部
配电系统继电保护装置检查整定	每6个月1次	负荷变化时应及时整定
高压电缆的泄漏和耐压试验	每年1次	
主要电气设备绝缘电阻的检查	每6个月不少于1次	
固定敷设电缆的绝缘和外部检查	每季1次	每周应由专责电工检查1次外部和悬挂情况
移动式电气设备的橡套电缆绝缘检查	每月1次	每班由当班司机或专责电工检查1次外皮有无破损
接地电网接地电阻值测定	每季1次	
新安装的电气设备绝缘电阻和接地电阻的测定		投入运行以前

200. 井下安全用电“十不准”是什么？

（1）不准带电检修。

（2）不准甩掉无压释放器、过电流保护装置。

（3）不准甩掉漏电继电器、煤电钻综合保护和局部通风机风电、甲烷风电闭锁装置。

（4）不准明火操作、明火打点、明火爆破。

（5）不准用铜、铝、铁丝代替保险丝。

（6）停风、停电的采掘工作面，未经检查瓦斯，不准送电。

（7）有故障的供电线路，不准强行送电。

（8）电气设备的保护失灵后，不准送电。

（9）不准使用失爆电气设备。

（10）不准在井下拆卸矿灯。

201. 煤矿安全用电检查的内容有哪些？

煤矿安全用电检查按表3-12检查。

表3-12 煤矿安全用电检查表

项　目	内　容	检查结果	备　注
漏电保护检查	（1）检漏器安装是否符合要求； （2）欧姆表与指示灯； （3）按试验按钮检查跳闸动作是否可靠； （4）千伏级检漏器检查：1）信号指示灯；2）补偿状态；3）试验漏电跳闸与漏电闭锁是否灵敏可靠漏电保护检查； （5）高压漏电、监视保护检查：1）信号指示灯；2）用试验按钮试验漏电保护；3）按钮试验监视保护； （6）煤电钻综合保护检查：1）正常运行、短路和漏电灯光信号显示；2）按钮试验短路保护能否迅速切断电源；3）按钮试验漏电保护，检查自锁能力； （7）矿井变电所高压馈出线上要装有选择性的漏电保护装置； （8）检查电工的检查、整定、试验记录		
保护接地装置	（1）局部接地极与主接地极是否构成一个完整的接地网； （2）接地极、母线、导线、连接导线的断面规格尺寸、材质是否符合规定，连接是否良好可靠； （3）检查接地电阻值的定期检测记录		
电　缆	（1）电缆的选用与截面积的选择是否符合规定； （2）电缆的敷设、悬挂及线路电缆标志； （3）电缆的连接（高压铠装电缆接线盒、橡套电缆接头）是否符合规定，四小线电缆严禁有明接头、“鸡爪子”、“羊尾巴”； （4）炮采工作面和巷修作业中，放炮时要有防护电缆措施		
机电设备硐室	（1）硐室建筑方式及采用不燃物支护； （2）防火铁门、防火设施及防水设施； （3）设备的排列及过道畅通，通风良好； （4）各种有关标志牌及记录本齐全		
设备接线及停送电	（1）高压检修有工作票及安全措施； （2）高压停电、送电制度执行情况； （3）高压检修作业中停电、验电、放电、挂装接地线措施执行情况； （4）线路倒闸操作和监护制度执行情况； （5）检修完电气设备达到质量标准要求和防爆性能要求		
防爆设备检查	（1）设备选型是否合理； （2）防爆电气设备的防爆性能检查； （3）“三专”、“两闭锁”是否符合要求		
设备过流保护检查	（1）设备的容量选择是否正确； （2）两相短路电流计算； （3）熔体选择是否正确； （4）灵敏度校验； （5）继电器整定值是否正确； （6）过负荷整定检查； （7）千伏级电网过载及过流整定值是否正确； （8）按钮试验过载与短路，检查开关动作是否灵敏可靠		

202. 露天煤矿用电有哪些安全要求?

(1) 露天煤矿的各种电气设备、电力和通信系统的设计、安装、验收、运行、检修、试验和安全防护等工作，必须符合国家标准。

(2) 有淹没危险的主排水泵站的电源线路必须设两回路，当一回路停电时，另一回路的供电能力应能承担最大排水负荷。

(3) 采场和排土场的低压配电电压不得超过1kV，手持式电气设备的电压应采用220V，带漏电保护的手持式电气设备电压不得超过380V。

(4) 供电系统应安装漏电保护装置（专供电力机车变流设备用的变压器除外）。向移动式高压电力设备供电的变压器应采用中性点不直接接地方式，且中性线不得引出；当采用中性点经限流电阻接地方式供电时，必须将变压器接地和移动设备外壳用架空地线或电缆接地线连接起来。向固定设备供电的变压器，一般采用中性点直接接地方式，固定设备外壳必须直接重复接地。

(5) 在带电导线、电气设备及油开关附近，不得有引起电气火灾的热源。

203. 变电所（站）和配电设备有哪些安全要求?

(1) 地面变电所的位置选择，应符合有关标准和设计规范，并符合以下要求：

1) 距采场最终境界200m以外。

2) 应设在爆炸材料库爆炸危险区以外。

3) 不应设在不稳定的排土场内。

4) 不应设在塌陷区。

5) 变电所与高噪声源的距离，应满足主控制室背景噪声不大于60dB(A)的要求。

6) 变电所周围必须设有围墙，其高度不低于1.8m，并在周围悬挂安全警示牌。

(2) 设人值班的固定变电所（站）必须悬挂一次、二次架空线和电缆的配电系统图以及有关操作、维护等的规程、规则。

(3) 采场变电亭安全要求如下：

1) 采场变电亭应用不燃性材料修建，亭内变电装置与墙的距离不得小于0.8m，距顶部不得小于1m。变电亭的门应向外开，门口悬挂“非工作人员禁止入内”字样的警示牌。

2) 全封闭式移动变电站，箱体应有可靠的保护接地。

3) 无人值班的变电亭（移动变电站）的门应加锁。亭（站）内设备应编号，并注明用途；应有停、送电标志和送电开关的锁紧装置。

4) 采场变电亭、非全封闭式移动变电站，四周应有围墙或栅栏，其设置应符合国家标准《户外严酷条件下的电气设施一般防护要求》(GB 9089.2—2008) 要求。

(4) 移动变电站配电装置的操作按钮（可远控）和手柄应设在带门锁的箱体内。隔离开关与主开关之间应有可靠的机械或电气闭锁。

204. 电气设备保护和接地有哪些安全要求?

(1) 固定变电站或移动变电站向移动电气设备供电的输配电线路的电压高于1kV时，应装设短路和过负荷保护装置。交流电压大于50V的线路，应安装漏电保护装置。短路和单相接地（漏电）保护应采取二级保护。

（2）定期检查输配电线路的漏电保护装置的完好性，每隔6个月或在设备移动时必须检查1次漏电保护装置和自动开关，每年至少检验、调整1次漏电保护装置。

（3）采场应选用户外型电气设备，必要时应采取防护措施。所有高、低压电气设备裸露导电部分的安全防护，必须符合《户外严酷条件下的电气设施一般防护要求》（GB 9089.2—2008）有关直接接触防护的要求。

（4）变电所（站）安装的各种继电保护装置应灵敏可靠，定期试验检查，设人值班的变电所（站），必须检查漏电保护装置的完好性，并做好记录。

（5）高压电动机、电力变压器的高压侧，应有短路、过负荷和欠电压释放保护。低压电气设备过电流继电器的整定和熔断器熔体的选择，应符合国家标准。

（6）变电所开关跳闸后，应立即报告调度人员，经查询，可试送1次；若仍跳闸，不得强行送电，待查明原因，排除故障后，方可送电。

（7）防雷电装置宜采用角型放电间隙，接地线应接在钢轨上。接触网在以下地点必须装设防雷电装置：

1）由变（配）电所馈出的供电线与接触网连接处。

2）机车库进口处。

3）平硐口。

4）电机车运输线路上每个独立区段内。

5）雷电活动强烈地区，采场的接触网与分支线的连接处、高压电气设备与架空线连接处。

（8）露天煤矿的变（配）电装置、油库、爆炸材料库、高大或易受雷击的建筑，必须装设防雷电装置，每年雨季前试验检查1次。

（9）与接触网直接连接的电动机和整流装置，应有过负荷、过流、过压、短路等保护装置。

（10）变电所（站）的输配电线及电气设备上的接地保护装置的设计、安装应符合国家标准的有关规定。

（11）采场的架空线主接地极不得少于2组，排土场可设1组。主接地极应设在运输线路附近或电阻率低的地方，每组接地电阻值不得大于4Ω，在土壤电阻率大于$10^{-3}\Omega \cdot m$的地区不得超过30Ω，移动设备与架空线的接地线之间的电阻值不得大于1Ω。接地线和设备的金属外壳的接触电压不得大于50V。

（12）变压器中性点不直接接地时，高压、低压电气设备必须设接地保护，并应在变压器低压侧装设自动切断电源检漏装置。低压电力系统的变压器中性点直接接地时，必须设接零保护。

（13）50V以上的交流电气设备和内绝缘损坏可能带有触电危险的电气设备的金属外壳、构架等，必须设保护接地。

（14）采场内电气设备的接地装置应符合以下要求：

1）高压架空线的接地线应使用截面大于$35mm^2$的钢绞线，并应设在架空线横担下0.5m处。

2）移动变电站和用电设备应采用橡套电缆的专用接地芯线接地或接零，并应配备相应的地线监测系统。

（15）电气设备的接地部分必须用单独的接地线与接地装置相连接，不得将多台电气设备的接地线串联接地。严禁用金属管道以及电缆铅护套作为接地极。

（16）低压接零系统的架空线路的终端和支线的终端应重复接地，交流线路零线的重复接地必须用人工接地体，不得与地下金属管网有联系。所有接地线与电气设备、仪器外壳的连接以及与接地极的连接，应当焊接或用可靠的方式连接。

（17）重新安装或移动后的电气设备，运行前必须测量其接地电阻。

（18）爆破作业结束后，必须检查爆破区内的接地装置。

（19）每月应至少检查1次采场和排土场的接地网，每年至少测量1次接地网的总电阻值。

205. 露天煤矿各作业场所的照度应符合哪些安全要求？

露天煤矿各作业场所的照度应符合表3-13要求。

表3-13　露天煤矿各作业场所照度

地　点	照度/lx	照 明 平 面
挖掘机、列车和自卸汽车等的装卸点及转载点	3	地表水平面
	5	垂直面
铁路调车场、带式输送机流水线	5	地表水平面、带式输送机表面
带式输送机滚筒维护区	10	水平面
带式输送机手选矸石地点	30	带式输送机表面从选矸人员起到输送带运行相反方向1.5m的距离内
钻机作业地点	5	在整个钻机高度内的垂直平面上
	3	地表水平面
采场及排土场道路	0.2	地表水平面
上下台阶梯子	3	梯子垂直面
站场、主要人行道和行车道	0.5	地表水平面
其他移动机械	5	地表水平面
人行固定线路	1	水平面
露天煤矿汽车道路	0.5～3	汽车运行水平面
露天煤矿范围内的铁道线路	0.5	线路上部结构水平面

206. 煤矿井下在哪些地点应设置足够的照明？

地面的通风机房、绞车房、压风机房、变电所、矿调度室等必须设有应急照明设施。井下以下地点必须有足够的照明：

（1）井底车场及其附近。

（2）机电设备硐室、调度室、机车库、爆炸材料库、候车室、信号站、瓦斯抽放泵站等。

（3）使用机车的主要运输巷道、兼作人行道的集中带式输送机巷道、升降人员的绞车道以及升降物料和人行交替使用的绞车道，其照明灯的间距不得大于30m。

（4）主要进风巷的交岔点和采区车场。

（5）从地面到井下的专用人行道。

（6）综合机械化采煤工作面，照明灯间距不得大于15m。

207. 煤矿矿灯的管理和使用应遵守哪些安全规定？

（1）矿井完好的矿灯总数，至少应比经常用灯的总人数多10%。

（2）矿灯应集中统一管理。每盏矿灯必须编号，经常使用矿灯的人员必须专人专灯。

（3）矿灯应保持完好，出现电池漏液、亮度不够、电线破损、灯锁失效、灯头密封不严、灯头圈松动、玻璃破裂等情况时，严禁发放。发出的矿灯，最低应能连续正常使用11h。

（4）严禁使用矿灯人员拆开、敲打、撞击矿灯。人员出井后（地面领用矿灯人员，在下班后），必须立即将矿灯交还灯房。

（5）在每次换班2h内，灯房人员必须把没有还灯人员的名单报告矿调度室。

（6）矿灯必须装有可靠的短路保护装置。高瓦斯矿井应装有短路保护器。

208. 电气设备操作、维护和调整有哪些安全要求？

（1）不得带电检修、搬迁电气设备和电缆。特殊情况带电作业时，必须采取安全措施。

（2）操作电气设备必须遵守以下规定：

1）非专职和非值班电气人员，严禁擅自操作电气设备。

2）操作高压电气设备回路时，操作人员必须戴绝缘手套，穿电工绝缘靴或站在绝缘台上。

3）操作人员身体任何部分与电气设备裸露带电部分的最小距离应符合表3-14的要求；否则，必须设置安全隔栏、护架等。

表3-14　操作人员与电气设备裸露带电部分最小距离

电压等级/kV	最小距离/m	电压等级/kV	最小距离/m
10及以下	0.7	60～110	1.50
35	0.90	220	2.50

4）手持式电气设备的操作柄和工作中必须接触的部分，必须有良好的绝缘，其外壳必须可靠接地（直流充电手持式工具除外）。

（3）检修多用户使用的输配电线路时，应制定安全措施。

（4）操作人员及其携带的工具、材料与带电体的最小距离，应符合表3-15的要求。

表3-15　操作人员及其携带的工具、材料与带电体的最小距离

电压等级/kV	最小距离/m	电压等级/kV	最小距离/m
≤6	0.7	60	3.0
10	1.0	110	3.5
35	2.5	220	4.5

（5）高压变配电设备和线路的检修及停送电，必须严格执行停电申请和工作票制度。停电线路维修作业必须遵守以下规定：

1）必须由负责人统一指挥。

2）必须有明显的断开点，该线路断开的电源开关把手，必须专人看管或加锁，并悬挂“有人作业，严禁合闸”字样的警示牌。

3）停电后必须验电，并挂好接地线。

4）作业时必须有专人监护。

5）确认所有作业完毕后，摘除接地线和警示牌，由负责人检查无误后通知调度恢复送电。

（6）移动金属塔架和大型设备通过架空线时，必须与架空线保持足够的安全距离；特殊情况下必须采取安全措施。

（7）挖掘机作业不得影响和破坏电缆线、电杆或其他支架基础的安全，不得损伤接地导体和接地线。

（8）爆破危险区的架空输电线、电缆和移动变电站等，在爆破时应停电。恢复送电前，必须对这些线路进行检查，确认无损后方可送电。

（9）电气设备和线路的安全保护装置，使用前必须进行校准。更换熔断器时应切断电源。在打雷或下雨时更换熔断器，必须采取安全措施。

（10）在架空输配电线下或附近行驶或作业的机械设备，其提升（伸出）部分最高（最远）点至电线的垂直（水平）距离，不得小于表3-14的规定值。

（11）在1650V及以下的接触网上带电作业时，必须制定安全措施，并遵守以下规定：

1）接触网的正负线必须用木杆架设。

2）操作人员经过专门训练，持证上岗。

3）使用专用的作业车或专用的具有绝缘的梯子。

4）雨、雪、雾天严禁作业。

5）安全负责人在地面监护。

209. 爆炸材料库和炸药加工区安全配电有何要求？

（1）爆炸材料库房区和加工区的10kV及以下的变电所，可采用户内式，但不应设在A级建筑物内。变电所与A级建筑物的距离不得小于50m。柱上变电亭与A级建筑物的距离不得小于100m，与B级和D级建筑物不得小于50m。

（2）1～10kV的室外架空线路，严禁跨越危险场所的建筑物。其边线与建筑物的水平距离，应符合以下要求：

1）与A级和B级建筑物的距离，不应小于电杆间距的2/3，且不应小于35m；与生产炸药的A级建筑物的距离，不应小于50m。

2）与D级建筑物的距离，不应小于电杆高的1.5倍。

（3）由变（配）电所至有爆炸危险的工房（库房）的380V/220V级配电线路，必须采用金属铠装电缆，并在地下敷设。电缆埋地长度不应小于15m。电缆的入户端金属外皮或装电缆的钢管应接到防雷电接地装置上。在电缆与架空线的连接处应装设防雷电装置。

防雷电装置、电缆金属外皮或钢管和绝缘铁脚应连在一起并接地，其冲击接地电阻不应大于10Ω。

（4）低压配电应采用380V/220V五线制系统。

（5）有爆炸危险场所中的金属设备、管道和其他导电物体，均应有可靠的接地，其防静电的接地电阻不得大于100Ω。该接地装置与电气设备的、防雷电的接地装置共用，此时接地电阻值取其中最小值。根据具体情况，还应采用其他的防静电措施。

210. 煤矿电源线路有哪些安全规定?

（1）煤矿地面、井下各种电气设备、电力和通信系统的设计、安装、验收、运行、检修、试验以及安全等工作，可参照有关部门的规程执行；遇有与《煤矿安全规程》相抵触的，应按《煤矿安全规程》执行。

（2）矿井应有两回路电源线路。当任一回路发生故障停止供电时，另一回路应能担负矿井全部负荷。年产60kt以下（不含60kt）的矿井采用单回路供电时，必须有备用电源。备用电源的容量必须满足通风、排水、提升等要求，并保证主要通风机等在10min内可靠启动和运行。备用电源应有专人负责管理和维护，每10天至少进行一次启动和运行试验，试验期间不得影响矿井通风等，试验记录要存档备查。

矿井的两回路电源线路上都不得分接任何负荷。

10kV及其以下的矿井架空电源线路不得共杆架设。

矿井电源线路上严禁装设负荷定量器。

（3）对井下变（配）电所〔含井下各水平中央变（配）电所和采区变（配）电所〕、主排水泵房和下山开采的采区排水泵房供电的线路，不得少于两回路。当任一回路停止供电时，其余回路应能担负全部负荷。向局部通风机供电的井下变（配）电所应采用分列运行方式。

主要通风机、提升人员的竖井绞车、抽放瓦斯泵等主要设备房，应各有两回路直接由变（配）电所馈出的供电线路；受条件限制时，其中的一回路可引自上述同种设备房的配电装置。向煤（岩）与瓦斯（二氧化碳）突出矿井自救系统供风的压风机、井下移动瓦斯抽放泵应各有两回路直接由变（配）电所馈出的供电线路。

上述供电线路应来自各自的变压器和母线段，线路上不应分接任何负荷。

上述设备的控制回路和辅助设备，必须有与主要设备同等可靠的备用电源。

（4）严禁井下配电变压器中性点直接接地。严禁由地面中性点直接接地的变压器或发电机直接向井下供电。

211. 煤矿对井上、井下配电系统图有哪些规定?

煤矿必须备有井上、下配电系统图，井下电气设备布置示意图和电力、电话、信号、电机车等线路平面敷设示意图，并随着情况变化定期填绘。图中应注明：

（1）电动机、变压器、配电设备、信号装置、通信装置等装设地点。

（2）每一设备的型号、容量、电压、电流种类及其他技术性能。

（3）馈出线的短路、过负荷保护的整定值，熔断器熔体的额定电流值以及被保护干线和支线最远点两相短路电流值。

（4）线路电缆的用途、型号、电压、截面和长度。

（5）保护接地装置的安设地点。

212. 如何对煤矿电气设备进行保护？

（1）井下电力网的短路电流不得超过其控制用的断路器在井下使用的开断能力，并应校验电缆的热稳定性。非煤矿用高压油断路器用于煤矿井下时，其使用的开断电流不应超过额定值的1/2。

（2）硐室外严禁使用油浸式低压电气设备。40kW及以上的电动机，应采用真空电磁起动器控制。

（3）井下高压电动机、动力变压器的高压控制设备，应具有短路、过负荷、接地和欠压释放保护。井下由采区变电所、移动变电站或配电点引出的馈电线上，应装设短路、过负荷和漏电保护装置。低压电动机的控制设备，应具备短路、过负荷、单相断线、漏电闭锁保护装置及远程控制装置。

（4）井下配电网路（变压器馈出线路、电动机等）均应装设过流、短路保护装置；必须用该配电网路的最大三相短路电流校验开关设备的分断能力和动、热稳定性以及电缆的热稳定性。必须正确选择熔断器的熔体。必须用最小两相短路电流校验保护装置的可靠动作系数。保护装置必须保证配电网路中最大容量的电气设备或同时工作成组的电气设备能够启动。

（5）矿井高压电网，必须采取措施限制单相接地电容电流不超过20A。地面变电所和井下中央变电所的高压馈电线上，必须装设有选择性的单相接地保护装置；供移动变电站的高压馈电线上，必须装设有选择性的动作于跳闸的单相接地保护装置。井下低压馈电线上，必须装设检漏保护装置或有选择性的漏电保护装置，保证自动切断漏电的馈电线路。每天必须对低压检漏装置的运行情况进行1次跳闸试验。煤电钻必须使用设有检漏、漏电闭锁、短路、过负荷、断相、远距离启动和停止煤电钻功能的综合保护装置。每班使用前，必须对煤电钻综合保护装置进行1次跳闸试验。

（6）直接向井下供电的高压馈电线上，严禁装设自动重合闸。手动合闸时，必须事先同井下联系。井下低压馈电线上有可靠的漏电、短路检测闭锁装置时，可采用瞬间1次自动复电系统。

213. 煤矿在哪些地点应装设局部接地极？

局部接地极可设置于巷道水沟内或其他就近的潮湿处。设置在水沟中的局部接地极应用面积不小于0.6m^2、厚度不小于3mm的钢板或具有同等有效面积的钢管制成，并应平放于水沟深处。设置在其他地点的局部接地极，可用直径不小于35mm、长度不小于1.5m的钢管制成，管上应至少钻20个直径不小于5mm的透孔，并垂直全部埋入底板；也可用直径不小于22mm、长度为1m的两根钢管制成，每根管上应钻10个直径不小于5mm的透孔，两根钢管相距不得小于5m，并联后垂直埋入底板，垂直埋深不得小于0.75m。煤矿在以下地点应装设局部接地极：

（1）采区变电所（包括移动变电站和移动变压器）。

（2）装有电气设备的硐室和单独装设的高压电气设备。

（3）低压配电点或装有3台以上电气设备的地点。

（4）无低压配电点的采煤机工作面的运输巷、回风巷、集中运输巷（胶带运输巷）以及由变电所单独供电的掘进工作面，至少应分别设置1个局部接地极。

（5）连接高压动力电缆的金属连接装置。

214. 煤矿井上、井下装设防雷电装置应遵守哪些规定?

（1）经由地面架空线路引入井下的供电线路和电机车架线，必须在入井处装设防雷电装置。

（2）由地面直接入井的轨道及露天架空引入（出）的管路，必须在井口附近将金属体进行不少于两处的良好的集中接地。

（3）通信线路必须在入井处装设熔断器和防雷电装置。

第四章　煤矿矿井通风与灾害防治

第一节　煤矿矿井通风及设备

215. 矿井通风的任务是什么？

矿井通风是煤矿生产安全的重要组成部分，是保障煤矿正常生产和安全生产的关键。矿井通风的任务是向井下各工作场所连续不断地输送适量的新鲜空气，保证井下作业人员生存和生产有足够的氧气，冲淡和排出井下空气中的各类有害气体、粉尘。调节井下的气候条件，创造良好的生产环境；保证井下机械设备的正常运行；保证井下作业人员的身体健康和生命安全，充分发挥劳动效能，提高生产率，并提高矿井的抗灾与灾害发生时的救灾能力，以达到安全生产的目的。

216. 通常采取哪些措施防止有毒有害气体对人身造成伤害？

对于矿井有毒有害气体，由于其性质各有不同，在从事井下作业过程中可根据现场情况采取以下相应的措施：

（1）加强通风，保证井下各用风地点有足够的新鲜空气，将各种有害气体控制在安全浓度以下，并排出矿井。

（2）对瓦斯含量较高、涌出量较大的地区，可采用抽放或通风稀释的方法，使其降到安全浓度以下。

（3）对易溶于水的有害气体可采用喷雾、洒水等方法，使其溶于水中，以降低其在空气中的含量。

（4）加强检测与检查，做到心中有数，如有异常情况及时采取相应措施。

（5）凡井下通风不良的区域或巷道，必须设置栅栏，并悬挂“禁止入内”的警标，防止人员进入。

（6）对井下各种密闭应保证质量、定期检查、保证完好，防止封闭区内的有害气体逸出。

（7）对有害气体中毒人员应立即移送到新鲜空气的巷道中，采取相应措施，及时抢救。

217. 矿井通风系统由哪些部分组成？

矿井通风系统包含矿井通风方式、通风方法、通风网络和通风设施方面的内容。

（1）矿井通风方式。矿井通风方式是指对矿井进风井筒与回风井筒的数量及相对位置而言的。一个矿井若构成通风系统就至少有一个进风井和一个回风井。按进、回风井筒的相对位置，矿井通风方式可以分为：中央式，有中央分列式和中央边界式；中央对角式，有两翼对角式和分区对角式；区域式；混合式。

（2）通风方法。

1）自然通风。利用自然因素产生的通风动力，使空气在井下流动的方法称为自然通风。自然风压的大小及其作用方向，要受地面空气温度变化等因素的影响。采用机械通风的矿井，自然风压也是始终存在的，并在各个时期影响矿井通风工作。

2）机械通风。利用矿井通风机械运转产生的通风动力，使空气在井下巷道流动的通风方法，称为机械通风。根据通风机工作方式不同，可分为抽出式通风、压入式通风和抽压混合式通风。

（3）通风网络。矿井通风系统中的井巷连接关系一般比较复杂，为了便于分析通风系统中各井巷间的连接关系及特点，把矿井或采区中风流分岔、汇合线路的结构形式和控制风流的通风构筑物统称为通风网络，通常用不按比例、不反映空间关系的单线条来表示通风系统，即通风网络图。通风网络的连接形式有串联网络、并联网络和角联网络3种。

（4）矿井主要通风设施。在矿井正常生产中，为保证风流按设计的路线流动，在灾变时期仍能维持正常通风或便于风流调度。在通风系统中设置的一系列构筑物，称为通风设施。通风设施按其作用可分为三类：隔断风流的设施、引导风流的设施、调节控制风量的设施。煤矿井下常见的通风设施有风门、风桥、密闭等。煤矿井下通风设施是否满足规定的要求，对煤矿安全生产，提高经济效益有重大影响。通风设施是影响矿井漏风量大小和有效风量高低的重要因素，质量不符合规定、管理使用不当的通风设施，可造成部分地点无风，风量不足或向采空区及密闭区漏风，可能造成人员窒息、火区复燃、瓦斯爆炸等事故。由于通风设施受到破坏或不按规定使用而造成的事故时有发生，因此必须加强对通风设施的管理。

218. 矿井反风有哪几种形式？

矿井反风是矿井发生灾变时所采取的一项重要的控制风流的救灾措施。它是当井下发生灾变时，利用预设的反风设施，改变火灾所产生的高温、有害气体的流动方向，限制灾害影响区域，安全撤出受灾害威胁人员的安全技术措施。

生产矿井的反风有全矿性反风和局部反风两种形式。局部反风是在井下采区内发生火灾时，主要通风机保持正常运转，通过预设风门的开关状态，实现采区内部部分巷道风流反向，把火灾烟流直接引向回风巷道。防止火灾烟流侵入回采工作面，威胁人员安全，影响正常生产。在进行采区的设计时，应考虑布置局部反风系统，包括局部反风联络巷道和反风风门等设施，这些反风设施均应采用不燃性材料制作，应在采区布置中提前设置。如果无人在附近工作时，应由远程控制，以免发生火灾时，不能及时反风，或因火势大，温度高，救护人员无法接近风门。

219. 矿井通风系统的基本要求有哪些？

一个完善合理的矿井通风系统，应符合在技术上先进可行、安全上可靠、经济上合理的总原则。具体应满足以下基本要求：

（1）矿井必须有完整的通风系统，应至少有一个进风井和回风井，井下有足够的进风卷道、回风巷道及通风设施，使风流稳定可靠。

（2）矿井进风井口必须布置在粉尘、灰、烟和高温、有害气体不能侵入的地方。进风井、回风井口均应在当地最高洪水位标高以上。

（3）矿井通风系统应力求通风路线短、网络结构合理、通风阻力小、漏风少。

（4）矿井各生产水平和采区必须实行分区通风；矿井通风系统应满足采区通风和掘进通风，以及矿井防治瓦斯、火、粉尘和水等灾害的要求。

（5）矿井各用风地点的风速、风量、空气温度，应符合《煤矿安全规程》的规定。

（6）箕斗提升井或装有带式输送机的井筒，一般不应兼作风井使用。

（7）矿井必须采用机械通风。严禁采用局部通风机或风机群作为主要通风机使用。

（8）矿井主要通风机必须设有双回路电源、反风装置，其出风井口应安装防爆门。

（9）矿井必须安装两套同等能力的主要通风机，其中一套作为备用。多台主要通风机联合运转时，各通风机之间影响要小，保持各通风机工况点的稳定。

（10）尽可能使各采区产量均衡，阻力接近，避免过多地风量调节，尽量减少通风构筑物，以免引起大量漏风和风流不稳定。

（11）具有较强的防灾抗灾能力，当发生某种灾害事故时，风流易于控制，使受灾范围缩小，各水平、采区直至地面都有安全出口和明确的避灾路线，便于人员逃生。

220. 矿井通风重大事故隐患是什么？

（1）通风系统不合理，通风设施不齐全，出现无风、微风、循环风和利用采空区回风，以及不合理的串联风、扩散风。

（2）通风风流稳定性差，抗干扰能力低；时常出现风门同时打开造成风流短路现象；主要通风机在驼峰区附近工作。

（3）井下存在敞口盲巷，采煤工作面结束 45 天内或采区结束 1.5 个月内未进行永久密闭。

（4）局部通风机未装置“三专两闭锁”，一台局部通风机同时向两个以上的掘进工作面供风；时常出现局部通风机无计划停电、停风；局部通风机产生循环风；局部通风机停止运转后不及时撤出人员，切断电源，停止工作。

（5）风筒的漏风大，最后一节风筒距离工作面过远，造成风量不足，仍继续工作。

（6）巷道贯通后，不及时调整通风系统，造成瓦斯积聚。

221. 提高矿井通风系统防灾抗灾的技术与管理措施是什么？

凡是符合《煤矿安全规程》的规定，满足矿井通风系统的基本要求的都属于合理的通风系统，但是合理不一定是完善的、防灾抗灾能力强的。为此在建立矿井通风系统时，为了保证矿井的安全生产，保障职工的人身安全健康，应根据矿井生产的变化，对通风系统从技术管理方面搞好工作，以提高矿井抗灾救灾能力。

（1）提高矿井通风系统的抗灾救灾能力，应遵循整体性的原则，首先矿井通风系统必须符合《煤矿安全规程》对通风系统的主要通风机、通风网络、通风构筑物等的要求，以便发生灾害事故时能够采取反风、风流短路等措施。如果通风系统不尽合理，难以保证矿井安全时，必须坚持安全第一的原则。

（2）矿井在不同的生产时期，对通风系统的要求也不同。必须结合矿井生产的实际情况，找出各阶段的特点，兼顾将来一段时期的需要统筹考虑。正常生产时期生产布局的变化、地质构造的变化、通风构筑物的建造和拆除、运输提升设备的运行，以及地面大气压力变化和矿井灾害事故的发生都会引起通风状况的变化，在分析、调整矿井通风系统满足生产的同时，也应对抗灾救灾能力进行充分考虑。

（3）现有通风系统能够有效控制灾害，使灾害范围缩小；安全出口多，避灾线路明确、通畅，矿井一旦出现灾害事故，各工作地点的工作人员可安全逃生。

（4）多风机联合运转时，应稳定可靠，尽量减少公共风路的风阻，则各通风子系统需保持独立，进风流、回风流严格分开，防止多台风机相互影响。

（5）尽可能采用并联通风系统，并使各条风路的阻力接近相等。另外，井下辅助通风机的运行、自然风压的影响、风流短路造成风流的剧烈波动等都会影响风流的稳定性，必须采取措施加以控制。

（6）通风构筑物在设计、安装时就应充分考虑防灾救灾的需要，关系到防灾救灾的通风构筑物在保证质量的同时，尽可能采取远距离控制。

（7）制定完善合理的《应急救援预案》和《矿井灾害预防和处理计划》，并进行相关人员的学习和贯彻，做到熟练掌握，在发生灾变时特别是发生通风类事故时能够有效撤离。

（8）加强避灾、救护知识的学习和训练，使井下作业人员熟练掌握。

（9）井下应根据安全生产的需要设置避灾硐室，备齐避灾救灾设备物品、避灾线路标志等，以利于在灾变时发挥作用。

222. 矿井通风的可靠性检查的内容有哪些？

矿井必须供给井下足量的新鲜空气，保证井下风流连续、稳定、可靠。其可靠性检查包括是否存在以下问题：

（1）主要通风机供风量小于井下需风量。

（2）两台以上通风机并联运转不匹配，主要通风机在不稳定区或其附近工作。

（3）风流不稳定、无风、微风或反向。

（4）不合规定的串联通风。

223. 采区通风系统的基本要求是什么？

（1）采区通风系必须有独立的风巷，实行分区通风。采区进、回风巷必须贯穿整个采区的长度或高度。严禁将一条上山、下山或盘区的风巷分为两段，其中一段为进风巷，另一段为回风巷。

（2）采掘工作面、硐室都应采用独立通风。

（3）按瓦斯、二氧化碳、气候条件和工业卫生的要求，合理配风。要尽量减少采区漏风，并避免新风到达工作面之前被污染和加热。要保证通风阻力小，通风能力大，风流通畅。

（4）通风网络简单，以便在发生事故时易于控制风流和撤离人员，为此应尽量减少通风构筑物的数量，要尽量避免采用对角风路，无法避免时，要有保证风流稳定的措施。

（5）要有较强的抗灾和防灾能力，要设置防尘管路、避灾路线、避难硐室和灾变时的风流控制设施，必要时还要建立抽放瓦斯、防尘和降温设施。

（6）采掘工作面的进风和回风不得经过采空区或冒顶区，采空区必须及时封闭。

（7）采区内布置的机电硐室、绞车房要配足风量。如果它们设在回风时，在排放瓦斯时，必须切断这些地点的电源，防止高浓度的瓦斯流经这些地点时引起瓦斯爆炸。

224. 采区通风的安全检查的重点内容是什么？

采区瓦斯涌出集中，矿尘产生量大，工作面又经常移动，容易发生“一通三防”事故。现场检查的重点：一是采区通风的完备性及其抗灾、防灾能力；二是采煤工作面上隅角。这是采煤工作面瓦斯最高的区域，当回风流瓦斯浓度 0.7% ~0.8% 时，上隅角瓦斯就可能超限；三是采煤机组附近，此处是瓦斯涌出集中、产尘量大的地点；四是采煤工作面回风巷。重点检查采区通风系统是否健全，是否采用分区通风；串联通风是否符合规定；采煤工作面通风形式和风速是否符合有关要求，风量能否满足排放瓦斯、有害气体和煤尘的要求；采区尤其是采空区漏风情况；采区通风是否稳定可靠。具体内容主要包括以下几个方面：

（1）井巷中的允许风速是否超过表 4-1 规定。

（2）采区巷道断面是否满足通风的要求。

（3）工作面、硐室的温度是否符合《煤矿安全规程》规定。

（4）串联通风的使用是否符合《煤矿安全规程》规定。

（5）工作面的配风量是否符合《煤矿安全规程》规定。

（6）采煤工作面是否用局部通风机通风。

（7）采区内的回风是否是专用回风道，是否有一段为进风，一段为回风。

（8）突出工作面是否采用下行通风。

（9）采区内的漏风是否进入采空区。

（10）采区内是否有控制风门，采区内的风量是否能够调节。

（11）采区内的角联网络是否稳定。

（12）采区巷道是否有无风的地点。

表 4-1 井巷中的允许风速

井巷名称	允许风速/m·s^{-1}	
	最低	最高
无提升设备的风井和风硐		15
专为升降物料的井筒		12
风桥		10
升降人员和物料的井筒		8
主要进风巷、回风巷		8
架线电机车巷道	1.0	8
运输机巷、采区进、回风巷	0.25	6
采煤工作面、掘进中的煤巷和半煤岩巷	0.25	4
掘进中的岩巷	0.15	4
其他通风人行巷道	0.15	

225. 掘进通风的安全检查重点内容是什么?

掘进巷道常采用局部通风设备通风，其可靠性差、容易受巷道干扰而发生事故。掘进通风的安全检查的重点是：一是通风系统的完备性，必须具备完备的通风系统，采用局部通风机通风或全风压通风，禁止采用扩散通风；二是通风的可靠性。重点是局部通风机的安全可靠运转和风筒管理。主要检查以下内容：

（1）局部通风机的检查。

1）局部通风机是否为低噪声或安设消声器。

2）局部通风机有无整流器、高压垫圈及吸风罩，入风处有无净化风流装置。

3）局部通风机是否安设在进风流中，距巷道回风口是否大于10m。

4）局部通风机吸风量是否小于全风压供给该处的风量，是否产生循环风。

5）局部通风机吊挂是否结实、安装在底板的通风机是否加垫，垫高是否大于30cm，是否牢靠。

6）局部通风机是否有“三专两闭锁”装置，是否有效并使用。

7）局部通风机及与风筒连接处是否存在漏风。

（2）风筒的检查。

1）使用抗静电阻燃风筒。

2）是否做到“逢环必挂，两靠（靠帮、靠顶）一直（平直）”。

3）最后一节风筒距工作面的距离是否符合相关规定。

4）风筒分叉有无三通，拐弯是否平缓，是否使用弯头。

5）风筒之间的接头是否漏风，风筒有无破损。

（3）掘进通风管理的检查。

1）是否有完整的局部通风设计。

2）局部通风机是否指定专人负责、保证正常运转。

3）局部通风机停风时，是否立即撤出人员。

4）局部通风机串联运转时，风量风压是否匹配。

226. 采掘工作面通风有哪些规定?

采掘工作面都应独立通风，即各用风地点的回风直接进入回风巷中。独立通风对保证煤矿井下安全生产和改善作业场所条件相当重要。在无瓦斯或二氧化碳突出危险的煤层，在同一采区内，同一煤层上下相连的两个同一风路中的采煤工作面、采煤工作面与其相连接的掘进工作面，相邻的两个掘进工作面布置独立通风有困难时，在制定措施后，可采用串联通风，（即井下用风地点的回风再次进入其他用风地点的通风方式）但串联通风的次数不得超过1次。

采区内为构成新区段通风系统的掘进巷道或采煤工作面遇地质构造而重新掘进的巷道，布置独立通风确有困难时，其回风可以串入采煤工作面，但必须制定安全措施，而且串联通风次数不得超过1次；构成独立通风系统后必须立即改为独立通风。在串联通风中，必须在进入被串联工作面的风流中装设甲烷断电仪，且瓦斯和二氧化碳浓度不得超过0.5%，其他有害气体浓度都应符合表4-2的规定。

表 4-2 矿井有害气体最高允许浓度 (%)

名 称	最高允许浓度	名 称	最高允许浓度
一氧化碳（CO）	0.0024	硫化氢（H_2S）	0.00066
氮氧化物（换算为 NO_2）	0.00025	氨（NH_3）	0.004
二氧化硫（SO_2）	0.0005		

在采区通风中要尽量避免采用角联网络，否则应有保证风流稳定的措施。对于必须设置的通风设施和通风设备，要选择适当位置，严守规格质量，加强管理，保证安全运转。通风系统中，应保持通风巷道的有效面积，以保障风流稳定。

227. 采煤工作面通风方式有几种，其特点如何？

在走向长壁采煤工作中，针对风流方向与煤层倾斜的关系不同，可分为两种通风方式：风流沿采煤工作面由下向上流动的上行风、风流沿采煤工作面由上向下流动的下行风。两种采煤工作面通风方式在实际应用中各有优缺点。

下行风与上行风比较有利于控制工作面的粉尘浓度，不利于工作面降温，易与瓦斯的充分混合，对于外因火灾的控制和降低扩散速度比较有利，但在某些方面上行风的安全性能优于下行风。

与上行风相比，下行风流中煤尘浓度较小，有利于高温工作面降温，但风流与瓦斯自然流动方向相反，在风速低时会造成局部瓦斯积聚，同时不利于对外因火灾的控制。因此，从总体安全性考虑上行风还是优于下行风。有煤（岩）与瓦斯（二氧化碳）突出危险的采煤工作面不得采用下行通风。

228. 井巷通风的检查内容有哪些？

（1）风速。在矿井中风速的大小直接影响人体的散热效果，另外，从风流的动力给人的感受上分析，风速不宜超过 8m/s；风速过大也影响矿井的安全生产，井巷中允许的风速应符合表 4-1 的规定。

（2）断面。巷道断面是否满足矿井通风的要求，主要进风巷道实际断面不小于设计断面的 2/3，回风巷失修率不高于 7%，严重失修率不高于 3%。

229. 矿井通风设施的检查内容有哪些？

（1）反风设施。矿井主要通风机的反风设施按《煤矿安全规程》的规定定期检查。每年进行一次反风演习，反风效果符合规定。

（2）风门、风桥、风窗、密闭墙，重点是风门和密闭墙。

1）永久风门、密闭、风窗应满足以下要求：

①墙体用不燃性材料建筑、厚度不小于 0.5m，严密不漏风。

②墙体平整，无裂缝、重缝和空缝。

③墙体周边掏槽（坚硬岩石和支护除外），要见硬顶、硬帮，要与煤岩接实，四周要有不小于 0.1m 的裙边。

④设施周围 5m 内巷道支护良好，无杂物、积水、淤泥。

⑤密闭内有水的设反水池或反水管；自然发火的煤层的采空区密闭要设观测孔、措施孔，孔口封堵严密。密闭前无瓦斯积聚，要设栅栏、警标、说明牌和检查箱（排风、入风之间的挡风墙除外）。

⑥风门一组至少两道，能自动关闭和有闭锁装置。门框要包边沿口，有衬垫，四周接触严密，门扇平整不漏风，调节风窗的调节位置设在门墙上方，并能调节。

2）临时风门、临时密闭应满足以下要求：

①临时设施设在顶、帮良好处，见硬底、硬帮，与煤岩体接实。

②设施周围5m内支护良好，无片帮、冒顶，无杂物、积水、淤泥。

③设施四周接触严密，木板设施要鱼鳞搭接，表面要用灰、泥抹满或勾缝。

④临时密闭不漏风，密闭前要设栅栏、警标和检查牌。

⑤临时风门能自动关闭，通车风门及斜巷运输的风门有报警信号，否则要装有闭锁装置。门框包边沿口，有衬垫，四周接触严密，门扇平整不漏风，与门框接触严密。

3）永久风桥应满足以下要求：

①用不燃性材料建筑。

②桥面平整不漏风。

③风桥前后各5m范围内巷道支护良好，无杂物、积水、淤泥。

④风桥通风断面不小于原巷道断面的4/5，成流线形，坡角小于30°。

⑤风桥两端接口严密，四周实帮、实底，要填实、接实。

⑥风桥上下不准设风门。

230. 矿井主要通风机的安全使用条件是什么？

（1）备用主要通风机必须能在10min内开动。

（2）严禁采用局部通风机作为主要通风机使用。

（3）装有主要通风机的出风井口应安装防爆门，防爆门每6个月检查维修一次。

（4）生产矿井主要通风机必须装有反风设施，并能在10min内改变巷道中的风流方向；当风流方向改变后，主要通风机的供风量不应小于正常供风量的40%。

（5）因检修、停电或其他原因停止主要通风机运转时，必须制定停风措施。主要通风机停止运转期间，对于由一台主要通风机担负全矿通风的矿井，必须打开井口防爆门和有关风门，利用自然风压通风。

（6）在通风系统中，如果某一分区风路的风阻过大，主要通风机不能供给其足够风量时，可在井下安设辅助通风机。严禁在煤（岩）与瓦斯突出矿井中安设辅助通风机。

231. 通风机的安全检查重点是什么？

主要通风机的检查重点：

（1）主要通风机房必须装置两套同等能力的通风机（包括电动机），其中一套备用。备用通风机必须能在10min内开动。两套通风机能力要相等，如不等，至少也要满足矿井正常生产时对风量、风压的需要。

（2）主要通风机必须保持完好状态，保证经常运转。

1）检查运转是否正常，有无异声、异味及异常振动。

2）检查轴承温度，滚动轴承不得超过75℃，滑动轴承不得超过60℃，主电机的温度不得超过产品说明书规定。

3）检查水柱计及测压管有无损坏、堵塞和变形。

4）检查电压表、电流表、功率表、功率因数表、温度表等仪表是否灵敏可靠，并每年进行一次校验。

5）检查各注油部位的油质、油量是否适当，有无渗油、漏油现象。

6）检查过流和无压释放保护装置动作是否可靠，保护接地是否符合标准。

7）检查联轴器的工作状况，转动及带电裸露部分要有保护栅栏和警告牌。

（3）主要通风机的出风井口，应安装防爆门，防爆门不得小于出风门的断面积，并正对出风门的风流方向。

（4）新安装矿井主要通风机投产前，必须进行性能测定和试运转工作，以后每年至少进行一次性能测定。

（5）禁止利用主要通风机房作其他用途。主要通风机房必须安装水柱计、电流表、电压表、功率表、轴承温度计等仪表，还必须有通达矿调度室的电话。

（6）主要通风机应由专职司机负责运转，司机应每小时将通风机运转情况记入运转记录簿内，如果发现有异常变化，必须立即报告矿调度室。

（7）主要通风机因检修、停电或其他原因需要停风时，必须制定停风措施，报矿总工程师批准。

局部通风机的检查重点：局部通风机应安装在入风巷道中，距回风巷道口不小于10m；入风巷道的风量要大于局部通风机的吸入风量；局部通风机不应产生循环风；局部通风机的电源接头处、局部通风机与风筒连接处，都不应有漏风；局部通风机要用两根8号铅丝吊挂牢固，适合用垫凳安装在巷道的底板，垫凳的高度不小于300mm；局部通风机要有整流器和高压垫圈、吸风罩，有专用电源，有“三专两闭锁”装置（即专用变压器、专用开关、专用电缆、风电闭锁、甲烷风电闭锁），局部通风机入风处有净化风流装置。

232. 矿井主要通风机安全运行中应注意哪些问题？

（1）运转中要经常注意主要通风机的声音和振动，若有异常情况应停机检查。

（2）经常检查轴承温度，滚动轴承温度应小于75℃，滑动轴承温度应小于65℃。

（3）经常保证润滑系统油的质量及油量。

（4）若发现叶轮和机壳内壁有摩擦声，或叶轮松动的声音，必须停机检查。

（5）轴流式通风机叶片角度应保持一致。

（6）叶轮平衡，能在任何位置上保持停止状态。

（7）主轴及传动轴的水平偏差不大于0.02%。

（8）弹性耦合器的胶皮圈外径与孔径差不大于2mm。

（9）齿轮耦合器的齿厚磨损不超过原齿厚的30%。

（10）电动机、启动设备、开关柜符合完好标准，接地装置合格，各种仪表指示正确。

（11）通风机房防火设施齐全。

233. 局部通风机安全运行中应注意哪些问题？

（1）所有掘进工作面都必须采用局部通风机通风或全风压通风，禁止采用扩散通风。

（2）安装局部通风机要由生产部门提出申请，风量、风压经通风部门审查符合要求，供电系统经供电部门审查符合要求，由有关部门批准后方可安装。

（3）安装局部通风机必须同时安装风电闭锁装置。所有煤（半煤岩）巷、有瓦斯涌出的岩巷以及石门揭穿突出煤层的掘进工作面都必须安装风电甲烷闭锁。

（4）局部通风机及其附属设备的使用要符合煤矿安全质量标准化标准。局部通风机及其供电设备的使用和日常的检查与维护，要符合有关规定。

（5）局部通风机要保持经常运转，不得随意停开。临时停工的地点，不准停风。因检修等原因需停局部通风机时，应制定措施并经批准方可停机。

（6）局部通风机要有专人负责，实行挂牌管理，以保证局部通风机的连续、可靠、稳定运转。局部通风机司机要经过培训并考试合格，持证上岗。

（7）局部通风机自下井之日起，不准超过半年，必须升井检修。停用的局部通风机不得长期搁置井下，应在1个月内升井检修。

（8）局部通风机管理台账要明确记录各台局部通风机的下井日期，周期性检修及日常检修日期、停用日期和升井检修日期。

234. 使用局部通风机通风的掘进工作面有哪些要求？

掘进工作面相对于采煤工作面负荷较小，往往一台移动变电站就能满足一个工作面的配电需要。其供电线路较长，一般属于干线式供电，但煤巷、半煤岩巷和岩巷掘进工作面最大的一个特点是要使用局部通风机进行通风，一旦中断供电会使局部通风机停止运转，则会导致掘进工作面及其附近巷道聚集瓦斯和其他有害气体，时间稍长，会使之超限，此时若遇到火花或电弧，就会引起瓦斯燃烧或爆炸事故。为防止这种情况的出现，使用局部通风机通风的掘进工作面必须做到如下几点：

（1）风电闭锁与甲烷风电闭锁。

1）风电闭锁是指为掘进工作面供风的局部通风机供风后，其工作面的瓦斯浓度在《煤矿安全规程》的规定范围以内，才可人工为该工作面动力电源线路送电的电气连锁。其作用是防止停风或瓦斯超限的掘进工作面在送电后产生电火花，造成瓦斯燃烧或爆炸。

2）甲烷风电闭锁是指掘进工作面正常供风或停风的状态下，瓦斯浓度超过整定值或设定值，切断掘进工作面的动力电源，这种瓦斯监控装置与动力电源开关间的连锁，称为甲烷风电闭锁。其作用是防止正常通风产生局部瓦斯积聚时，造成电火源引发瓦斯爆炸事故。

（2）对局部通风机的供电要求。保证局部通风机的正常运转是决定掘进工作面安全生产的一个重要环节。以往局部通风机与动力电源共用一条线路，而且供电系统中的漏电继电器的动作不具有选择性，又安装在变电所低压电网的总开关上，而很难保证局部通风机运转的连续性，这给掘进工作的安全造成了重大影响。瓦斯喷出区域、高瓦斯矿井、煤（岩）与瓦斯（二氧化碳）突出矿井中，掘进工作面的局部通风机应采用“三专”（专用变压器、专用开关、专用线路）供电；也可采用装有选择性漏电保护装置的供电线路供电，但每天应有专人检查1次，保证局部通风机可靠运转。

235. 局部通风机通风有哪几种形式，其安装和适用条件是什么?

局部通风机通风是矿井广泛采用的局部通风方法。按照通风机的工作方式分为压入式、抽出式和混合式三种。

（1）压入式通风的局部通风机和启动装置安装在离掘进巷道口10m以外的进风流中，局部通风机把新鲜空气经风筒压送到掘进工作面，污风沿巷道排出。压入式通风一般适用于各类型的巷道，在瓦斯喷出和突出区域的巷道掘进只能采用压入式通风。

（2）抽出式通风的局部通风机安装在离巷道口10m以外的回风流中，新鲜风流沿巷道流入，污风通过硬性风筒由局部通风机排出。抽出式通风一般适用于无瓦斯巷道，煤巷、半煤岩巷和有瓦斯涌出的岩巷不得采用抽出式通风。

（3）混合式通风是抽出式局部通风机和压入式局部通风机联合工作，一般适用于大断面、长距离的无瓦斯巷道。在有瓦斯巷道使用必须制定安全措施。

236. 使用局部通风机通风有哪些规定?

（1）掘进巷道必须采用矿井全压通风或局部通风机通风。局部通风机必须由指定人员负责管理，保证正常运转，全风压供给该处的风量必须大于局部通风机吸入风量，局部通风机安装地点到回风口间巷道中最低风速必须符合表4-1的规定。必须采用抗静电、阻燃风筒，风筒口到掘进工作面的距离以及混合式通风的局部通风机和风筒的安设，应在作业规程中明确规定。

（2）如果硐室深度不超过6m，入口宽度不少于1.5m，而无瓦斯涌出，可采用扩散通风。

（3）瓦斯喷出区域以及高瓦斯矿井、突出矿井中掘进工作面的局部通风机应采用“三专”供电，严禁使用3台及其以上的局部通风机向1个掘进工作面供风，不得使用1台局部通风机同时向2个作业的掘进工作面供风。

（4）使用局部通风机的掘进工作面，不得停风。因检修、停电等原因停风时，必须撤出人员，切断电源。

237. 通风机的检查内容有哪些?

（1）风机工况及其变化。

（2）电压、电流的稳定情况。

（3）风机故障情况。

（4）有无同等能力的备用风机。

（5）有无反风能力，是否满足反风的要求。

（6）是否双回路供电，电气保护装置是否齐全、可靠。

238. 通风机的附属装置有哪些?

（1）防爆井（门）。防爆井（门）是防止井下发生瓦斯煤尘爆炸而导致主要通风机毁坏的安全设施。当井下发生爆炸事故产生高压气流时，防爆井（门）被冲开而释放爆炸产生的能量，从而起到保护通风机安全的作用。

防爆井（门）的构筑如图4-1所示。用4条钢丝绳将防爆门（钢板焊接）通过滑轮用配重锤牵住。门的下端放入井口的凹槽内，槽内盛满沙子、石灰或水等密封物，防止漏风。防爆门的面积不得小于井口的断面面积；必须垂直于井口的风流方向并悬挂配重锤，以保证爆炸冲击波将其冲开；防爆井（门）的构筑必须坚固严密；水风槽中必须经常保持足够的水位以防漏风。

（2）风硐。风硐是主要通风机与通风井之间的联络巷道，如图4-2所示。由于风硐内的风量及内外压差均较大，因此对风硐要求：不宜过长，断面不宜过小，风速不得超过15m/s；内壁光滑，拐弯平缓，断面以圆形为佳，风硐内不得堆积杂物；风阻和通风阻力符合要求；风硐与通风井筒的连接处要平缓，避免突然扩大或缩小；风硐及风硐内的各种设施结构严密，防止漏风。

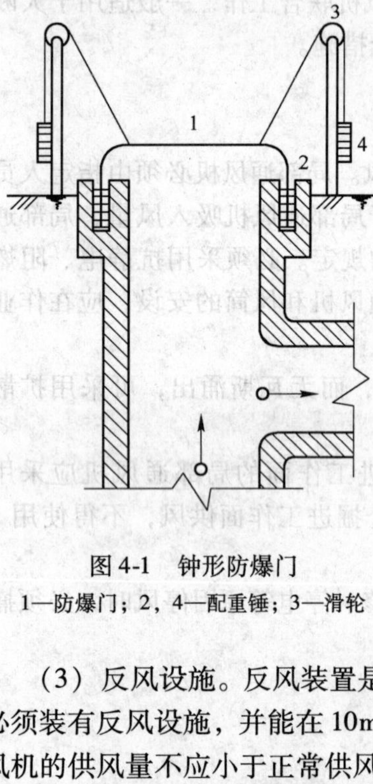

图4-1 钟形防爆门

1—防爆门；2，4—配重锤；3—滑轮

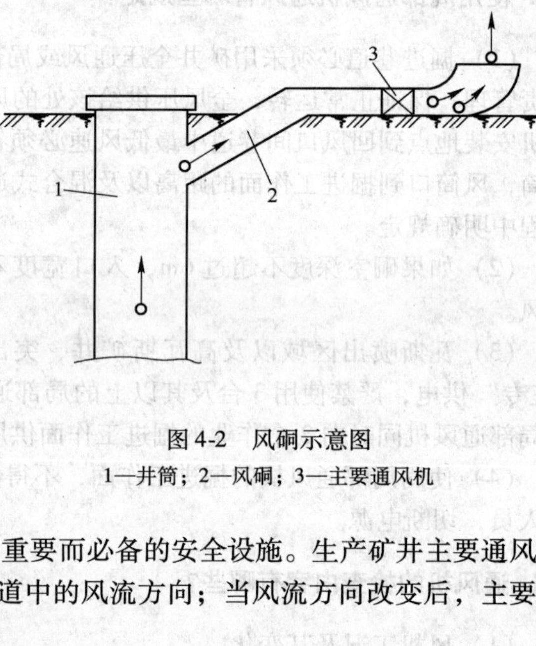

图4-2 风硐示意图

1—井筒；2—风硐；3—主要通风机

（3）反风设施。反风装置是矿井救灾时重要而必备的安全设施。生产矿井主要通风机必须装有反风设施，并能在10min内改变巷道中的风流方向；当风流方向改变后，主要通风机的供风量不应小于正常供风量的40%。

一般来说，可采用以下两种方式进行矿井反风：

1）利用反风道反风。如图4-3、图4-4所示分别为抽出式、压入式轴流式通风机的反风道布置示意图，图4-3a、图4-4a所示为正常通风情况下的反风门位置及风流通过的风路；图4-3b、图4-4b所示为反风时的情况。利用反风道反风，通风机的性能不变，反风量较大，能够符合《煤矿安全规程》要求，但基建和维护费用较大，反风门维护困难，容易漏风。东北地区冬季反风门易冻结而无法启动，反风操作比较复杂。

2）利用通风机反转向风。通过调换两相电源，使通风机反转，实现井下风流反向流动的反风目的。这种反风方式，操作简便，所需费用少；但反风量不及反风道反风的风量大，且仅限于轴流式通风机中使用。

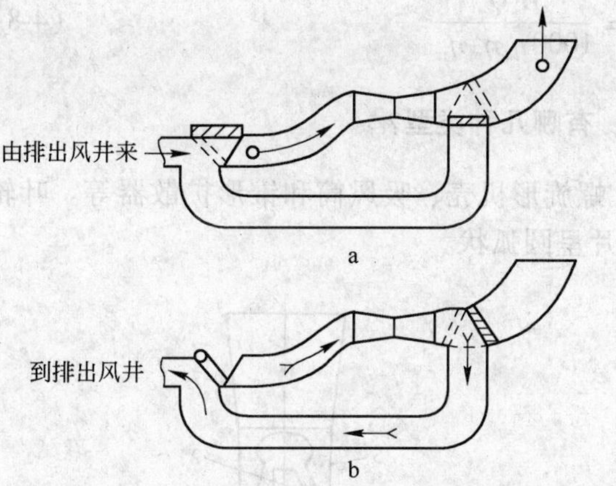

图 4-3　抽出式轴流式通风机的反风道布置

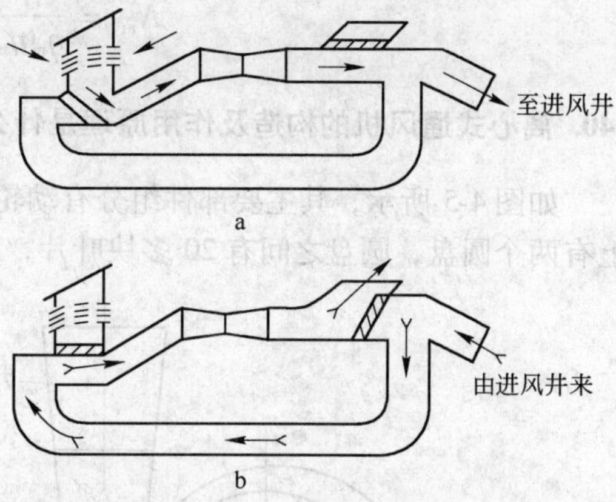

图 4-4　压入式轴流式通风机的反风道布置

239. 通风机实际的工作参数有哪些，如何计算？

表示通风机性能的主要参数有：风压 H、风量 Q、风机轴功率 N、效率 η 和转速 n 等。

（1）风机（实际）全压 H_t 与静压 H_s。通风机的全压 H_t 是通风机对空气做功，消耗于每 $1m^3$ 空气的能量（$N \cdot m/m^3$ 或 Pa），其值为风机出口风流的全压与入口风流全压之差。在忽略自然风压时，H_t 用以克服通风管网阻力 h_R 和风机出口动能损失 h_v，即

$$H_t = h_R + h_v \tag{4-1}$$

克服管网通风阻力的风压称为通风机的静压 H_s(Pa)，即

$$H_s = h_R = Q^2 \tag{4-2}$$

因此

$$H_t = H_s + h_R \tag{4-3}$$

（2）风机（实际）流量 Q。风机的实际流量一般是指实际时间内通过风机入口空气的体积，也称体积流量（无特殊说明时均指在标准状态下），单位为 m^3/h、m^3/min 或 m^3/s。

（3）通风机的功率。通风机的输出功率（又称空气功率）以全压计算时称全压功率 N_t，用式（4-4）计算：

$$N_t = H_t Q \times 10^{-3} \tag{4-4}$$

用风机静压计算输出功率，称为静压功率 N_s，即

$$N_s = H_s Q \times 10^{-3} \tag{4-5}$$

因此，风机的轴功率，即通风机的输入功率 N(kW) 为

$$N = \frac{N_t}{\eta_t} = \frac{H_t Q}{1000\eta_t} \tag{4-6}$$

或

$$N = \frac{N_s}{\eta_s} = \frac{H_s Q}{1000\eta_s} \tag{4-7}$$

式中　η_t，η_s——分别为风机的全压效率、静压效率。

设电动机的效率为 η_m，当传动效率为 η_{tr}时，电动机的输入功率为 N_m，则

$$N_m = \frac{N}{\eta_m \eta_{tr}} = \frac{H_s Q}{1000\eta_t \eta_m \eta_{tr}} \tag{4-8}$$

240. 离心式通风机的构造及作用原理是什么，有哪几种类型？

如图 4-5 所示，其主要部件组分有动轮、螺旋形机壳、吸风筒和锥形扩散器等。叶轮上有两个圆盘，圆盘之间有 20 多块叶片，叶片呈圆弧状。

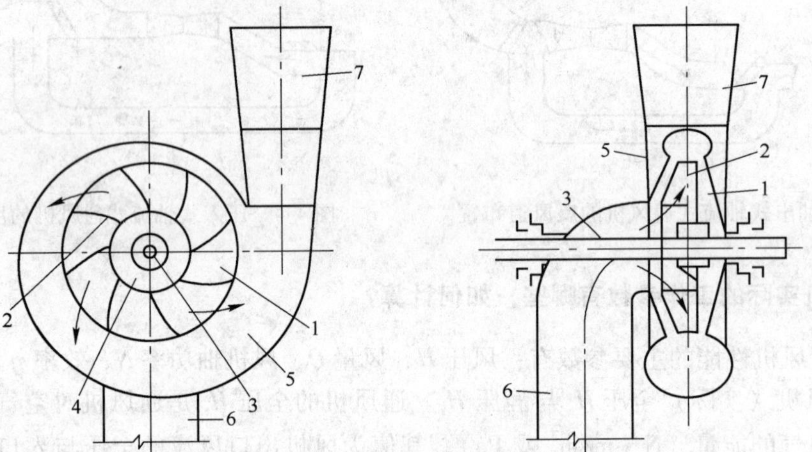

图 4-5　离心式通风机结构

1—动轮；2—叶片；3—传动轴；4—轴承；5—螺旋形机壳；6—吸风筒；7—锥形扩散器

当离心式通风机运转时，借助离心力的作用，空气由进风道沿着与通风机轴平行的方向，经吸风筒和前导器进入动轮的中心部分，然后折转 90°，沿径向离开动轮而流入螺旋形机壳中，再经扩散器排出。

我国生产的矿用离心式通风机主要有：4-72-11 型、B_4-72 型、$G_4$4-73 型、K_4-73 型等，其中 B_4-72 型又称为防爆离心式通风机。

241. 轴流式通风机的构造及作用原理是什么，有哪几种类型？

如图 4-6 所示，它主要由动轮、叶片、圆筒形机壳、集风器、整流器、流线体和环形

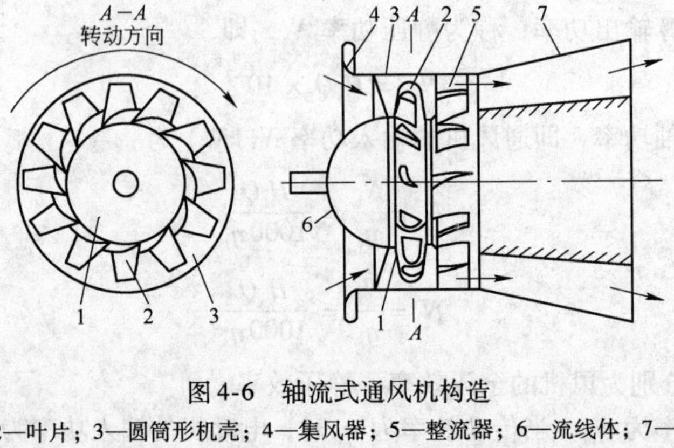

图 4-6　轴流式通风机构造

1—动轮；2—叶片；3—圆筒形机壳；4—集风器；5—整流器；6—流线体；7—环形扩散器

扩散器等组成。

当轴流式通风机运转时，空气沿着通风母轴的方向进入集风器、流线体、叶片、整流器，进入扩散器，排入大气。

我国生产的矿用轴流式通风机主要有：$70B_2$-11 型、$70B_2$-21 型、$62A_{14}$-11No24 型和 2K60-4 型等。

242. 矿井通风设备选型应符合哪些规定？

矿井通风设备选型的主要任务是根据通风设计参数在已有的风机系列产品中，选择适合风机型号、转速和与之相匹配的电动机。所选的风机必须具有安全可靠，技术先进、经济技术指标良好等优点。

选型必备的基础资料有：通风机的工作方式（是抽出式还是压入式），矿井瓦斯等级；矿井不同时期的风量；通风机服务年限内的最大阻力和最小阻力以及风井是否作为提升用等。

根据《煤炭工业矿井设计规范》（GB 50125—2005）等技术文件的有关规定，当进行通风机设备选型时，应符合以下要求：

（1）风机的服务年限尽量满足第一水平通风要求，并适当照顾第二水平通风，在风机的服务年限内其工况点应在合理的工作范围内。

（2）当在风机服务年限内通风阻力变化较大时，可考虑分期选择电动机，但初装电动机的使用年限不小于 5 年。

（3）风机的通风能力应留有一定富余量。在最大设计风量时，轴流式通风机的叶片安装角一般比允许使用最大值小 5°；风机的转速不大于额定位 90%。

（4）考虑风量调节时，应尽量避免使用风硐闸门调节。

（5）在正常情况下，主要通风机不采用联合运转。

243. 通风机选型的步骤是什么？

（1）计算风机工作参数。计算风机工作风量 Q，最大和最小静压（轴流式）H_{smax}、H_{smin}或全压（离心式）H_{tmax}、H_{tmin}。

（2）初选风机。根据 Q_f、H_{smax}、H_{smin}（或 H_{tmax}、H_{tmin}）在新型高效风机特性曲线上用直观法筛选出满足风量和风压要求的若干个通风机。

（3）求风机的实际工况点。因为根据 Q_f、H_{smax}、H_{smin}（或 H_{tmax}、H_{tmin}）确定的工况点即设计工况点不一定恰好在所选择风机的特性曲线上，所以风机选择后必须确定实际工况点。

1）计算风机的工作风阻。用静压特性曲线时，最大静压工作风阻按式（4-9）计算：

$$R_{smax} = \frac{H_{max}}{Q_1^2} \tag{4-9}$$

2）同理可算出最小工作静风阻 R_{smin}。当用全压特性曲线时，根据风机的最大和最小工作全压计算出最大和最小全压工作风阻 R_{tmax}、R_{tmin}。

在风机特性曲线上做工作风阻曲线，与风压特性曲线的交点即为实际工况点。

（4）电动机选择。

1）计算电动机功率。根据最后选择风机的实际工况点（H、Q 和 η）按式（4-10）、式（4-11）计算所匹配电动机的功率：

$$N_{\mathrm{mmax}} = \frac{H_{\max} Q_{\mathrm{fmax}} K_{\mathrm{m}}}{1000 \eta \eta_{\mathrm{tr}}} \tag{4-10}$$

$$N_{\mathrm{mmin}} = \frac{H_{\min} Q_{\mathrm{fmin}} K_{\mathrm{m}}}{1000 \eta \eta_{\mathrm{tr}}} \tag{4-11}$$

式中 N_{mmax}，N_{mmin}——分别为通风阻力最大、最小时期所配电动机功率，kW；

Q_{fmax}，Q_{fmin}——通风阻力最大、最小时期风机工作风量，m^3/s；

$H_{\max}$，$H_{\min}$——风机实际最大、最小工作风压，Pa；

η——通风机工作效率（用全压时为 η_t，用静压时为 η_s），%；

η_{tr}——传动效率，直联传动时 $\eta_{\mathrm{tr}}=1$，皮带传动时 $\eta_{\mathrm{tr}} = 0.95 \sim 0.9$，联轴器传动时 $\eta_{\mathrm{tr}}=0.98$；

K_{m}——电动机容量备用系数，$K_{\mathrm{m}}=1.1 \sim 1.2$。

2）电动机种类及台数选择：当电动机功率 $N_{\mathrm{mmax}}>500\mathrm{kW}$ 时，宜选用同步电动机，其功率为 N_{mmax}，其优点是在低负荷运转时，可用来改善电网功率因数，缺点是初期投资大。

采用异步电动机时，当 $N_{\mathrm{mmin}}/N_{\mathrm{mmax}} \geqslant 0.6$ 时可选一台电动机，功率为 N_{mmax}；当 $N_{\mathrm{mmin}}/N_{\mathrm{mmax}}<0.6$ 时选两台电动机，后期电动机功率为 N_{mmax}，初期电动机功率可按式（4-12）计算：

$$N_{\mathrm{m}} = \sqrt{N_{\mathrm{mmax}} N_{\mathrm{mmin}}} \tag{4-12}$$

根据计算的 N_{mmax} 和 N_{m} 及通风机要求的转数，在电动机设备手册上选用合适的电动机。

第二节　矿井瓦斯防治

244. 矿井瓦斯是怎样形成的，它有哪些危害？

矿井瓦斯是成煤过程中的伴生气体，是指煤矿井下以甲烷（CH_4）为主的有毒有害气体的总称，有时单独指甲烷。矿井瓦斯来自煤层和煤系地层，它的形成经历了两个不同的造气时期，从植物遗体到形成泥炭，属于生物化学造气时期；从褐煤、烟煤到无烟煤，属于变质作用造气时期。由于在生化作用造气时期泥炭的埋藏较浅，覆盖层的胶结固化也不好，因此生成的气体通过渗透和扩散很容易排放到大气中，一般不会保留在煤层内。瓦斯在煤层及围岩中的赋存状态有游离状态、吸附状态两种。留存在现今煤层中的瓦斯，仅是变质作用生成的气体总量的3% ~24%。

矿井瓦斯的危害如下：

（1）瓦斯窒息。甲烷本身虽然无毒，但空气中甲烷浓度较高时，就会相对降低空气中氧气浓度。因此，凡井下盲巷或通风不良的地区，都必须及时封闭或设置栅栏，并悬挂“禁止入内”的警标，严禁人员进入。

（2）瓦斯的燃烧和爆炸。当瓦斯与空气混合达到一定浓度时，遇到高温火源就能燃烧或发生爆炸，一旦形成灾害事故，会造成大量作业人员的伤亡，严重影响和威胁矿井安全生产，给国家财产和职工生命造成巨大损失。瓦斯爆炸事故是矿井五大自然灾害之首。

245. 瓦斯涌出形式和来源有哪些，如何计算瓦斯涌出量？

瓦斯涌出量是指在矿井建设和生产过程中从煤与岩石内涌出的瓦斯量，对应于整个矿井的称为矿井瓦斯涌出量，对应于翼、采区或工作面的，称为翼、采区或工作面的瓦斯涌出量。

当煤层被开采时，煤体受到破坏，储存在煤体内的部分瓦斯就会离开煤体而涌入采掘空间，这种现象叫做瓦斯涌出。矿井瓦斯涌出分为普通涌出与特殊涌出两种，前者是瓦斯涌出主要形式，后者又有瓦斯喷出和煤与瓦斯突出。瓦斯特殊涌出的范围是局部的、短暂的、突发性的，但其危害极大。

矿井瓦斯涌出的多少用矿井瓦斯涌出量来表示。矿井瓦斯涌出量是指在开采过程中，单位时间内或单位质量煤中涌出的瓦斯量。表示矿井瓦斯涌出量的方法可分为绝对瓦斯涌出量、相对瓦斯涌出量两种。必须指出，对于抽放瓦斯的矿井，在计算矿井瓦斯涌出量时，应包括抽放的瓦斯量。

计算瓦斯涌出量大小的方法有两种：

（1）绝对瓦斯涌出量，即单位时间涌出的瓦斯体积，计算公式为：

$$Q_g = QC/100 \tag{4-13}$$

式中　Q_g——绝对瓦斯涌出量，m^3/min、m^3/d；

Q——风量，m^3/min、m^3/d；

C——风流中的平均瓦斯浓度，%。

（2）相对瓦斯涌出量，即平均日产1t煤同期所涌出的瓦斯量，计算公式为：

$$q_g = Q_g/A_d \tag{4-14}$$

式中　q_g——相对瓦斯涌出量，m^3/t；

Q_g——绝对瓦斯涌出量，m^3/d；

A_d——日产量，t/d。

相对瓦斯涌出量单位的表达式虽然与瓦斯含量的相同，但两者的物理含义是不同的，其数值也是不相等的。

246. 如何划分矿井瓦斯等级？

一个矿井中只要有一个煤（岩）层发现瓦斯，该矿井即为瓦斯矿井。瓦斯矿井必须依照矿井瓦斯等级进行管理。

每年必须对矿井进行瓦斯等级和二氧化碳涌出量的鉴定工作，报省（自治区、直辖市）煤炭管理部门审批，并报省（自治区、直辖市）煤矿安全监察机构备案。

根据矿井相对瓦斯涌出量、矿井绝对瓦斯涌出量和瓦斯形式划分矿井瓦斯等级。

（1）低瓦斯矿井，即矿井相对瓦斯涌出量不大于$10m^3/t$，且矿井绝对瓦斯涌出量不大于$40m^3/min$。

（2）高瓦斯矿井，即矿井相对瓦斯涌出量大于$10m^3/t$或矿井绝对瓦斯涌出量大于

$40m^3/min$。

（3）煤（岩）与瓦斯（二氧化碳）突出矿井。

247. 瓦斯治理的“十二字”方针是什么？

煤矿瓦斯灾害是一种对煤矿安全生产有较大影响的自然灾害，瓦斯事故时刻威胁煤矿生产安全和职工的人身安全，所以对瓦斯灾害的防治一直是煤矿安全工作的重中之重。在技术管理上，我国提出“先抽后采、以风定产、监测监控”综合治理瓦斯灾害“十二字”方针。

（1）“先抽后采”，是瓦斯防治的基础，是从源头上治理瓦斯灾害的治本之策和关键。

（2）“以风定产”，是防治瓦斯的基本生产管理措施，也是防止瓦斯积聚的先决条件。

（3）“监测监控”，是防治瓦斯事故的重要防线和保障措施。

三者是一个相辅相成的有机整体。这个方针是各类煤矿瓦斯灾害防治的指南，只要认真贯彻执行，瓦斯事故是可以得到有效控制的。

248. 井下各作业地点的瓦斯浓度有哪些安全规定？

（1）矿井总回风巷或一翼回风巷风流中瓦斯浓度超过0.75%，矿总工程师必须立即查明原因，进行处理，并报告矿务局总工程师。

（2）采区回风巷、采掘工作面回风巷风流中瓦斯浓度超过1%时，必须停止工作，撤出人员，并由矿总工程师负责采取措施，进行处理。

（3）综合机械化、水采和煤层厚度小于0.8m的保护层的采煤工作面，经抽放瓦斯和增加风量已达到最高允许风速后，其回风巷风流中瓦斯浓度仍不能降低到1%以下时，经矿务局局长批准，瓦斯浓度最高不得超过1.5%，并应符合下列要求：1）工作面的风流控制必须可靠；2）通风巷必须保持设计断面；3）必须制定安全措施，配有专职瓦斯检查员并安设瓦斯自动检测报警断电装置。

（4）采掘工作面风流中瓦斯浓度达到1%时，必须停止用电钻钻孔；爆破地点附近20m以内风流中的瓦斯浓度达到1%时，严禁爆破。采掘工作面风流中瓦斯浓度达到1.5%时，必须停止工作，撤出人员，切断电源，进行处理；电动机或其开关地点附近20m以内风流中瓦斯浓度达到1.5%时，必须停止运转，撤出人员，切断电源，进行处理。

（5）采掘工作面内，体积大于$0.5m^3$的空间，局部积聚瓦斯浓度达到2%时，附近20m内，必须停止工作，撤出人员，切断电源，进行处理。

（6）综合机械化采掘工作面，应在采煤机和掘进机上安设机载式断电仪，当其附近瓦斯浓度达到1%时报警，达到1.5%时必须停止工作，切断采煤机和掘进机的电源。

249. 瓦斯抽放的条件、作用有哪些？

为了减少和解除矿井瓦斯对煤矿安全生产的威胁，利用机械设备和专用管道造成的负压，将煤层中存在或释放出的瓦斯抽出来，输送到地面或其他安全地点的做法，称为瓦斯抽放。

有以下情况之一的矿井，必须建立地面永久抽放瓦斯系统或井下临时抽放瓦斯系统：

（1）1个采煤工作面的瓦斯涌出量大于$5m^3/min$，或1个掘进工作面的瓦斯涌出量大

于 $3m^3/min$。

（2）矿井绝对瓦斯涌出量达到以下条件的：

1）不小于 $40m^3/min$；

2）年产量 1000～1500kt 的矿井，大于 $30m^3/min$；

3）年产量 600～1000kt 的矿井，大于 $25m^3/min$；

4）年产量 400～600kt 的矿井，大于 $20m^3/min$；

5）年产量不大于 4400kt 的矿井，大于 $15m^3/min$。

简单说来，瓦斯抽放的作用就是为了减少和消除瓦斯威胁，保证煤矿生产安全，主要表现在以下几个方面：

（1）瓦斯抽放可以减少开采时的瓦斯涌出量，从而可减少瓦斯隐患和各种瓦斯事故，是保证安全生产的一项预防性措施。

（2）瓦斯抽放可以减少通风负担，降低通风费用，主要是解决靠通风难以解决的瓦斯问题。

（3）煤层中的瓦斯同煤炭一样是一种地下资源，将瓦斯抽出来送到地面作为原料和燃料加以利用，“变害为利”、“变废为宝”，可以收到节约煤炭、保护环境的效果和可观的经济效益。

250. 瓦斯抽放难易程度分为哪几类，其影响因素有哪些？

我国将瓦斯抽放的难易程度分为容易抽放、可以抽放、较难抽放三类。

一个矿井或工作面应该抽放瓦斯，但不一定能抽出瓦斯，这要看煤层瓦斯抽放的难易程度，即瓦斯抽放的可行性如何。煤层瓦斯抽放的可行性主要取决于两个因素：一是煤层瓦斯压力，也就是瓦斯从煤层向外释放的能力，瓦斯压力越大，瓦斯抽放越容易；二是煤层的透气性能，也就是瓦斯通过煤层时的阻力大小，透气性越低，阻力就越大，瓦斯抽放就越困难。

251. 什么是瓦斯抽放系统，由哪几部分组成？

能够造成一定负压将瓦斯从煤层中抽出并安全输送到地面上来的机械设备，称为瓦斯抽放设备。由瓦斯抽放设备和管路构成的系统，称为瓦斯抽放系统，它主要由瓦斯泵、管路系统和安全装置三部分组成。

（1）瓦斯泵。国内常用的瓦斯泵主要有离心式鼓风机、回旋式鼓风机和水环式真空泵 3 种。

（2）抽放管路。瓦斯抽放管路系统包括：

1）主管。主管用以抽排和输送整个矿井或几个抽放区的瓦斯，主管管径为 250～426mm。

2）分（干）管。分（干）管用以抽排和输送一个抽放区或一个阶段的瓦斯，分（干）管管径 150～250mm。

3）支管。支管用以抽排和输送一个工作面或一个钻场的瓦斯，支管管径为 100～150mm。

4）附属装置。附属装置包括用于调节、测定管路中的瓦斯浓度、流量和压力的阀门、测量装置等。

瓦斯管路要敷设在曲线段最少、距离最短、矿车不经常通过的巷道中，并架设一定高度和固定在巷壁上，以免水淹、腐蚀管路。

（3）安全装置。

1）“三防装置”。“三防装置”指安设在地面瓦斯抽放泵吸气管路中具有防回火、防回气和防爆炸作用的安全装置。正常情况下，高浓度瓦斯在抽放输送过程中，一般不会发生爆炸事故。在井下抽放系统被损坏、管路积水堵塞或损坏进气瓦斯浓度降低时，遇有火源就可能导致瓦斯爆炸；也可能由于突然停机、机械故障使抽放失常和地面放空管受雷击起火而发生回气燃爆等事故。因此，干式抽放瓦斯泵吸气侧管路系统中，必须装设有防回水、防回气和防爆炸作用的安全装置，并定期检查，保持性能良好。目前，国内采用的“三防装置”，其结构大致可分为水封式、铜网式、板片式、卵石式、多能式等几种类型。

2）放水装置。瓦斯抽放管路上的放水装置有多种形式，大致可分为人工放水器和自动放水器两种。

252. 矿井瓦斯抽放的方法有哪些？

矿井瓦斯抽放方法及适用条件见表4-3。瓦斯抽放方法虽然有不同分类方法，但现场应用时，往往是相互结合应用的。如本煤层抽放中包括巷道预抽法、钻孔预抽法及边采（掘）边抽法，而钻孔抽放法又应用于本煤层抽放、邻近层抽放及采空区抽放等。

表4-3　矿井瓦斯抽放方法及适用条件

依　据	分　类	适用条件
按抽出瓦斯来源分	本煤层抽放	井下开采工作所遇到的瓦斯主要来自本煤层，且涌出量大
	邻近煤层抽放	由于采动的影响，开采层上、下邻近煤层内的瓦斯涌入开采层的采煤工作面而威胁生产时
	采空区抽放	在工作面后方的采空区或者采空区经常泄出瓦斯，导致工作面、采区总回风或全矿井总回风中的瓦斯严重超限
按抽放区是否卸压分	未卸压抽放	适用于透气系数较大的开采煤层
	卸压抽放	适用于透气系数较差的开采煤层
按抽放与采掘的时间配合分	预先抽放	适用于消除回采和掘进时的瓦斯危害
	边采边抽	适用于预先抽放效果不理想或接续紧张条件下的瓦斯抽放
按抽放工艺分	井下钻孔抽放	本煤层、邻近层、采空区抽放瓦斯皆可使用，是最常见的瓦斯抽放通道
	巷道抽放	煤层较厚透气性好，采掘时有大量瓦斯涌出时
	钻孔、巷道混合抽放	邻近层或工作面开区抽放
	采空区封闭抽放	采空区丢煤太多，放顶后涌出瓦斯量大的情况
	地面钻孔抽放	采区距地表较浅，地面有施工条件的地方

253. 专用排瓦斯巷的设置应遵守哪些规定？

（1）工作面风流控制必须可靠。

（2）专用排瓦斯巷必须在工作面进风巷道、回风巷道系统之外另外布置，并编制专门设计和制定专项安全技术措施；严禁将工作面回风巷作为专用排瓦斯巷管理。

（3）专用排瓦斯巷回风流的瓦斯浓度不得超过2.5%，风速不得低于0.5m/s；专用排瓦斯巷进行巷道维修工作时，瓦斯浓度必须低于1.0%。

（4）专用排瓦斯巷及其辅助性巷道内不得进行生产作业和设置电气设备。

（5）专用排瓦斯巷内必须使用不燃性材料支护，并应当有防止产生静电、摩擦和撞击火花的安全措施。

（6）专用排瓦斯巷必须贯穿整个工作面推进长度且不得留有盲巷。

（7）专用排瓦斯巷内必须安设甲烷传感器，甲烷传感器应当悬挂在距专用排瓦斯巷回风口10～15m处，当甲烷浓度达到2.5%时，能发出报警信号并切断工作面电源，工作面必须停止工作，进行处理。

（8）专用排瓦斯巷禁止布置在易自燃煤层中。

254. 抽放瓦斯应遵守哪些规定？

（1）抽放容易自燃和自燃煤层的采空区瓦斯时，必须经常检查一氧化碳浓度和气体温度参数的变化，发现有自然发火征兆时，应当立即采取措施。

（2）井上井下敷设的瓦斯管路，不得与带电物体接触，并应有防止砸坏管路的措施。

（3）采用干式抽放瓦斯设备时，抽放瓦斯浓度不得低于25%。

（4）利用瓦斯时，在利用瓦斯的系统中必须装设有防回火、防回风和防爆炸作用的安全装置。

（5）抽采的瓦斯浓度低于30%时，不得作为燃气直接燃烧；用于内燃机发电或作其他用途时，瓦斯的利用、输送必须按有关标准的规定，并制定安全技术措施。

255. 抽放瓦斯的设施应符合哪些要求？

（1）地面泵房必须用不燃性材料建筑，并必须有防雷电装置。其距进风井口和主要建筑物不得小于50m，并用栅栏或围墙保护。

（2）地面泵房和泵房周围20m范围内，禁止堆积易燃物和有明火。

（3）抽放瓦斯泵及其附属设备，至少应有1套备用。

（4）地面泵房内电气设备、照明和其他电气仪表都应采用矿用防爆型；否则必须采取安全措施。

（5）泵房必须有直通矿调度室的电话和检测管道瓦斯浓度、流量、压力等参数的仪表或自动监测系统。

（6）干式抽放瓦斯泵吸气侧管路系统中，必须装设有防回火、防回气和防爆炸作用的安全装置，并定期检查，保持性能良好。抽瓦斯泵站放空管的高度应超过泵房房顶3m。

（7）泵房必须有专人值班，经常检测各参数，做好记录。当抽放瓦斯泵停止运转时，必须立即向矿调度室报告。如果利用瓦斯，在瓦斯泵停止运转后和恢复运转前，必须通知使用瓦斯的单位，取得同意后，方可供应瓦斯。

256. 设置井下临时抽放瓦斯泵站时应遵守哪些规定?

(1) 临时抽放瓦斯泵站应安设在抽放瓦斯地点附近的新鲜风流中。

(2) 抽出的瓦斯可引排到地面、总回风巷、一翼回风巷或分区回风巷，但必须保证稀释后风流中的瓦斯浓度不超限。在建有地面永久抽放系统的矿井，临时泵站抽出的瓦斯可送至永久抽放系统的管路，但矿井抽放系统的瓦斯浓度必须符合规定（参见第254问）。

(3) 抽出的瓦斯排入回风巷时，在排瓦斯管路出口必须设置栅栏、悬挂警戒牌等。栅栏设置的位置是上风侧距管路出口5m、下风侧距管路出口30m，两栅栏间禁止任何作业。

(4) 在下风侧栅栏外必须设甲烷断电仪或矿井安全监控系统的甲烷传感器，巷道风流中瓦斯浓度超限时，实现报警、断电，并进行处理。

257. 矿井建立瓦斯、二氧化碳和其他有害气体检查制度时应遵守哪些规定?

(1) 矿长、矿技术负责人、爆破员、采掘区队长、通风区队长、工程技术人员、班长、流动电钳工下井时，必须携带便携式甲烷检测仪。瓦斯检查员必须携带便携式光学甲烷检测仪。安全监测员必须携带便携式甲烷检测报警仪或便携式光学甲烷检测仪。

(2) 所有采掘工作面、硐室、使用中的机电设备的设置地点、有人员作业的地点都应纳入检查范围。

(3) 采掘工作面的瓦斯浓度检查次数如下：

1) 低瓦斯矿井中每班至少2次。

2) 高瓦斯矿井中每班至少3次。

3) 有煤（岩）与瓦斯突出危险的采掘工作面，有瓦斯喷出危险的采掘工作面和瓦斯涌出较大、变化异常的采掘工作面，必须有专人经常检查，并安设甲烷断电仪。

(4) 采掘工作面二氧化碳浓度应每班至少检查2次；有煤（岩）与二氧化碳突出危险的采掘工作面，二氧化碳涌出量较大、变化异常的采掘工作面，必须有专人经常检查二氧化碳浓度。本班未进行工作的采掘工作面，瓦斯和二氧化碳应每班至少检查1次；可能涌出或积聚瓦斯或二氧化碳的硐室和巷道的瓦斯或二氧化碳应每班至少检查1次。

(5) 瓦斯检查人员必须执行瓦斯巡回检查制度和请示报告制度，并认真填写瓦斯检查班报。每次检查结果必须记入瓦斯检查班报手册和检查地点的记录牌上，并通知现场工作人员。瓦斯浓度超过有关规定时，瓦斯检查工有权责令现场人员停止工作，并撤到安全地点。

(6) 在有自然发火危险的矿井，必须定期检查一氧化碳浓度、气体温度等的变化情况。

(7) 井下停风地点栅栏外风流中的瓦斯浓度每天至少检查1次，挡风墙外的瓦斯浓度每周至少检查1次。

(8) 通风值班人员必须审阅瓦斯班报，掌握瓦斯变化情况，发现问题，及时处理，并向矿调度室汇报。通风瓦斯日报必须送矿长、矿技术负责人审阅，一矿多井的矿必须同时送井长、井技术负责人审阅。对重大的通风、瓦斯问题，应制定措施，进行处理。

258. “以风定产”方针的内容是什么？

（1）“以风定产”方针的提出和实施，主要是出于安全生产的严峻形势的需要，是坚持以人为本、关爱生命的要求。

（2）矿井每年安排采掘作业计划时必须核定矿井生产和通风能力，必须按实际供风量核定矿井产量。在矿井总进风量比小于100%时，必须降低矿井产量或进行通风系统改造与调整，在矿井通风能力核定后允许的范围内组织生产，严禁超通风能力生产。

（3）采区、采煤工作面必须实行独立通风。在安排采区、采煤工作面的生产时，必须按规定进行风量计算，并按实际供风量确定采区、采煤工作面的产量。严禁在采区、采煤工作面风量不足的情况下安排生产。

（4）新水平、新采区投产之前，必须进行通风系统调整，必须按规定进行风量计算，并按实际供风量安排生产。在通风系统不合理、不稳定或风量不足的情况下，严禁开采。

（5）井下出现风速超限、瓦斯积聚、不合理串联风时等同超能力生产。超通风能力生产的矿井、采区、工作面，必须立即减少产量，重新调整生产布局及通风系统，把产量降到核定通风能力范围内。

259. 为什么要进行“以风定产”，如何进行有效实施？

无论新建矿井还是生产矿井，在进行矿井或采区生产能力设计时就已经考虑到了可以提供的有效风量，只不过一些煤矿企业没有按照设计或核定的通风能力实施，而是超通风能力生产，以至危及矿井安全。“以风定产”，即煤矿的产量确定必须依据矿井供风能力。

在实际生产中，由于经济利益的驱使一些煤矿严重超能力生产，使井下供风严重不足，造成煤矿事故频发，其中瓦斯窒息、突出、爆炸也频繁发生，给国家和人民的生命和财产造成巨大损失。

实施“以风定产”方针，必须明确两个问题：一是矿井生产时实际需要的风量（矿井需风量的确定）；二是矿井通风系统能够提供的风量（矿井通风能力核定）。在此基础上进行比较，并遵照“矿井需要风量必须服从于通风系统能够提供的风量”的原则进行组织和安排生产，严禁超通风能力生产。

矿井通风能力核定必须按照国家安全生产监督管理总局等三局委以安监总煤矿字［2005］42号文下发的《煤矿通风能力核定办法》（试行）进行。

260. 煤矿矿井应如何进行粉尘防治？

（1）新矿井的地质精查报告中，必须有所有煤层的煤尘爆炸性鉴定资料。生产矿井每延深一个新水平，应进行1次煤尘爆炸性试验工作。煤尘的爆炸性由国家授权单位进行鉴定，鉴定结果必须报煤矿安全监察机构备案。煤矿企业应根据鉴定结果采取相应的安全措施。

（2）矿井必须建立完善的防尘供水系统。没有防尘供水管路的采掘工作面不得生产。主要运输巷、带式输送机斜井与平巷、上山与下山、采区运输巷与回风巷、采煤工作面运输巷与回风巷、掘进巷道、煤仓放煤口、溜煤眼放煤口、卸载点等地点都必须敷设防尘供水管路，并安设支管和阀门。防尘用水均应过滤。水采矿井和水采区不受此限。

（3）井下所有煤仓和溜煤眼都应保持一定的存煤，不得放空；有涌水的煤仓和溜煤眼，可以放空，但放空后放煤口闸板必须关闭，并设置引水管。溜煤眼不得兼作风眼使用。

（4）开采有煤尘爆炸危险煤层的矿井，必须有预防和隔绝煤尘爆炸的措施。矿井的两翼、相邻的采区、相邻的煤层、相邻的采煤工作面间，煤层掘进巷道同与其相连的巷道间，煤仓同与其相连通的巷道间，采用独立通风并有煤尘爆炸危险的其他地点同与其相连通的巷道间，必须用水棚或岩粉棚隔开。必须及时清除巷道中的浮煤，清扫或冲洗沉积煤尘，定期撒布岩粉；应定期对主要大巷刷浆。

（5）矿井每年应制定综合防尘措施、预防和隔绝煤尘爆炸措施及管理制度，并组织实施。矿井应每周至少检查 1 次煤尘隔爆设施的安装地点、数量、水量或岩粉量及安装质量是否符合要求。

261. 对产生煤（岩）尘的地点应采取哪些防尘措施？

（1）掘进工作面的防尘措施。掘进井巷和硐室时，必须采用湿式钻孔、冲洗井壁巷帮、水炮泥、爆破喷雾、装岩（煤）洒水、净化风流等综合防尘措施。在冻结法凿井、遇水膨胀的岩层中掘进以及在煤（岩）与瓦斯突出煤层或软煤层中钻凿瓦斯抽放钻孔难以采用湿式钻孔时，可采用干式钻孔，但必须采用捕尘措施，并使用个体防尘保护用品。

（2）采煤工作面应采取煤层注水防尘措施，有以下情况之一的除外：

1）围岩有严重吸水膨胀性质、注水后易造成顶板垮塌或底板变形，或者地质情况复杂、顶板破坏严重，注水后影响采煤安全的煤层。

2）注水后会影响采煤安全或造成劳动条件恶化的薄煤层。

3）原有自然水分或防灭火灌浆后水分大于4%的煤层。

4）孔隙率小于4%的煤层。

5）煤层很松软、破碎，打钻孔时易塌孔、难成孔的煤层。

6）采用下行垮落法开采近距离煤层群或分层开采厚煤层，上层或上分层的采空区采取灌水防尘措施时的下一层或下一分层。

（3）炮采工作面应采取湿式钻孔，使用水炮泥；爆破前后应冲洗煤壁，爆破时应喷雾降尘，出煤时洒水。

（4）采煤机、掘进机作业时，必须安装内喷雾、外喷雾装置。液压支架和放顶煤采煤工作面的放煤口，必须安装喷雾装置，降柱、移架或放煤时同步喷雾。破碎机必须安装防尘罩和喷雾装置或除尘器。

（5）采煤工作面回风巷应安设风流净化水幕。

（6）井下煤仓放煤口、溜煤眼放煤口、输送机转载点和卸载点，以及地面筛分厂、破碎车间、带式输送机走廊、转载点等地点，都必须安设喷雾装置或除尘器，作业时进行喷雾降尘或用除尘器除尘。

262. 什么是矿井安全监控系统，其监测和监控的内容有哪些？

矿井安全监控系统是指对煤矿井上、井下的有关气体、环境及有关生产环节的机电设备运行状态等进行检测、监视，用计算机对采集的数据进行分析处理，对设备局部生产环境或过程进行控制的一种系统。目前，国内应用的监控系统主要分 KJ 系列、TF-200 和A-1三大类。

安全监控系统监测和监控的内容包括：

（1）矿井空气成分的监测，主要是监测矿井空气中污染物的浓度，包括 CH_4、CO、CO_2、NO、NO_2、炮烟等。

（2）空气物理状态的监测，主要有温度、湿度、风速、空气压力、顶板压力等。

（3）生产环节及各种机电设备运行状态的监控，如采掘进尺、煤仓料位、水泵排水量，提升机、压风机、带式输送机、采煤机、综掘机、局部通风机等的运行状态和参数。

263. 矿井安全监控系统由哪些部分组成，各部分功能有哪些？

我国现在生产的监控系统有十几个产品，虽然它们型号、种类各异，但结构上基本相同，都是由传感器及执行装置、传输（通信）系统、数据处理系统三大部分组成。

（1）传感器及执行装置。传感器及执行装置安装在现场，传感器负责采集各种环境参数并把它输送给传输系统。由于传感器直接关系到系统监控内容和数量及系统的准确度，所以必须可靠、稳定、准确；执行装置的功能是接收来自传输系统的信息，并根据它执行开、停、断电等指令，从而完成各种控制功能。

（2）信息传输系统。信息传输系统主要包括传输接口、分站、中心站柜、电缆等。信息传输系统的主要功能是接收传感器传来的各种信息，并把它转换成数字或频率信号，再通过发送、接收装置及电缆和各种接口传递给地面中心站的计算机进行处理。同时接受计算机发来的各种指令，并通过上述设备传递给执行装置。

（3）数据处理系统。数据处理系统由计算机（包括前置机）、模拟盘及各种外部设备等硬件和各种应用程序、操作系统等软件组成。这部分的主要功能是接收来自传输系统的信息，并对其进行综合分析判断，同时通过屏幕、模拟盘、绘图仪对各监测参数或状态进行显示。当某些环境参数超过额定值时，能自动报警，并可向井下发出控制信号，切断影响区域电源，防止事故发生。对一些重要监测参数可储存规定时间内的数据（如分钟平均值），并可随时用屏幕显示、打印、绘图等方式再现所需资料。对生产监控部分的设备运行状态、运行时间、煤位情况等内容也可即时显示出来。有些系统还具有火灾预测预报等功能。

264. 瓦斯报警断电仪由哪几部分组成，其工作原理是什么？

瓦斯报警断电仪是煤矿应用最早、最广泛的瓦斯监测仪器之一，通常由传感器、声光报警箱和主机三部分组成。瓦斯断电仪种类很多，主要有 ADJ-2 型瓦斯报警断电仪、AK20A 瓦斯报警断电仪、AWD-3 瓦斯报警断电仪、FD2B-1 型风电瓦斯闭锁装置、KG700S 智能型风电瓦斯闭锁装置等。

甲烷报警断电仪能长期、自动、连续监测风流中的甲烷浓度。当甲烷浓度超过规定值时，仪器同时发出声和光的报警信号；当甲烷浓度超过断电值时，主机通过控制继电器切断被控区域内的电源，防止电器设备产生火花，引起瓦斯爆炸，从而保证安全生产。

265. 浓度传感器主要有哪些类型？

浓度传感器是通过不同的敏感元件对 O_2、CH_4、CO、CO_2、烟雾等进行检测并转换为与其浓度成一定关系的电量，然后再将其变换为便于显示记录控制处理的标准信号，可分为甲烷传感器、一氧化碳传感器和氧气传感器。

（1）甲烷传感器。甲烷传感器可以连续实时地检测甲烷浓度。煤矿常用的甲烷检测仪器，按检测原理分类有：光学式、催化燃烧式、热导式、气敏半导体式等。

（2）一氧化碳传感器。检测一氧化碳的仪器，按检测原理分为电化学、红外线吸收、气敏半导体型等。煤矿广泛使用的是电化学一氧化碳传感器，其工作原理与一氧化碳检定器相同。

（3）氧气传感器。氧气传感器的种类很多，比较实用的有采用定电位法和伽伐尼电池法的传感器。

266. 煤矿井下对甲烷传感器设置有哪些要求？

（1）对井下甲烷传感器的吊挂和设置要求：

1）甲烷传感器应垂直悬挂在巷道顶板（顶梁）下，距顶板不大于300mm，距巷道侧壁不小于200mm。

2）应安设在坚固顶板或支护处，以防冒顶及其他的损伤。

3）在采掘工作面的瓦斯传感器，爆破时都应移设到安全防护地点，爆破后再按要求移回规定的位置。

（2）采煤工作面甲烷传感器的断电范围为工作面及回风巷内全部非本质安全型电气设备。煤（岩）与瓦斯突出矿井采煤工作面的甲烷传感器，应能控制工作面及其进、回风巷内全部非本质安全型电气设备。采煤工作面甲烷传感器的设置应符合以下规定：

1）低瓦斯矿井的采煤工作面，必须在工作面设置甲烷传感器。

2）高瓦斯和煤（岩）与瓦斯突出矿井的采煤工作面，必须在工作面及其回风巷设置甲烷传感器，在工作面上隅角设置便携式甲烷检测报警仪。

3）若煤（岩）与瓦斯突出矿井采煤工作面的甲烷传感器不能控制其进风巷内全部非本质安全型电气设备，则必须在进风巷设置甲烷传感器。

4）采煤工作面采用串联通风时，被串工作面的进风巷必须设置甲烷传感器。

5）采煤机必须设置机载式甲烷断电仪或便携式甲烷检测报警仪。

6）非长壁式采煤工作面甲烷传感器的设置参照上述规定执行。

（3）低瓦斯矿井掘进工作面甲烷传感器，高瓦斯矿井和煤与瓦斯突出矿井的煤巷、半煤岩巷和有瓦斯涌出的岩巷掘进工作面的甲烷传感器，均应能控制掘进巷道内全部非本质安全型电气设备。掘进工作面甲烷传感器的设置应符合以下规定：

1）低瓦斯矿井的煤巷、半煤岩巷和有瓦斯涌出的岩巷掘进工作面，必须在工作面设置甲烷传感器。

2）高瓦斯、煤（岩）与瓦斯突出矿井的煤巷、半煤岩巷和有瓦斯涌出的岩巷掘进工作面，必须在工作面及其回风流中设置甲烷传感器。

3）掘进工作面采用串联通风时，必须在被串掘进工作面的局部通风机前设甲烷传感器。

4）掘进机必须设置机载式甲烷断电仪或便携式甲烷检测报警仪。

（4）串联通风甲烷传感器的设置应符合规定，采煤工作面之间串联通风、采掘工作面之间串联通风、掘进工作面之间串联通风时，甲烷传感器的设置应控制被串联采煤工作面及回风巷、被串联掘进巷道内全部非本质安全型电气设备。

（5）在回风流中的机电设备硐室的进风侧必须设置甲烷传感器。

（6）高瓦斯矿井进风的主要运输巷道内使用架线电机车时，装煤点、瓦斯涌出巷道的下风流中必须设置甲烷传感器。

（7）在煤（岩）与瓦斯突出矿井和瓦斯喷出区域中，进风的主要运输巷道和回风巷道内使用矿用防爆特殊型蓄电池电机车或矿用防爆型柴油机车时，蓄电池电机车必须设置车载式甲烷断电仪或便携式甲烷检测报警仪，柴油机车必须设置便携式甲烷检测报警仪。当瓦斯浓度超过0.5%时，必须停止机车运行。

（8）瓦斯抽放泵站必须设置甲烷传感器，抽放泵输入管路中必须设置甲烷传感器。利用瓦斯时，还应在输出管路中设置甲烷传感器。

（9）装备矿井安全监控系统的矿井，每一个采区、一翼回风巷及总回风巷的测风站应设置风速传感器，主要通风机的风硐应设置压力传感器；瓦斯抽放泵站的抽放泵吸入管路中应设置流量传感器、温度传感器和压力传感器，利用瓦斯时，还应在输出管路中设置流量传感器、温度传感器和压力传感器。

（10）装备矿井安全监控系统的、开采容易自燃煤层的矿井，应设置一氧化碳传感器和温度传感器。

（11）装备矿井安全监控系统的矿井，主要通风机、局部通风机应设置设备开停传感器，主要风门应设置风门开关传感器，被控设备开关的负荷侧应设置馈电状态传感器。

267. 甲烷传感器报警浓度、断电浓度、复电浓度和断电范围应符合哪些要求？

甲烷传感器报警浓度、断电浓度、复电浓度和断电范围必须符合表4-4规定。

表4-4 甲烷传感器的报警浓度、断电浓度、复电浓度和断电范围

甲烷传感器设置地点	报警浓度/%	断电浓度/%	复电浓度/%	断电范围
低瓦斯和高瓦斯矿井的采煤工作面	≥1.0	≥1.5	<1.0	工作面及其回风巷内全部非本质安全型电气设备
煤（岩）与瓦斯突出矿井的采煤工作面	≥1.0	≥1.5	<1.0	工作面及其进、回风巷内全部非本质安全型电气设备
高瓦斯和煤（岩）与瓦斯突出矿井的采煤工作面回风巷	≥1.0	≥1.0	<1.0	工作面及其回风巷内全部非本质安全型电气设备
专用排瓦斯巷	≥2.5	≥2.5	<2.5	工作面内全部非本质安全型电气设备
煤（岩）与瓦斯突出矿井采煤工作面进风巷	≥0.5	≥0.5	<0.5	进风巷内全部非本质安全型电气设备

续表 4-4

甲烷传感器设置地点	报警浓度/%	断电浓度/%	复电浓度/%	断电范围
采用串联通风的被串采煤工作面进风巷	≥0.5	≥0.5	<0.5	被串采煤工作面及其进回风巷内全部非本质安全型电气设备
采煤机	≥1.0	≥1.5	<1.0	采煤机电源
低瓦斯、高瓦斯、煤（岩）与瓦斯突出矿井的煤巷、半煤岩巷和有瓦斯涌出的岩巷掘进工作面	≥1.0	≥1.5	<1.0	掘进巷道内全部非本质安全型电气设备
高瓦斯、煤（岩）与瓦斯突出矿井的煤巷、半煤岩巷和有瓦斯涌出的岩巷掘进工作面回风流中	≥1.0	≥1.0	<1.0	掘进巷道内全部非本质安全型电气设备
采用串联通风的被串掘进工作面局部通风机前	≥0.5	≥0.5	<0.5	被串掘进巷道内全部非本质安全型电气设备
掘进机	≥1.0	≥1.5	<1.0	掘进机电源
回风流中机电设备硐室的进风侧	≥0.5	≥0.5	<0.5	机电设备硐室内全部非本质安全型电气设备
高瓦斯矿井进风的主要运输巷道内使用架线电机车时的装煤点和瓦斯涌出巷道的下风流处	≥0.5			
在煤（岩）与瓦斯突出矿井和瓦斯喷出区域中，进风的主要运输巷道内使用的矿用防爆特殊型蓄电池电机车	≥0.5	≥0.5	<0.5	机车电源
在煤（岩）与瓦斯突出矿井和瓦斯喷出区域中，主要回风巷内使用的矿用防爆特殊型蓄电池电机车	≥0.5	≥0.7	<0.7	机车电源
兼作回风井的装有带式输送机的井筒	≥0.5	≥0.7	<0.7	井筒内全部非本质安全型电气设备
瓦斯抽放泵站室内	≥0.5			
利用瓦斯时的瓦斯抽放泵站输出管路中	≤30			
不利用瓦斯、采用干式抽放瓦斯设备的瓦斯抽放泵站输出管路中	≤25			
井下临时抽放瓦斯泵站下风侧栅栏外	≥1.0	≥1.0	<1.0	抽放瓦斯泵

268. 什么是煤与瓦斯突出，其危害有哪些，可分为哪几类？

在煤矿井下由于地应力和瓦斯（二氧化碳）的共同作用，在极短的时间内，破碎的煤和瓦斯由煤体内或岩体内突然向采掘空间抛出的异常的动力现象，称为煤与瓦斯突出。

当发生煤与瓦斯突出时，采掘工作面的煤壁将遭到破坏，大量的煤与瓦斯将从煤层内部以极快的速度向巷道或采掘空间喷出，充塞巷道，煤层中会形成孔洞；同时由于伴随有强大的冲击力，巷道设施会被摧毁，通风系统会被破坏，甚至发生风流逆转，还可能造成人员窒息、瓦斯爆炸、燃烧及煤流埋人事故。

煤与瓦斯突出按动力现象的力学特征，可分为突出、压出和倾出三类；按突出强度，煤与瓦斯突出可分为四类：

（1）小型突出：强度小于100t。

（2）中型突出：强度为100～500t。

（3）大型突出：强度为500～1000t。

（4）特大型突出：强度不小于1000t。

269. 煤与瓦斯突出有哪些预兆，发生时应如何处理？

绝大多数的煤与瓦斯突出在突出发生前都有预兆，没有预兆的突出是极少数的。突出的预兆可分为有声预兆、无声预兆及其他预兆。

（1）有声预兆。

1）响煤炮。由于各矿区、各采掘工作面的地质条件、采掘方法、瓦斯及煤质特征的不同，所以预兆声音的大小、间隔时间、在煤体深处发出的响声种类也不同。有的像炒豆似的噼噼啪啪声，有的像鞭炮声，有的像机关枪连射声，有的似跑车一样的闷雷、嘈杂、沙沙声、嗡嗡声以及气体穿过含水裂缝时的吱吱声等。

2）其他声音预兆。发生突出前，因压力突然增大，支架会出现嘎嘎响、劈裂折断声，煤岩壁会开裂，钻孔时会喷煤、喷瓦斯等。

（2）无声预兆。

1）煤层结构构造方面表现为：煤层层理紊乱，煤变软、变暗淡、无光泽，煤层干燥和煤尘增大，煤层受挤压褶曲变粉碎、厚度变大、倾角变陡。

2）地压显现方面表现为：压力增大，使支架变形，煤壁外鼓、片帮、掉渣，顶底板出现凸起台阶、断层、波状鼓起，手扶煤壁感到震动和冲击，炮孔变形装不进药，钻孔时垮孔、顶夹钻等。

（3）其他方面的预兆有。瓦斯涌出异常，忽大忽小，煤尘增大，空气气味异常、闷人，有时变热。

上述突出预兆并非每次突出时都同时出现，而是出现一种或几种。

当发现有突出的预兆时，现场人员要立即按避灾路线撤离。撤离时每个人都必须佩戴好隔离式自救器，同时要将发生突出的地点、预兆情况以及人员撤离情况向调度室汇报；立即切断突出地点及回风流中的一切电气设备的电源，撤离现场要关闭反向风门，并在突出区域或瓦斯流区域内设置栅栏，以防人员进入。当确定不能撤离突出的灾区时，要进入就近的避难硐室，关好铁门，打开供气阀，做好自救。

270. 煤与瓦斯突出的一般规律是什么？

（1）地压是发动突出的主要动力。

1）突出的危险性随着煤层埋藏深度的增加而增大。

2）采掘工作形成的集中应力区是突出密集区。

3）突出危险区集中在地质构造带呈带状分布。

4）产生强烈震动的采掘作业可能诱发突出。

5）受煤自重的影响，上山掘进工作面发生突出的次数多，强度小；下山掘进工作面发生的次数少，强度稍大。

（2）瓦斯是抛出煤体完成突出过程的主要动力。

1）突出危险煤层的瓦斯压力一般在0.7～1MPa，同一煤层中瓦斯压力越高的区域，突出的危险性越大。

2）突出危险煤层的瓦斯含量和开采时的瓦斯涌出量都在$10m^3/t$以上。突出发生时，吨煤瓦斯喷出量是煤层瓦斯含量的几倍至几百倍。

3）突出气体的种类主要是甲烷，个别矿井突出二氧化碳，突出瓦斯中含有少量重烃类气体。

（3）煤的物理力学性质决定突出发生发展的难易。

1）突出的次数和强度随着煤层厚度，特别是软分层厚度的增加而增多，突出最严重的煤层一般是最厚的主采煤层。

2）突出危险性随着煤层倾角的增大而增加。

3）突出煤层的特点是强度低，手捻能成粉末，煤层结构软硬相间。

271. 防止煤与瓦斯突出危险性的预测措施有哪些？

突出危险性预测是综合防突的第一个重要环节。当预测有突出危险时，可采取防突措施，并对其防突效果进行检验。确定措施有效时，可采取安全防护措施进行采掘作业。当预测无突出危险时，可采取安全防护措施直接进行采掘作业。突出预测可分为以下两类：

（1）区域突出危险性预测。区域预测是预测矿井、煤层和煤层区域的突出危险性。按照《防治煤与瓦斯突出细则》的规定，突出矿井的煤层应划分为突出煤层和非突出煤层。突出煤层经区域预测，可划分为突出危险区域和突出威胁区域。区域突出危险性预测的方法，有单项指标法、瓦斯地质统计法和综合指标法等。

（2）工作面突出危险性预测。在突出危险区域内，工作面进行采掘作业前，必须进行突出危险预测，依据预测结果划分为突出危险工作面和突出威胁工作面。在突出威胁工作面进行采掘作业时可不采取防治突出措施，但必须采取安全防护措施。工作面突出危险性预测的方法，有综合指标法、钻屑指标法、钻孔瓦斯涌出初速度法、煤与瓦斯突出预测敏感指标R值指标法等。

272. 煤矿区域性防治煤与瓦斯突出的措施有哪些？

（1）开采保护层。在突出矿井中，在煤层群中最先开采的并能使相邻的突出煤层消除突出危险的煤层称为保护层，后开采的具有突出危险的煤层称为被保护层。位于被保护区上部的保护层叫上保护层，位于被保护区下部的保护层称为下保护层。开采保护层是防治煤与瓦斯突出最有效、最经济的措施之一。

保护层开采后，被保护层中对应区域内的煤体被充分卸压，导致煤层和围岩中积蓄的弹性能被释放，减弱了发动突出的主要动力；煤体卸压后会产生大量裂隙，使煤层的透气性增加，造成瓦斯潜能的释放，减弱了完成突出过程的主要动力；高压瓦斯的大量释放，使煤层瓦斯的含量降低，导致煤体强度增加，煤的坚固性系数可提高1倍以上，这就增大了突出的阻力。这些因素综合作用的结果，必然导致被保护层突出危险的消失。开采保护层防治煤与瓦斯突出的保护层保护作用的有效范围，应根据矿井实际考察结果或参照《防治煤与瓦斯突出细则》确定。

（2）预抽煤层瓦斯。开采保护层时，已有瓦斯抽放系统的矿井，应同时抽放被保护层的瓦斯。单一煤层和无保护层可开采的突出危险煤层，经试验预抽瓦斯有效果时，也必须采用抽放瓦斯的措施。

煤层抽放瓦斯后，大量高压瓦斯的排放导致瓦斯潜能的释放，减弱了完成突出过程的主要动力。大量瓦斯的排放，直接导致煤体强度的增大，增加了突出的阻力；另一方面，大量瓦斯的排放又导致了煤体的卸压，释放了积蓄在煤体和围岩中的弹性能，减弱了发动突出的主要动力。这些因素的综合作用的结果，消除了突出的危险。

（3）煤体注水。压力水进入煤层可以破碎工作面附近的煤体。水进入煤层内部的裂缝和孔隙后，可使原始煤体湿润，改变煤的力学性质，增加了煤的可塑性和柔性，降低了煤的弹性，使煤体疏松；可减小煤体内部的应力集中和瓦斯放散初速度，应力分布变得比较均匀，使集中应力峰值移入煤体深处，巷道工作面前方应力集中系数减小，在采掘过程中煤体弹性能的释放变得比较缓慢。同时，水进入煤体后封闭了瓦斯流动的通道，并将瓦斯向煤体内部挤压，提高了煤体承受压力的能力（煤的微孔直径越小，承受压力的能力越大），降低了瓦斯破碎煤体的可能性；另一方面，水浸入煤体的微孔隙后使瓦斯难于排放。

273. 石门揭煤防治煤与瓦斯突出的措施有哪些？

石门和其他岩石井巷揭穿突出危险煤层时的防突出措施中，除抽放瓦斯外，还有水力冲孔、排放钻孔、水力冲刷、金属骨架等措施。

（1）水力冲孔。当石门揭煤钻孔出现喷煤、喷瓦斯的自喷现象时，可采用水力冲孔措施进行揭煤。即以岩柱或煤柱作屏障，在向煤层打钻的同时送入一定压力的水（水压一般大于3MPa），部分地破坏煤体可造成应力的不平衡，导致喷孔的发生和发展，喷出的煤、水和瓦斯可通过管道输送到远离工作面的地方分离。水力冲孔要求石门冲出的总煤量（t），不小于煤层厚度（m）的20倍。

（2）排放钻孔。排放钻孔是在石门掘至离煤层垂距5～8m处，向突出危险煤层沿倾斜和走向均匀地布置2～3圈钻孔，控制范围达到石门周边外3～5m，形成足够的卸压和排放瓦斯范围，在设计要求的范围内，瓦斯压力全部降到0.74MPa以下。这一措施适用于不同厚度和倾角的突出煤层，对瓦斯压力较高的煤层，也有较好的防突效果。

（3）水力冲刷。水力冲刷是利用高压水枪冲刷石门工作面前方煤体，形成超前孔洞，使煤体得到卸压和排放瓦斯，以消除石门揭煤时的突出危险性。水力冲刷的主要问题是冲刷出的煤和瓦斯就地排放，形成了工作地点不安全的环境。

（4）金属骨架。金属骨架是用于石门揭煤的一种超前支架。在距煤层2～3m时，在工作面上部和两侧周边打钻孔，钻孔要穿透煤层全厚并进入岩层0.5m，单排孔间距一般不大于0.2m，双排孔间距一般不大于0.3m，然后在钻孔中插入长度大于孔深0.5m以上的钢管或钢轨，将其尾部固定架牢，形成一个整体护架。金属骨架措施的防突作用：一是钻孔卸压；二是钻孔排瓦斯；三是保护煤体。保护煤体是主要作用，增大突出的阻力。

274. 煤巷掘进工作面、采煤工作面防治煤与瓦斯突出的措施有哪些?

(1) 煤巷掘进工作面防治突出措施。在有突出危险的煤层中掘进巷道，可以采用预抽瓦斯、水力冲孔、超前钻孔、深孔松动爆破、深孔控制卸压爆破、卸压槽和前探支架等防治突出措施。

1) 超前钻孔（包括大直径钻孔）。适用于煤层透气性较好、钻孔的有效影响半径大于0.7m、煤质稍硬的突出煤层。钻孔长度不得小于10m，钻孔超前掘进工作面的距离不得小于5m。排放钻孔的控制范围，应包括巷道断面和巷道断面轮廓线外四周不小于2m的范围。超前钻孔的直径一般为75~120mm，地质条件变化剧烈地带也可采用42mm直径的钻孔。

2) 深孔松动爆破。深孔松动爆破是在工作面前方打若干个一定深度的炮孔，通过爆破使周围煤体破碎、使应力集中带向煤体深部推移，达到卸压和排放瓦斯的作用。该措施适用于煤质较硬、突出强度较小的煤层。深孔松动爆破的孔径为42mm，孔长不得小于8m，超前距不得小于5m。深孔松动爆破应控制到巷道轮廓线外1.5~2m的范围内。

3) 深孔控制卸压爆破。与一般深孔松动爆破相比，深孔控制卸压爆破有两个特点：一是将爆破孔长度由8~10m增加到20~25m；二是在爆破孔附近打不装药的控制孔，以增大卸压和排放瓦斯的效果。

4) 卸压槽。卸压槽是近年来推广应用的一种预防煤与瓦斯突出和冲击地压的方法。它是沿巷道两帮预先切割出一定宽度的缝槽，保持一定的超前距。使巷道前方一段距离内的煤体与煤层母体部分脱离，在卸压槽的保护范围内掘进，可以避免突出或冲击地压的发生。

5) 前探支架。前探支架一般是向工作面前方打钻孔，孔内插入钢管和钢轨，其长度为两次掘进长度再加0.5m。掘进每循环一次，打一排钻孔，形成两排钻孔交替前进，钻孔间距为0.2~0.3m。

(2) 采煤工作面防治突出措施。对于有突出危险的采煤工作面，防治突出应以区域性措施为主。因为采煤工作面范围大，又是采煤场所，任何局部防突措施都将中断采煤作业，影响生产。当由于某种原因未采取区域防突措施时或在区域防突措施失效的区段，可采用排放钻孔、松动爆破、注水湿润煤体、大直径钻孔、预抽瓦斯等局部防突措施，并应尽可能地采用刨煤机或浅截深滚筒式采煤机采煤。

1) 松动爆破。松动爆破适用于煤质较硬、围岩稳定性较好的煤层。沿工作面每隔2~3m打一个孔深度不小于3m的松动爆破孔，每孔装药不得大于0.5kg，超前距离不得小于2m。

2) 浅孔注水。浅孔注水湿润煤体可用于煤质较硬的突出危险煤层，沿工作面每隔2~3m打一个深度不小于3m的注水孔，注水压力不得低于8MPa，最小超前距不得小于2m。注水开始后发现水由煤壁或相邻注水钻孔中流出时即可停止注水。

275. 煤矿防止煤与瓦斯突出的安全防护措施有哪些?

(1) 震动爆破。震动爆破的实质是一种诱导突出的安全措施。它是通过多钻孔、多装药、一次爆破，使承受地应力的含高压瓦斯的煤体在强大的震动力作用下突然暴露，给突出创造有利条件。由于爆破前人员已撤到安全地点，所以即使诱导突出也不会伤人。在突出危险煤层厚度小于0.3m或瓦斯压力小于0.74MPa的煤层中，可直接采用震动爆破揭穿煤层。在严重突出危险煤层中，还必须采取其他防突措施。震动爆破必须有独立的回风系统。其进风侧应设置两道坚固的反向风门，回风系统严禁人员通行或作业并停电。如果震动爆破未能一次揭穿煤层，在掘进剩余部分时，仍必须采取预防突出措施。

（2）远距离爆破。在有突出危险的采掘工作面采用爆破作业时，必须采用远距离爆破。远距离爆破的操纵地点应设在进风侧反向风门之外或避难所内，距工作面的距离根据现场实际情况而定，但不得小于300m。远距离爆破时，爆破员操纵爆破的地点应配备压风自救系统或自救器。回风系统的采掘工作面以及有人作业的地点，都必须停电撤人，爆破30min后，方可由救护队进入工作面检查。

（3）挡拦设施。挡拦设施是限制突出强度的一种有效方法。挡拦可用金属、矸石或木垛等构成。挡拦距工作面的距离，可根据预计的突出强度确定。

（4）反向风门。突出危险区设置反向风门，应遵守以下规定：

1）反向风门必须设在石门掘进工作面的进风侧，以控制突出时的瓦斯沿着进风道进入进风系统。

2）反向风门必须牢固，并须设两道。风门墙垛可用砖或混凝土砌筑，嵌入巷道周边岩石的深度可根据岩石性质确定，但不得少于0.2m，墙垛厚度不得少于0.8m。门框和门扇可采用坚实的木质结构。门框厚度不得小于100mm，门扇厚度不得小于50mn。两道风门之间的距离不得小于4m。

3）爆破时风门必须关闭，对通过门垛的风筒，必须设有隔断装置。爆破后，矿山救护队有关人员进入检查时，必须把风门打开顶牢。

4）反向风门距工作面的距离和反向风门的组数，应根据掘进工作面的通风系统和石门揭穿突出煤层时预计的突出强度确定。

（5）自救器。进入有突出危险采掘工作面的工作人员，必须佩戴隔离式自救器。每天下井前与升井后必须对自救器进行称重和气密性检查，以保证仪器性能良好。

（6）井下设避难所或压风自救系统。突出危险矿井应在井下设避难所或压风自救系统，根据具体情况，可设置其中之一或混合设置，并要符合以下要求：

1）避难所应设在采掘工作面附近和爆破员操作爆破的地点，避难所的数量及其距采掘工作面的距离，应根据具体条件确定。

2）避难所必须设向外开启的严密的隔离门，室内净高不得低于2m，长度和宽度应根据同时避难的最多人数确定，但每人占用面积不得少于0.5m^2。避难所内支护必须保持良好，并设有与矿（井）调度室直通的电话。

3）避难所内必须设自供给空气的设施，每人供风量不得少于0.3m^3/min。如果用压缩空气供风时，应有减压装置和带有阀门控制的呼吸嘴。

4）避难所内应根据避难最多人数，配备足够数量的自救器。

（7）压风自救系统的设置应符合以下要求：

1）压风自救系统安设在井下压缩空气管路上。

2）压风自救系统应设置在距采掘工作面25~40m的巷道内、爆破地点、撤离人员与警戒人员所在位置以及回风巷有人作业处。长距离的掘进巷道中，应每隔50m设置一组压风自救系统。

3）每组压风自救系统一般可供 5～8 人用，压缩空气供给量每人不得少于 $0.1m^3/min$。

276. 煤矿在什么情况下，应当进行突出煤层鉴定?

突出矿井及突出煤层的鉴定，由煤矿企业委托具有煤与瓦斯突出危险性鉴定资质的单位进行。煤矿企业应当将鉴定结果报省（自治区、直辖市）负责煤炭行业管理的部门审批，并报省级煤矿安全监察机构备案。

新建矿井的煤层突出危险性应当根据地质勘探部门提供的基础资料进行煤层突出危险性评估，经评估认为有突出危险的新井，其建井期间应当对开采煤层及其他可能对采掘活动造成威胁的煤层进行突出危险性鉴定。

有以下情况之一的，应当立即进行突出煤层鉴定；鉴定未完成前，应当按照突出煤层管理：

（1）煤层有瓦斯动力现象的。

（2）煤层瓦斯压力达到或者超过 0.74MPa 的。

（3）相邻矿井开采的同一煤层发生突出事故或被鉴定为突出煤层的。

277. 煤（岩）与瓦斯（二氧化碳）突出防治一般安全规定有哪些?

（1）突出矿井在编制年度、季度、月生产建设计划的同时，必须编制防治突出措施计划。开采突出煤层时，必须采取突出危险性预测、防治突出措施、防治突出措施的效果检验、安全防护措施等综合防治突出措施。

（2）煤矿企业应掌握突出动态和规律、填写突出卡片、积累资料、总结经验教训、制定防治突出措施，在每年第一季度内，将上年度的突出资料报省（自治区、直辖市）负责煤炭行业管理的部门和全国突出档案室。

（3）对有突出危险的新建矿井，突出矿井的新水平、新采区，必须编制防治突出煤层突出的设计。设计应包括开拓方式、煤层开采程序、采煤方法、通风方式、支护形式、突出危险性预测方法、保护层的选择、抽放瓦斯和局部防治突出措施等内容。

（4）对有突出危险的新建矿井，突出矿井的新水平、新采区，必须编制防治突出煤层突出的设计。设计应包括开拓方式、煤层开采程序、采煤方法、通风方式、支护形式、突出危险性预测方法、保护层的选择、抽放瓦斯和局部防治突出措施等内容，并按管理权限报县级以上煤炭管理部门审批。

（5）突出矿井必须及时编制矿井瓦斯地质图，图中应标明采掘进度、被保护范围、煤层赋存条件、地质构造、突出点的位置、突出强度、瓦斯基本参数等，作为突出危险性区域预测和制定防治突出措施的依据。在突出煤层顶底板掘进岩巷时，必须定期验证地质资料，及时掌握施工动态和围岩变化情况，防止误穿突出煤层。

（6）开采突出煤层时，每个采掘工作面的专职瓦斯检查工必须随时检查瓦斯，掌握突出预兆。当发现有突出预兆时，瓦斯检查工有权停止工作面作业，并协助班组长立即组织人员按避灾路线撤出、报告矿调度室。

（7）突出煤层中的突出危险区、突出威胁区，严禁采用放顶煤采煤法、水力采煤法、非正规采煤法采煤。突出煤层中的突出危险区、突出威胁区的采掘工作面严禁使用风镐作业。

（8）有突出危险的采掘工作面爆破落煤前，所有不装药的眼、孔都应用不燃性材料充填，充填深度应不小于爆破孔深度的1.5倍。对采用直径大于120mm的钻孔、水力冲刷或水力冲孔等措施在煤体中形成的孔洞，在爆破前应严密封闭孔口，孔内注满水、沙或填土。

（9）煤与二氧化碳突出、岩石与二氧化碳突出的管理和防治措施应参照（1）~（8）执行。

278. 煤层突出危险性预测和防治突出措施效果检验有哪些要求？

（1）突出矿井必须对突出煤层进行区域突出危险性预测（简称区域预测）和工作面突出危险性预测（简称工作面预测）。

突出煤层经区域预测可划分为突出危险区、突出威胁区和无突出危险区。采掘工作面经工作面预测可划分为突出危险工作面和无突出危险工作面。

对采掘工作面实施防治突出措施后，应按工作面预测方法进行措施效果检验。措施效果检验指标都在该煤层突出危险临界值以下的，认为措施有效。

（2）在突出威胁区内，根据煤层突出危险程度，采掘工作面每推进30~100m应用工作面预测方法连续进行不少于2次的区域性预测验证，其中任何1次验证为有突出危险时，该区域应改划为突出危险区。

在无突出危险区内，可不采取防治突出措施。

（3）在突出危险区内进行采掘作业时，必须采取综合防治突出措施。当预测为突出危险工作面时，应采取防治突出措施，只有经措施效果检验证实措施有效后，方可在采取安全防护措施的情况下进行采掘作业。

每执行1次防治突出措施作业循环后，应再进行工作面预测，如预测为无突出危险，仍必须再采取防治突出措施，只有连续2次预测为无突出危险，该工作面方可视为无突出危险工作面。

预测为无突出危险工作面，每次预测循环应留有不小于2m的预测超前距。

在无突出危险工作面进行采掘作业时，可不采取防治突出措施，但必须采取安全防护措施。

（4）保护层的开采厚度不大于0.5m、上保护层与突出煤层间距大于50m或下保护层与突出煤层间距大于80m时，必须对保护层的保护效果进行检验。

矿井首次开采保护层时，必须进行保护效果及保护范围的实际考察，并不断积累、补充和完善资料，以便得出保护效果及保护范围的参数。

（5）预抽煤层瓦斯后，必须对预抽瓦斯防治突出效果进行检验，其有效性指标应根据矿井实测资料确定。如无实测数据，可依据以下指标之一确定：

1）预抽煤层瓦斯后，突出煤层的残存瓦斯含量小于该煤层始突深度的原始瓦斯含量。

2）煤层瓦斯预抽率大于30%。

采用煤层瓦斯预抽率作为有效性指标的突出煤层，在进行采掘作业时，必须采用工作面预测方法对预抽效果进行经常复验。

（6）掘进工作面防治突出措施效果检验有效时，允许的进尺量必须同时保证在巷道轴线方向留有不少于5m的措施孔超前距和不少于2m的检验孔超前距。

采煤工作面防治突出措施效果检验有效时，允许的推进进度必须同时满足留有不少于3m的措施孔超前距和不少于2m的检验孔超前距。

当防突措施无效时，不论措施孔还留有多少超前距，都必须采取防治突出的补充措施，只有经措施效果检验有效后，方可在采取安全防护措施的前提下进行采掘作业。

279. 什么是瓦斯爆炸，发生瓦斯爆炸必须具备哪些条件，如何预防瓦斯爆炸？

瓦斯在高温火源作用下，与氧气发生化学反应，生成二氧化碳和水，并放出大量的热，这些热量能够使反应过程中生成的二氧化碳和水蒸气迅速膨胀，形成高温、高压并以极高的速度向外冲出而产生动力现象，这就是瓦斯爆炸。其危害主要表现在，爆炸产生瞬时高温，爆炸产生的高压，爆炸产生的高速冲击波，爆炸产生的有毒有害气体。

瓦斯爆炸必须具备下面三个基本条件：

（1）一定的瓦斯浓度。在新鲜空气中，瓦斯爆炸的界限一般为5%～16%。当瓦斯浓度低于5%时，遇火不爆炸，但能在火焰外围形成燃烧层；当瓦斯浓度为9.5%时，爆炸威力最大；瓦斯浓度在16%以上时，失去爆炸性，但在空气中遇火仍燃烧。

（2）引火温度。瓦斯的引火温度一般认为是650～750℃。

（3）充足的氧气含量。氧气浓度不低于12%。

瓦斯爆炸事故是可以预防的。预防瓦斯爆炸，就是指消除瓦斯爆炸的条件并限制爆炸火焰向其他地区传播，归纳起来主要有三个方面：防止瓦斯积聚，防止引爆瓦斯和防止瓦斯爆炸事故的扩大。

280. 防止瓦斯积聚的技术措施有哪些？

（1）加强通风管理。通风是防止瓦斯积聚的主要措施，必须建立一个完善合理的矿井通风系统，加强通风管理，做到有效、稳定、可靠、连续不断地向井下所有用风地点输送足够数量的新鲜空气，以保证及时排除和冲淡矿井瓦斯和粉尘，使井下各处的瓦斯浓度符合安全要求，是防止矿井发生瓦斯爆炸事故的可靠保证。为此，要求矿井通风系统要具有较强的抗灾能力，通风系统要力求简单，实行分区通风，各水平、各采区要有单独的回风道，不得串联通风。矿井通风设施要保证规格质量，经常检查维修，保证完好。

1）加强掘进工作面的通风管理。统计资料表明，有60%以上的瓦斯爆炸事故发生在掘进工作面。因此，必须加强掘进工作面的通风管理，特别是在更换、维修局部通风机或局部通风机停止运转时，更要加强管理。协调好通风管理部门和机电部门的工作，以保证工作的顺利进行和恢复通风时的安全。在高瓦斯矿井中，为防止局部通风机停风造成的危险，必须使用“三专”（专用变压器、专用供电线路和专用开关）“两闭锁”（风电闭锁和甲烷风电闭锁），局部通风机要挂牌指定专人管理，严格禁止非专门人员操作局部通风机和随意开停风机，即使是短暂的停风，也应该在检查瓦斯后开启风机；在停风前，必须先撤出工作面的人员，并切断工作面的供电电源。在进行工作面机电设备的维修或局部通风机维修时，应特别注意安全，严禁带电维修。局部通风机风筒的出风口距掘进工作面的距离一般不得大于7m，风量要大于40m^3/min，以防止出现通风死角和循环通风，供风的风筒要保持平直，在拐弯处要缓慢拐弯，不能堵塞风筒，风筒接头应严密、不漏风；禁止中途割开风筒供风。局部通风和启动装置必须安放在新鲜风流中，距回风口的距离不小于10m。安放局部通风机的进风巷道所通过的风量要大于局部通风机吸风量的1.43倍，以保证局部通风机不会吸入循环风。

2）加强采煤工作面的通风管理。采煤工作面应特别注意回风隅角的瓦斯超限。采煤工作面采用的是全负压通风，合理的通风系统是保证工作面风量充足的基础。为了避免采煤工作面风量不足，首先应该采掘平衡，不要将整个矿井的生产和掘进都安排在一个采区或集中到矿井的一翼；其次，各采区在开拓工作面时，应该首先开掘中部车场，避免造成掘进和采煤的串联通风及掘进工作面之间的串联通风。矿井漏风也是风量不足的主要原因，堵漏对提高矿井风量和矿井安全都十分重要。

（2）加强瓦斯检查与监测。井下瓦斯状况的检查和监测是发现事故隐患的眼睛，也是判断和预测井下瓦斯状况、采取防范措施和处理措施的依据。随时检查和监测煤矿井下通风、瓦斯状况，是矿井安全管理的主要内容。它可以及时发现瓦斯超限和积聚，从而采取处理措施，把事故消灭在萌芽状态。每个矿井都必须建立井下瓦斯检查制度，设立相应的瓦斯检查和通风管理机构，配备相应的瓦斯检查仪器、仪表，以监测、监控井下瓦斯。瓦斯检查人员发现瓦斯超限，有权立即停止作业，撤出人员，并向有关部门报告。瓦斯检查员应由责任心强、经过专业培训并考试合格的人员担任。严禁瓦斯检查空班、漏检、假检等，一经发现严肃处理。

通风安全管理部门的值班人员，必须审阅瓦斯检查报表，掌握瓦斯变化情况，发现问题及时处理，并向矿调度室汇报。对重大的通风瓦斯问题，通风部门应制定措施，报矿总工程师批准，进行处理。每日通风、瓦斯情况必须送矿总工程师审阅，一矿多井的矿必须同时送井长、井技术负责人审阅。

（3）及时处理局部积聚的瓦斯。矿井瓦斯积聚是发生瓦斯事故的物质条件，采掘工作面内，体积大于$0.5m^3$的空间内积聚的瓦斯浓度达到2%时，附近20m内必须停止工作，撤出人员，切断电源，进行处理。

1）采煤工作面上隅角处瓦斯积聚的处理方法。

①引导风流法。引导风流法的实质是将新鲜风流引入瓦斯积聚的地点，把局部积聚的瓦斯冲淡、带走。

②沿空留巷排除法。在工作面回风巷中打密柱沿空留巷，使部分风流通过上隅角，以冲淡和带走上隅角局部积聚的瓦斯。

③瓦斯抽放法。该方法即采用可移动瓦斯泵通过管路抽放上隅角瓦斯，可收到很好的效果。

④充填置换法。这种方法是对采空区上隅角的空隙进行充填，将积聚瓦斯的空间用不燃性固体物质充填严密，使瓦斯没有积聚的空间，同时设管抽放。这种方法效果明显，还可达到预防自然发火的目的，是一举多得的好措施，但它除受条件限制外，工艺过程较复杂，对生产有一定干扰。因此，仅在少数矿井应用。

⑤风压调节法。风压调节法也称均压通风法。在工作面进风巷安设局部通风机（通风能力大小，根据工作面需要风量大小而定）和接设15～20m导风筒，向工作面送风，并在导风筒的出风口与局部通风机之间设两道风门，在工作面回风巷设两道调节风门，以调

节风压；同时，在回风巷设一趟硬质导风筒，一端伸入上隅角采空区5～8m，另一端穿过两道调节风门，以排放采空区上部的瓦斯。风量的控制应以上隅角瓦斯不超限为准。采用此方法时，要管理好风门。当局部通风机停风时，要立即将两组风门打开，以免造成事故。

⑥调整通风方式法。根据煤层赋存条件的不同和瓦斯涌出量大小、涌出来源及涌出形式，可调整或选择较适宜的通风方式，达到预防、排除上隅角积聚瓦斯的目的。

2）巷道冒落空洞内瓦斯积聚的处理方法。

①导风板引风法。在巷道冒顶空间下的支架顶梁上钉挡风板，把一部分风流引到高冒处，吹散积聚瓦斯。

②充填置换法。在棚梁上铺设一定厚度的木板或荆篱，再在上面冒落的空洞内填满黄土或沙子，从而将积聚的瓦斯置换排除。

③风筒分支排放法。巷道内若有风筒，可在冒顶处附近的风筒上加三通或安设一段小直径的分支风筒，向冒顶空洞内送风，排除积聚的瓦斯。

④压风排除法。在有压风管通过的巷道，可在管路上接出分支，并在支管上设若干个喷嘴，利用压风将积聚的瓦斯排除。

3）巷道顶部层状赋存瓦斯的处理方法。

①加大巷道内的风流速度，使风速大于0.5～1.0m/s，让瓦斯与风流充分混合而排出。

②加大顶板附近的风流速度，如在顶梁下设置导风板，将风流引向顶板附近等；也可沿顶板铺设铁风筒，每隔一定距离接出一短管，或沿顶板铺设钻有小孔的压风管等，这样都可将积聚的层状瓦斯吹散。

③隔绝瓦斯来源。如果顶板裂隙发育有大量瓦斯涌出，可用木板和黏土将其背严、填实。

④钻孔抽放瓦斯。如果顶板有集中的瓦斯来源，可向顶板打钻接管抽放瓦斯。

4）采煤机附近瓦斯积聚的处理方法。根据瓦斯积聚形成的不同原因，应采取相应的处理方法：

①加大风量。在采取煤层注水湿润煤体和采煤机喷雾降尘措施后，经矿总工程师批准，可适当加大风速，但不得超过5m/s。

②降低瓦斯涌出量和减少瓦斯涌出量的不均衡性。可延长采煤机在生产班中的工作时间或每昼夜增加一个生产班次，使采煤机以较小的速度和截深采煤。

③当采煤机附近（或工作面中其他部位）出现局部瓦斯积聚时，可安装小型局部通风机或水力引射器，吹散排出积聚的瓦斯。

④抽放瓦斯。即采取煤层开采前预抽或开采过程中边采边抽的方法降低瓦斯涌出量。

281. 防止引爆瓦斯的安全措施有哪些?

（1）防止明火。

（2）防止煤炭氧化自燃，加强火区检查与管理，定期采样分析，防止复燃。

（3）防止出现爆破火焰。

1）严格炸药、爆破管理，井下严禁使用产生火焰的爆破器材和爆破工艺。

2）瓦斯矿井要使用安全炸药，不合格或变质的炸药不准使用。

3）炮孔深度和装药量要符合作业规程规定；炮孔黄泥装填要满、要实，防止爆破打筒，坚持使用水泡泥。

4）禁止使用明接头或裸露的爆破母线；爆破母线与发爆器的连接要牢固，防止产生电火花；爆破员尽量在入风流中启动发爆器。

5）禁止放明炮、糊炮。

6）严格执行“一炮三检”和“三人连锁换牌放炮”制度。

（4）防止出现电火花。

1）瓦斯矿井必须采用矿用安全型、防爆型和安全火花型的电气设备。对电气设备的防爆性能定期、经常检查，不符合要求的要及时更换和修理；否则，不准使用。

2）井口和井下电气设备必须有防雷和防短路保护装置；采取有效措施防治井下杂散电流。

3）所有电缆接头不准有“鸡爪子”、“羊尾巴”和明接头。

4）修理开关、接线盒等不准带电作业。

5）局部通风机开关要设风电闭锁装置、甲烷风电闭锁装置、检漏装置等。

6）发放的矿灯要符合要求，严禁在井下拆开、敲打和撞击灯头和灯盒。

（5）其他引火源的治理。

1）矿井中使用的高分子材料制品（如塑料、橡胶、树脂等），其表面电阻应低于规定值。其中，洒水、排水用塑料管壁表面电阻应小于1GΩ，压风用管壁表面电阻应小于0.1GΩ，喷浆用管壁表面电阻应小于0.1GΩ，抽放瓦斯用管壁表面电阻应小于1MΩ，防止产生静电火花。

2）在摩擦发热的部件上安设过热保护装置，在摩擦部件金属表面溶敷活性低的金属，使用难引燃性能的合金工具。综合机械化机组作业的采掘工作面遇到坚硬岩石时，应采用爆破处理，机组截齿处应采取喷水降温措施。

282. 防止瓦斯爆炸灾害扩大的安全措施有哪些?

除建立完善合理、抗灾能力强的矿井通风系统外，为防止瓦斯爆炸灾害扩大，还应采取以下措施：

（1）编制矿井灾害预防和处理计划。矿井每年都要编制有针对性的、切合实际的矿井灾害预防和处理计划，每季度根据矿井变化的情况进行修订和补充，并且组织所有入井职工认真学习、贯彻，使每个入井人员都能了解和熟悉一旦发生瓦斯爆炸时的撤出和躲避的路线与地点。每年由矿长组织一次实战演习。

（2）安设安全装置。

1）安设防爆门。安装主要通风机的出风井口处，必须装设防爆门或防爆井盖，以便在井下发生瓦斯爆炸时，冲击波将防爆门或井盖冲开，释放能量，防止通风机受到破坏。

2）安设反风装置。主要通风机必须有反风设备，并做到每季度至少检查一次，一年至少进行一次反风演习，操作时间和反风风量达到要求，保证在处理事故需要紧急反风时能灵活使用。

3）安设隔爆设施。隔爆设施是根据瓦斯或煤尘爆炸时所产生的冲击波与火焰的速度差的原理设计的。爆炸时产生的冲击波在前，可使隔爆设施动作，将随后而来的火焰扑灭、隔住，从而使爆炸灾害范围不再扩大。隔爆设施主要是在巷道中架设岩粉棚和水棚等。

4）佩戴自救器。每个入井人员不仅要随身佩戴自救器，还要懂原理、会使用，在发生瓦斯爆炸或其他灾害时，能安全逃生。

283. 井下瓦斯安全检查重点有哪些?

(1) 主要进风井筒与进风大巷的检查。矿井主要进风井筒、大巷，在一般情况下不会出现瓦斯问题，但是，有的进风井筒、进风大巷穿过煤层或打在煤层中，有的穿过与煤层相通的地质破碎带，有的距煤层较近，已采区密闭不好等，风流中可能出现瓦斯浓度超过0.5%的现象。

检查时发现风流瓦斯浓度超过0.5%时，要立即通知通风部门和矿总工程师检查原因并进行处理。当发现有局部瓦斯积聚时，要通知通风部门采取措施进行处理，在20m半径范围内停止一切机电设备运转。在架线电机车的巷道中出现瓦斯积聚时，要切断电源，进行处理。

(2) 主要回风井筒和回风大巷的检查。矿井总回风流或一翼回风中瓦斯或二氧化碳浓度超过0.75%时，矿总工程师必须立即查明原因，进行处理。

(3) 采区瓦斯的检查。重点检查采区瓦斯治理是否有效，是否存在瓦斯积聚；瓦斯管理制度是否健全和有效执行；应急措施和避灾路线是否完善。具体内容主要包括：

1）采区入风巷道风流中的瓦斯超过0.5%时是否采取措施，是否切断工作面的所有电源。

2）工作面风流瓦斯及回风道的瓦斯达到1%时是否停止电钻钻孔。

3）工作面风流瓦斯超过1.5%时是否停止工作，撤出人员，切断电源，进行处理。

4）爆破地点附近20m以内风流中瓦斯达到1%时是否装药爆破。

5）电动机或开关附近20m以内风流瓦斯达到1.5%时，是否停止运转，撤出人员，切断电源进行处理。

6）采区内有无体积大于0.5m^3、浓度达到2%的瓦斯积聚。

7）瓦斯积聚地点附近的20m内是否停止工作，撤出人员，切断电源进行处理。

8）采掘工作面风流中二氧化碳达到1.5%时是否停止工作，撤出人员，查明原因，采取有效措施，报总工程师批准后进行处理。

9）瓦斯排放有无安全措施。瓦斯检查员、安检员、班（组）长是否在现场。

10）瓦斯浓度达到3%，其他有害气体超过规定不能及时处理时，是否在24h内封闭。

(4) 瓦斯管理的检查。

1）瓦斯检查员是否配备齐全，高瓦斯工作面和煤与瓦斯突出工作面是否配有专职瓦斯检查员。

2）井下各个检查地点是否按《煤矿安全规程》规定进行检查。

3）瓦斯检查是否有记录，是否做到检查牌板、记录、报表三对口。

4）瓦斯检查员检查记录是否随身携带，记录是否齐全。

5）瓦斯检查员是否在现场交接班，有无空检、漏检、假检行为。

6）检查仪器是否有效、准确。

7）爆破作业是否执行“一炮三检”制度。

8）在停风区是否有人作业。

9）停风区是否有栅栏、警标、禁止人员进入。

（5）矿井瓦斯抽放系统的安全检查。瓦斯抽放系统检查的重点：一是抽放系统的安全性，抽放系统必须有专门设计和安全措施；二是采抽关系，如果这种关系失调，不仅生产不能正常进行，还可能酿成重大事故。

1）抽放的合理性检查。采煤工作面瓦斯涌出量大于$5m^3/min$、掘进工作面瓦斯涌出量大于$3m^3/min$，采用通风的方法解决瓦斯问题不合理时，就应考虑瓦斯抽放。

2）抽放系统完备性的检查。是否具备瓦斯抽放所必需的设备和相关的安全设施、检测设施、放水设施等。

3）采抽关系的检查。瓦斯抽放是高瓦斯矿井采掘过程中的一个重要环节，在检查时，要检查预抽区抽放瓦斯与采煤、掘进的关系，即采抽比关系（一般为1∶3）。在检查中要遵循已抽放后的保护的煤量大于年产量的原则。在开采时，要采取边采边抽或其他安全措施。

4）瓦斯抽放泵站的检查。

①检查泵房是否用不燃性材料建造。

②地面泵房有无雷电保护装置。

③泵站距井口和主要建筑物的距离是否大于50m，有无栅栏和围墙保护，泵房周围20m内是否有明火。

④是否备有一套瓦斯泵和附属设备。

⑤泵房内的电气设备和仪表应采用防爆型，有无安全措施。

⑥泵房内有无电话直通矿调度室。

⑦检测瓦斯浓度、流量、压力的仪表是否齐全。

⑧是否有专人值班，经常检查设备情况和瓦斯浓度。

⑨瓦斯利用的泵房是否在停泵时通知用户。

⑩干式抽放瓦斯是否有防回火、防回气和防爆炸装置。

⑪利用时抽放的瓦斯浓度是否小于30%，不利用时是否小于25%。

5）瓦斯抽放主要管路的检查。

①检查瓦斯抽放管路是否按计划和设计施工。

②管路的质量、吊挂、连接是否符合相关规定。

③管路中有无防止同带电体接触和防止砸坏管路的措施。

④管路是否有一定数量的观测孔，低洼处是否有放水装置。

瓦斯主要管路常出现的问题有：水堵管路，造成大量瓦斯涌出；瓦斯管路被砸坏，进入空气，造成抽放瓦斯浓度降低。

6）瓦斯抽放区的检查。一个矿井瓦斯抽放可分为预抽区、边采边抽区及采空区抽放区，在检查时可分开检查。

①预抽区的检查。检查钻场之间的距离，钻孔的布置，抽放的负压，钻场及钻孔的施工管理。钻场、钻孔之间的距离可根据抽放的影响半径来确定。一般钻场距离在影响半径

之内为好，可根据矿井的具体情况而定。检查时可根据矿井规定的距离进行检查。钻孔布置应按设计施工，钻孔应打到煤层的顶板，封孔要严密不漏气。钻场中要有栅栏、警标、检查牌板、钻孔布置牌板，有负压表和测孔及放水器。钻场、钻孔的施工要制定安全措施尤其是打突出煤层的钻孔，要有打钻防突的措施。当抽放系统发生故障，遇有顶钻、瓦斯大量涌出、钻孔内有响声时，要立即停止进钻并撤出人员。

②边采（掘）边抽的检查。检查边抽率是否达到设计指标；钻场密度是否满足设计抽放量的要求；钻孔抽放负压是否大于通风作用在该处钻孔的负压；钻孔开孔位置是否布置在围岩稳定的煤层中，终孔是否打到瓦斯密集的破裂区；封孔是否严密不漏气，封孔深度煤层中是否大于5m、岩石中是否大于3m；钻场是否是专用的，钻孔布置方式、深度和角度大小是否在设计中明确规定。检查时发现的问题要及时整改，尤其是在钻孔出现正压、瓦斯大量涌出及抽放瓦斯管路堵塞现象时。

③采空区抽放瓦斯的现场检查。抽放点必须用不燃材料建筑永久性密闭，其厚度不得小于600mm，每个密闭前都要设反水池，设灌浆管；每个抽放钻场的抽放瓦斯管上都要设有阀门、观测孔、流量计（流量孔）、水柱计和放水装置。在检查时主要检查漏气情况和孔内温度，当温度高时，要及时通知有关人员灌浆注水，以防采空区着火。

（6）煤与瓦斯突出的安全检查。

1）区域性防突措施的检查。

①预抽瓦斯。当突出煤层的透气性系数不小于 $0.001m^2/(MPa^2 \cdot d)$ 时，应采取预抽瓦斯措施，如果没有采取就不合格。计算煤层瓦斯预抽率是否大于25%，大于25%为合格，小于25%为不合格。

②开采保护层。检查保护层与被保护层的距离是否满足要求；保护层的保护范围；开采保护层是否报局总工程师批准；开采保护层时，采空区是否留有煤柱，如果非留煤柱不可时，是否经局总工程师批准。

③效果检验。预抽煤层瓦斯或开采保护层以后，必须进行效果检验。主要检查以下四项指标：煤的破坏类型、瓦斯放散初速度、煤的坚固性系数、煤层瓦斯压力。其中有一项指标不合格，就说明突出的危险依然存在，还需要重新采取措施。

2）突出煤层中施工的检查。

①突出煤层中施工的通风系统的现场检查。突出煤层施工中应具备独立回风系统，在检查中，发现突出煤层施工的回风进入其他采掘区域时，要立即停止工作，并追究责任。

②突出矿井巷道布置的现场检查，如果不合乎要求，要通知有关部门立即整改。

3）局部防突措施的检查。

①石门揭穿突出危险煤层的检查项目。在石门工作面距突出煤层10m以内是否有防突出的专门设计和措施，如果没有设计和措施应立即停止石门掘进；石门是否布置在地质构造复杂的破坏地带，检查时可以根据巷道布置地的地质资料对照检查。石门与突出煤层中已掘巷道贯通时，该巷道应超过石门贯通位置5m以上，并保持正常通风；石门揭穿突出危险煤层专门设计的内容的检查；石门揭穿突出危险煤层时，震动性爆破的规定和专门设计的检查。不管采取哪种防突措施，都必须进行效果的检查，如果检验结果中四项指标有一项达不到要求，不能揭穿突出煤层。

②煤巷掘进的防突措施检查。煤巷掘进的防突措施检查内容包括：是否有煤巷掘进的

专门防突措施，是否报矿总工程师批准，是否布置两个相向的工作面同时掘进，是否有安全防护措施。

③管理措施的检查。管理措施包括组织领导、人事安排、经费、管理制度、图纸资料台账以及培训等内容。

④综合防突措施的检查。综合防突措施的检查内容包括突出危险性预测、防止突出措施、效果检验、安全防护措施、对现场作业人员的培训及发证等。

（7）安全监测系统的检查。随着煤炭科学技术的发展和煤矿装备水平的提高，煤矿安全监测监控系统所起的作用越来越大，保证其安全可靠运转十分重要，对其安全检查的内容是：

1）甲烷等传感器数量是否满足生产要求，甲烷传感器是否垂直悬挂，距顶板不大于300mm，距巷道侧壁不小于200mm；风速、压差、温度、一氧化碳传感器是否悬挂在能正确反映该测点测值的地点。

2）井下主机或分站是否安设在便于人员观察、调试、检验，支护良好，无漏水、无杂物的进风巷或硐室之中；是否加垫支架，距巷道底板不小于300mm或悬挂在巷道之中。

3）井下监测设备之间是否使用不延燃电缆连接，每隔100m是否有长度为100mm的黄色标志。

4）声、光报警器是否悬挂在有人工作、便于观察的地点。

5）中心站是否配备备用计算机、打印机和显示器，使用不间断电源。

6）设备备用量是否小于20%，并配有零配件和维修校正用仪表。

7）是否每隔7天使用校正气样和空气样，按产品说明书的要求对甲烷传感器、甲烷监测仪、甲烷报警矿灯等进行一次调校。其他传感器按使用说明书要求定期调校。

8）设施发生故障，井下无法处理时是否在24h内更换。

9）设施在井下连续运行6～12个月后是否将井下部分全部运到地面进行全面调校。

10）是否建立健全安全监测系统管理制度、安全检测员岗位责任制，并有效实施。

11）是否建立设备仪表台账、装置故障登记表、检修记录、巡检记录、中心站运行日志，装置使用情况月报、季报，检测信息是否及时呈报有关部门和人员。

（8）瓦斯重大隐患的检查。

1）在瓦斯超限情况下是否不采取措施照常作业。

2）采煤工作面上隅角、回风巷瓦斯经常超限，是否采取有效措施；掘进巷道瓦斯超限未及时处理；巷道出现层状瓦斯积聚。

3）对瓦斯涌出异常区域未编制和执行专门的安全措施；对瓦斯涌出严重的采掘工作面，不按规定进行装备、检查、检验维修和正常使用。

4）瓦斯检查空班、漏检、伪造数据，不按规定检查盲巷。

5）工作区域瓦斯超限时不及时切断电源、撤出人员、停止工作，未及时汇报和采取措施进行处理。

6）作业地点瓦斯或二氧化碳浓度达到3%，不能及时处理时未能在24h内封闭。

7）处理巷道积聚瓦斯时，不制定和执行排放瓦斯措施；瓦斯排放未执行分级管理；瓦斯排放时，回风区域不断电、撤人和警戒，不控制向盲巷供风。

8）有煤与瓦斯突出危险的采掘工作面未采取切实可行的防突措施，存在较大发生突出的可能。

9）随意改变瓦斯监测传感器吊挂位置、擅自调整瓦斯监测仪指标或堵塞防护罩，造成监测失真。

第三节　矿井火灾防治

284. 煤矿矿井火灾有哪些危害？

（1）产生大量有害气体。矿井火灾对人身的危害主要是在火灾发展过程中产生大量的有毒有害气体。煤炭燃烧会产生一氧化碳、二氧化碳、二氧化硫、烟尘等。另外，坑木、橡胶、聚氯乙烯制品的燃烧也会产生大量的一氧化碳、醇类、醛类及其他有机化合物。这些有毒有害气体随风流动，有时可能波及相当大的区域甚至整个矿井，从而伤及井下工作人员。据统计，在矿井火灾事故中遇难者95%以上是死于烟雾中毒。

（2）在火源及近邻处产生高温。矿井火灾发生时，火源及近邻处的温度通常达1000℃以上，高温往往引燃附近的可燃物，使火灾范围迅速扩大。

（3）发生火灾后，可能形成火风压，造成井下风流紊乱，使灾区范围扩大，伤亡人数增加。

（4）能够引起瓦斯、煤尘爆炸。矿井火灾不仅提供了瓦斯、煤尘爆炸的引火热源，而且由于火的干馏作用使可燃物（如煤、木材）放出氢气、甲烷和其他多种碳氢化合物等爆炸性气体，同时火灾还可以使沉积的煤尘重新悬浮，从而引起瓦斯、煤尘爆炸事故。

（5）矿井火灾事故有的还烧毁生产设备和煤炭资源，甚至造成停产，造成巨大损失。

285. 煤矿矿井火灾预测预报方法有哪些？

（1）利用人体感官早期识别矿井火灾。

1）视力感觉法。用眼睛观察巷道周围有没有火焰、烟雾、雾气和“挂汗”等现象。

2）气味感觉法。煤炭从自热到自燃，氧化产物内有多种碳氢化合物，并产生煤油味、汽油味、松节油味或焦油味等。当闻到焦油味时，说明煤炭自燃已经发展到一定程度。

3）温度感觉法。由于燃烧产生的热量使火点附近的空气、水和煤岩体的温度升高。

4）疲劳感觉法。火灾产生的一氧化碳气体，能使人头痛、闷热、精神不振、四肢无力，有疲劳的感觉。因此，当井下出现这些现象时，要结合实际情况具体分析，如果是大多数人的感觉，必须要提高警惕，查明原因。

当上述征兆发展到较明显的程度时，人的感官是可以识别出来的。但是，人的感觉总是带有相当大的主观性，而且人的感觉与健康状况和精神状态也有很大关系。因此，人的直接感觉不是识别矿井火灾的可靠方法，还必须使用仪器仪表来进行测定和分析。

（2）气体成分分析法预测预报矿井火灾。煤在氧化过程中，能使附近地区空气中氧气的浓度降低、二氧化碳含量增加，并先后出现一氧化碳和其他碳氢化合物。这种井下空气成分变化的现象，可以作为判别煤炭自然发火的重要标志。

目前，绝大多数煤矿一般使用一氧化碳气体作为早期识别煤炭自燃的指标气体。随着早期预测预报技术的发展，逐渐采用碳氢类气体浓度和烯烷比等作为早期识别煤炭自燃火灾的指标气体。

现在大多数煤矿采用束管监测系统连续监测井下空气成分变化。束管监测系统一般由束管、附件（连续器、粉尘捕集器、水分捕集器、火焰阻止器等）、抽气泵、气体选取器、气相色谱分析仪，以及数字显现，图表记录、声光报警系统等组成。利用抽气泵将井下测点的气体送往色谱仪进行分析，其优点是能连续监测，分析数据精确可靠，现已成为自然发火早期预报的主要手段之一。

（3）测量井下发热体温度预测自然发火。煤炭自燃过程中，在自热期后段，由于氧化加剧，产生热量增加，使煤体及其周围温度升高。因此，测量发热体及其周围的温度变化是确定煤炭自燃状态的重要参数。

286. 煤矿矿井外因火灾形成的原因是什么，其预防措施有哪些？

外因火灾是由外来热源引起的。根据调查分析，形成外因火灾的原因有以下几种：

（1）存在明火。井下吸烟、焊接及用电炉、大灯泡取暖等都能引燃可燃物而导致外因火灾的发生。

（2）出现电火花。主要是由于电气设备性能不良、管理不善，如电钻、电动机、变压器、开关、插销、接线三通、电铃、打点器、电缆等出现损坏、过负荷、短路等，引起电火花，继而引燃可燃物形成火灾。

（3）违章爆破。由于不按规定和爆破说明书进行爆破，如放明炮、糊炮、空心炮以及用动力电源爆破、不装炮泥、倒掉药卷中的消烟粉、炮孔深度不够或最小抵抗线不符合规定等都会导致引燃可燃物而发生火灾。

（4）瓦斯、煤尘爆炸。因瓦斯、煤尘爆炸出现的明火引燃可燃物而引发的火灾。

（5）机械摩擦。由于机械摩擦及物体碰撞产生的火花引燃可燃物，进而引起火灾。

预防外因火灾的措施如下：

（1）安全设施。

1）生产和在建矿井都必须建造井上、井下防火设施。防火设施和制度必须符合国家有关防火的各项规定，并符合当地消防部门的要求。

2）木料场、矸石山、炉灰场距进风井的距离不得小于80m。木料场与矸石山的距离不得小于50m。

3）矿井必须设地面消防水池和井下消防管路系统。井下消防管路系统应每隔100m设置支管和阀门，但在带式输送机巷道中应每隔50m设置支管和阀门，地面消防水池必须经常保持不少于200m^{3}的水量。

4）新建矿井的永久井架和井口房，以井口为中心的联合建筑，都必须采用不燃性材料建筑。对现有生产矿井使用可燃性材料建筑的井架和井口房，必须制定防火措施。

5）进风井应装设防火铁门，防火铁门必须严密并易于关闭，打开时不妨碍提升、运输和人员通行，并应定期维修。如果不设防火铁门，必须有防止烟火进入矿井的安全措施。

（2）明火管理。

1）井口房和通风机房附近20m范围内，不得有烟火或用火炉取暖。

2）井筒、平硐与各水平的连接处及井底车场，主要绞车道与主要运输巷、回风巷的连接处、井下机电设备硐室、主要巷道内带式输送机机头前后两端各20m范围内，都必须采用不燃性材料支护。在井下和井口房，严禁采用可燃性材料搭建临时操作间、休息室等。

3）井下严禁使用灯泡取暖和使用电炉。

4）井下和井口房不得从事电焊、气焊和喷灯焊接等工作。如果必须在井下主要硐室、主要进风巷和井口房内进行电焊、气焊和喷灯焊接等工作，每次都必须制定安全措施，经矿长批准，由矿长指定专人在场检查和监督，并遵守以下规定：

①电焊、气焊和喷灯焊接等工作地点的前后两端各10m的井巷范围内，应是不燃性材料支护，并应有供水管路，有专人负责喷水。上述工作地点应至少备有两个灭火器。

②在井口房、井筒和倾斜巷道内进行电焊、气焊和喷灯焊接时，必须在工作地点的下方用不燃性材料设施接收火星。

③电焊、气焊和喷灯焊接等工作地点的风流中，瓦斯浓度不得超过0.5%。只有在检查证明作业地点附近20m范围内巷道顶部和支护背板后无瓦斯积存时，方可进行作业。

④电焊、气焊和喷灯焊接等工作完毕后，工作地点应再次用水喷洒，并应有专人在工作地点检查1h，发现异状，立即处理。

⑤在有煤（岩）与瓦斯突出矿井中进行电焊、气焊和喷灯焊接时，必须停止突出危险区的一切工作。

5）井下使用的汽油、煤油和变压器油必须装入盖严的铁桶内，由专人押送至使用地点。剩余的汽油、煤油和变压器油必须返回地面，严禁在井下存放。井下使用的润滑油、棉纱、布头和纸等，也必须放在有盖的铁桶内，并由专人定期送到地面处理，不得乱放乱扔。严禁将剩油、废油泼洒在井巷或硐室内。

287. 对煤矿矿井消防器材的管理有哪些规定？

（1）煤矿矿井必须在井上、井下设置消防材料库，并遵守以下规定：

1）井上消防材料库应设在井口附近，并有轨道直达井口，但不得设在井口房内。

2）井下消防材料库应设在每一生产水平的井底车场或主要运输大巷中，并应装备消防列车。

3）消防材料库储存的材料、工具的品种和数量应符合有关规定，并定期检查和更换，材料和工具不得挪作他用。

（2）煤矿井下爆破材料库、机电设备硐室、检修硐室、材料库、井底车场、使用带式输送机或液力耦合器的巷道以及采掘工作面附近的巷道中，都应备有灭火器材，其数量、规格和存放地点，应在《矿井灾害预防与处理计划》中确定。

（3）所有煤矿井下工作人员都必须熟悉灭火器材的使用方法，并熟悉本职工作区域内灭火器材的存放地点。

288. 煤炭自然发火的原因是什么，其自燃的条件有哪些？

关于煤炭自燃的原因，有多种学说解释，普遍认可的是煤氧复合作用学说，其主要观点是：煤在常温下吸收空气中的氧气，产生低温氧化，释放热量和初级氧化产物，由于散热不良，热量积聚，温度上升，加速了低温氧化作用进程，最终导致自然发火。

煤炭自燃必须同时具备以下条件：

（1）煤炭具有自燃的倾向性，并呈破碎状态堆积存在。

（2）连续的通风供氧维持煤的氧化过程不断地发展。

（3）煤氧化生成的热量能大量蓄积，难以及时散失。

（4）以上两三个条件同时存在且时间大于煤炭的自然发火期。

289. 煤炭自燃有哪些初期征兆？

（1）附近的氧气浓度降低。

（2）煤层的温度、附近的空气和水的温度都比正常情况下高。

（3）附近巷道中湿度增大，巷道的壁面和支架表面出现水珠，俗称“煤壁出汗”。

（4）出现有毒有害气体，如一氧化碳、二氧化碳和各种碳氢化合物。

（5）巷道空气中出现煤油、汽油、松节油和焦油等芳香族气体的气味。

290. 煤炭氧化自燃过程分为哪几个阶段？

（1）潜伏阶段。煤炭在常温下能吸附空气中的氧，并在煤的表面生成不稳定的氧化物，此时生成热量很少，能及时散发掉，因此，煤体温度不会升高。但是，煤体的质量略有增加，而且煤体被活化，煤的着火温度降低。

（2）自热阶段。经过潜伏期，煤的氧化速度加快，如果生成的热量来不及散发时，煤体温度将逐渐升高。同时，煤体周围空气中氧气的浓度降低，出现一氧化碳和二氧化碳，特别是在这个阶段的后期，煤体周围会出现气温上升，产生雾气，并放出各种碳氢化合物，同时还出现特殊气味（如煤油味、汽油味及焦油味等）。

（3）燃烧阶段。经过自热期，若煤体温度继续上升，当达到临界温度（一般为70～100℃）时，煤体氧化速度急剧加快，产生大量的热能，使煤体温度迅速升高。当达到煤炭的着火温度时，就开始进入燃烧阶段。在煤炭燃烧阶段中，如果在达到临界温度之前，供氧减少，散热加快，则煤体增温过程可以终止，煤体逐渐冷却，并继续氧化成惰性的风化状态。

291. 影响煤炭自燃的因素有哪些？

（1）煤层赋存情况及地质因素。

1）煤层埋藏越深、厚度越大、倾角越大，自燃危险性越大、越容易自燃。

2）围岩性质。顶板岩石坚硬且裂隙发育，冒落后块度大，采空区漏风大，供氧条件好；或底板坚硬，护巷煤柱受压大，易破碎则有利于自燃。如果顶板松软，易垮落，垮落后能充满采空区并很快被压实，则采空区漏风小，供氧条件差，自燃危险性降低。

3）地质构造。煤层中地质构造比较发育的地方，自燃比较频繁。

4）煤层中瓦斯含量。煤层中的瓦斯能降低煤的吸氧量，但瓦斯逸出后，煤的孔隙增加，使煤的自燃倾向性增加。研究表明，煤中剩余的瓦斯含量大于5m^3/t时，煤炭自燃就难以发生。

（2）开拓、开采条件。选择合理的开拓系统和开采方法，能减少煤层的切割量和遗煤量，从而降低自燃危险性。合理的开拓系统应保证煤层切割少、煤柱少，能及时隔离采空区；合理的采煤方法是巷道布置简单、煤炭回收率高、采空区漏风少。

（3）通风条件。没有空气的供给，煤的氧化就不能发展。但是漏风大时，氧化生成的热量被风流带走，也不能发展成自燃火灾。只有在既有风流通过，而且风速不大也不小的情况下，煤才能自然发火。研究表明，引起煤炭自燃的漏风极限值，采空区单位面积的漏风量大于 $1.2m^3/(min \cdot m^2)$ 或小于 $0.06m^3/(min \cdot m^2)$ 时不会发生自燃，最危险的漏风量为 $0.4 \sim 0.8m^3/(min \cdot m^2)$。

（4）采空区的管理。采用全部垮落法管理顶板的采空区，按煤的自燃情况划分为三个带：

1）不自燃带。位于工作面后方约1～5m处。在这个区域内，顶板冒落岩石处于松散堆积状态，空隙多且大，漏风强度大，无聚热条件，浮煤与空气接触时间短，所以一般不会发生自燃。

2）自燃带。由不自燃带向采空区内部延伸约25～60m的空间。因为冒落岩块逐渐压实，风阻增大，风流呈层流流动，氧化生热积聚，温度上升，有可能导致自燃。自燃带内最明显的变化是，一氧化碳的浓度逐渐增大而氧气浓度逐渐降低。

3）惰化带。在此区域内，冒落岩块逐渐压实，漏风基本消失。一般划分标准是氧气的浓度（体积分数）不大于10%。如果在自燃带内已经发生的自燃，在此带内也会因缺氧而窒息。

292. 经常发生煤炭自燃火灾的地点有哪些？

（1）断层附近。断层带附近煤岩比较破碎，工作面遇断层需要留保护煤柱或容易形成悬浮煤，放顶后断层带漏风量较大，造成良好的供氧条件，所以该地点容易自燃。

（2）高冒区。煤层巷道冒顶、砌碹质量不高或壁后充填不实，产生持续供氧条件而造成孔洞内煤壁自燃。

（3）采煤工作面进风巷、回风巷和停采线附近。

1）易自燃厚煤层的下分层开采时，假顶下的工作面进、回风巷与假顶中的裂隙形成了低速漏风供氧条件，如果上分层采空区内遗留大量浮煤，就会导致煤炭自燃。所以，厚煤层的下分层工作面的进、回风巷周围是容易发火地点。

2）采用留煤柱护巷的矿井，由于煤柱尺寸不合理，在采动压力作用下，煤柱被压破裂、坍塌。另外，回柱放顶后煤柱两侧冒落不实，出现许多漏风通道，沿进风巷、回风巷两侧（或一侧）附近出现一些漏风氧化储热的地点，所以极易发生自燃。

3）停采线是压差较大的漏风通道，碎煤较多，尤其是易自燃的厚煤层开采时，停采线附近发火更加严重。

（4）密闭墙内。有些密闭墙质量差，位置不合理，或长期失修，墙内有浮煤堆积，当出现持续漏风供氧时，就可能发生自燃。

（5）溜煤眼及联络巷。煤层巷道有时采用双巷掘进，隔一定距离开一个联络巷；主要巷道与配风巷之间存在联络巷；准备巷道之间的联络巷；各分层回采巷道之间、采煤工作面之间多用风眼或溜煤眼连通。这样造成煤层采过后密闭墙较多，如果通风管理差，易造成漏风使溜煤眼和联络巷内发生煤炭自燃。

293. 开采容易自燃和自燃的煤层时有哪些安全要求?

(1) 对开采容易自燃和自燃的单一厚煤层或煤层群的矿井，集中运输大巷和总回风巷应布置在岩层内或不易自燃的煤层内；如果布置在容易自燃和自燃的煤层内，必须砌碹或锚喷，碹后的空隙和冒落处必须用不燃性材料充填密实，或用无腐蚀性、无毒性的材料进行处理。

(2) 开采容易自燃和自燃的煤层（薄煤层除外）时，采煤工作面必须采用后退式开采，并根据采取防火措施后的煤层自然发火期确定采区开采期限。在地质构造复杂、断层带、残留煤柱等区域开采时，应根据矿山地质和开采技术条件，在作业规程中另行确定采区开采方式和开采期限。回采过程中不得任意留设设计外煤柱和顶煤。采煤工作面采到停采线时，必须采取措施使顶板冒落严实。

(3) 开采容易自燃和自燃的急倾斜煤层用垮落法控制顶板时，在主石门和采区运输石门上方，必须留有煤柱。禁止采掘留在主石门上方的煤柱。留在采区运输石门上方的煤柱，在采区结束后可回收，但必须采取防止自然发火措施。

(4) 开采容易自燃和自燃的煤层时，必须对采空区、突出和冒落孔洞等空隙采取预防性灌浆或全部充填、喷洒阻化剂、注阻化泥浆、注凝胶、注惰性气体、均压等措施，编制相应的防火、灭火设计，防止自然发火。

在自然发火期内能采完，并能及时予以封闭的工作面和采区，可不采取上述防止自然发火的措施。

(5) 开采容易自燃和自燃的煤层、采用全部充填采煤法时，不得采用可燃物作充填材料，采空区和三角点必须充满。

(6) 开采容易自燃和自燃的煤层时，在采区开采设计中，必须预先选定构筑防火门的位置。当采煤工作面投产和通风系统形成后，必须按设计选定的防火门位置构筑好防火门墙，并储备足够数量的封闭防火门的材料。

采煤工作面回采结束后，必须在45天内进行永久性封闭。

(7) 开采容易自燃和自燃的煤层时，在采区开采设计中，必须明确选定自然发火观测站或观测点的位置并建立监测系统、确定煤层自然发火的标志气体和建立自然发火预测预报制度。所有检测分析结果必须记录在专用的防火记录簿内，并定期检查、分析整理，发现自然发火指标超过或达到临界值等异常变化时，立即发出自然发火预报，采取措施进行处理。

294. 采用放顶煤采煤法开采容易自燃和自燃煤层时应遵守哪些规定?

采用放顶煤采煤法开采容易自燃和自燃的厚及特厚煤层时，必须编制防止采空区自然发火的设计，并遵守以下规定：

(1) 根据防火要求和现场条件，应选用注入惰性气体、灌注泥浆（包括粉煤灰泥浆）、压注阻化剂、喷浆堵漏及均压等综合防火措施。

(2) 有可靠的防止漏风和有害气体泄漏的措施。

(3) 建立完善的火灾监测系统。

295. 通风系统要满足哪些防火要求?

(1) 通风网路力求简单，风网阻力适中。矿井进风、用风、回风段的阻力应保持3∶2∶5的比例。

(2) 主要通风机与风网匹配，运转时的工况点位于高效区内。

(3) 通风设施布置合理。风门、风墙及调节风窗在风路中应安设在使其前方压力升高，后方压力降低的地点，而辅助风机则相反。

(4) 通风压力适宜。大型矿井主要通风机压力应保持在3kPa以下，小型矿井应保持在0.7kPa以下。

(5) 加强通风管理，减少漏风。防火对通风的要求是风流稳定，漏风最少和通风网路中有关区段易于隔绝。

296. 发现煤矿井下火灾时，应如何处理?

(1) 任何人发现井下火灾时，应视火灾性质、灾区通风和瓦斯情况，立即采取一切可能的方法直接灭火，控制火势，并迅速报告矿调度室。矿调度室在接到井下火灾报告后，应立即按《灾害预防和处理计划》通知有关人员组织抢救灾区人员和实施灭火工作。

(2) 矿值班调度室和在现场的区、队、班组长应依照灾害预防和处理计划的规定，将所有可能受火灾威胁地区中的人员撤离，并组织人员灭火。电气设备着火时，应首先切断其电源；在切断电源前，只准使用不导电的灭火器材进行灭火。

(3) 抢救人员、灭火过程中、封闭火区时，必须指定专人检查瓦斯、一氧化碳、氧气、煤尘、其他有害气体和风向、风量的变化，还必须采取防止瓦斯、煤尘爆炸和人员中毒的安全措施。

297. 煤矿矿井灭火方法分为哪几类，各有何特点?

(1) 直接灭火法。直接灭火就是用水、沙子、化学灭火器等，在火源附近直接扑灭火灾或挖除火源。

1) 挖除火源。将已经发热或者燃烧的煤炭以及其他可燃物挖出、清除、运出井外。这是扑灭矿井火灾最彻底的方法，但是采用这种方法的条件是：火灾处于初起阶段，涉及范围不大，火区无瓦斯超限、聚积，无煤尘爆炸危险，火源位于人员可直接到达的地点。

2) 用水灭火。水是最有效、最经济、来源最广泛的灭火材料。用水灭火的适用条件：火灾初期，火灾范围不大，不影响其他区域；有充足的水源，灭火地点顶板完整坚固；通风系统正常且瓦斯浓度不超限。但用水灭火必须注意以下问题：要有足够的水量，水量不足不仅难以灭火，而且有可能贻误战机，助长火势发展；要有瓦斯检查员在现场附近随时检查瓦斯浓度；水能导电，不能用水直接扑灭电气火灾；不宜用高压水扑灭油类火灾，因为油比水轻，可漂浮在水面上，容易扩大火灾面积；灭火人员要站在进风侧，防止高温烟流伤人或中毒，水射流要由外向里逐渐灭火，以免产生过量水蒸气伤人；保持正常通风，以便使烟和水蒸气能顺利地排到回风流中去；灭火时要注意观察顶板、风量、风向、瓦斯、煤尘、一氧化碳的变化情况，发现异常情况必须采取措施进行处理。

3) 用沙子或岩粉灭火。用沙子或岩粉直接撒盖在燃烧物体上，将空气隔绝把火扑灭。

通常用来扑灭初起的电气火灾和油类火灾。沙子或岩粉的成本低，操作简单，易于长期存放，所以在机电硐室、炸药库等地方，均应备有防火沙箱。

4）用灭火器灭火。适用于煤矿井下的灭火器有：干粉灭火器、灭火炮、泡沫灭火器、高倍数泡沫灭火器等。

(2) 隔绝灭火法。井下火灾不能直接扑灭时，必须迅速将火区封闭，隔绝空气的供给，减少火区内空气中氧气含量，使火源缺氧而窒熄达到灭火的目的。

(3) 综合灭火法。综合灭火法就是隔绝灭火法与其他灭火法的综合应用。实践证明，单独使用密闭墙封闭火区，熄灭火灾所需时间较长，容易造成煤炭资源的冻结，影响正常生产。如果密闭墙质量不高、漏风严重，就达不到灭火的目的。因此，通常在火区封闭后，向火区内注入泥浆、惰性气体、凝胶或用调节风压等方法，加速火区内火的熄灭。

298. 预防性灌浆技术的作用和方式是什么?

预防性灌浆技术是将水和不燃性固体材料按一定的比例混合，配制成适当浓度的浆液，然后利用灌浆管道系统将其送往采空区等可能发生煤炭自燃的地点。预防性灌浆是应用最为广泛且最有效的措施。

预防性灌浆技术的作用:

(1) 浆液中的沉淀物能够隔绝氧气与煤的接触，杜绝漏风防止氧化。

(2) 浆液中的水分能抑制煤自燃氧化的发展，同时有利于已自燃煤体的散热。

浆液的种类有黄泥浆、水砂浆、煤矸石泥浆、无机固化粉煤灰（火力电厂高炉烟囱灰已失去自燃倾向性，为理想的注浆充填材料）等。

灌浆方式分为采前灌浆、随采随灌、采后灌浆。

299. 采用灌浆防火灭火时，应遵守哪些规定?

(1) 采区设计必须明确规定巷道布置方式、隔离煤柱尺寸、灌浆系统、疏水系统、预筑防火墙的位置以及采掘顺序。

(2) 安排生产计划时，必须同时安排防火灌浆计划，落实灌浆地点、时间、进度、灌浆浓度和灌浆量。

(3) 对采区开采线、停采线、上下煤柱线内的采空区，应加强防火灌浆。

(4) 应有灌浆前疏水和灌浆后防止溃浆、透水的措施。

300. 阻化剂防火作用机理是什么?

阻化剂又称为阻氧剂，是具有阻止氧化和防止煤炭自燃作用的一些无机盐类物质，这些盐类附着在煤炭颗粒的表面上时，能吸收空气中的水分，在煤的表面形成含水液膜，从而阻止煤、氧接触，起到阻止氧化作用；同时，这些吸水性很强的盐类使煤长期处于潮湿状态，水分蒸发时的吸热降温作用使煤体在低温氧化过程中的温度不能升高。但当煤体上阻化剂水溶液膜一旦失去水分而破灭，则阻止氧化的作用将停止而转化为催化作用，能够促进煤的氧化自燃。

煤矿中常用的阻化剂有氯化钙（$CaCl_2$）、氯化镁（$MgCl_2$）、氯化氨（NH_4Cl）、碳酸氢氨（NH_4HCO_3）和水玻璃（$xNa_2O \cdot ySiO_2$）等。

301. 阻化剂的防火工艺是什么？

阻化剂可分为喷洒阻化剂、压注阻化剂、雾化阻化剂。

（1）喷洒阻化剂：在采煤工作面可向采空区喷洒阻化剂溶液。

（2）压注阻化剂：向可能发生自燃的或已经发生自燃的区域钻孔，通过钻孔向煤体中压注阻化剂溶液。

（3）雾化阻化剂：将阻化剂溶液雾化，然后借助漏风风流将雾化阻化剂带到采空区中。

302. 采用阻化剂防火时应遵守哪些规定？

（1）选用的阻化剂材料不得污染井下空气和危害人体健康。

（2）必须在设计中对阻化剂的种类和数量、阻化效果等主要参数作出明确规定。

（3）应采取防止阻化剂腐蚀机械设备、支架等金属构件的措施。

303. 凝胶防火作用机理和优点是什么？

凝胶防火技术是通过压注系统将水玻璃和促凝剂（铵盐，NH_4HCO_3 最佳，NH_4Cl 次之，$(NH_4)_2SO_4$ 最差）按一定比例与水混合后，形成凝胶。凝体内充满了水分子和一部分 NH_4OH、NaCl，硅胶起框架作用，把易于流动的水分子都固定在硅胶内部。成胶过程是吸热过程，同时有一小部分 NH_4OH 分解成氨气和水。煤对氨气的吸附性比氧气强，可降低煤对氧气的吸附量，从而阻止了煤的自燃氧化过程。

凝胶防火的优点如下：

（1）吸热降温。凝胶的生成过程是一种水解反应，反应过程中吸收大量的热量，吸热量一般为 $4.2MJ/m^3$。

（2）堵漏风。凝胶生成前易于流动，能很好地扩散到煤体裂隙中，起到封堵漏风的作用；成胶后，使散煤黏结成一个整体，封闭了煤的孔隙，故可长期隔绝空气。

（3）阻化作用。成胶过程中生成的 NaCl、$NaHCO_3$ 本身具有阻化作用。

（4）渗透性好。凝胶生成前是近似水的溶解液，实验证明 $1m^3$ 凝胶可渗透到 $4\sim5m^3$ 散煤中，并凝结成整体。

（5）良好的稳定性。凝胶注入煤体内，由于空气湿度较高且不直接暴露在空气中，可保持长时间不变化。

304. 采用凝胶防火时应遵守哪些规定？

（1）选用的凝胶和促凝剂材料，不得污染井下空气和危害人体健康。

（2）编制的设计中应明确规定凝胶的配方、促凝时间和压注量等参数。

（3）压注的凝胶必须充填满全部空间，其外表面应予喷浆封闭，并定期观测，发现老化、干裂时，应予重新压注。

305. 常用的惰性气体有哪些，其防灭火作用机理是什么？

常用的惰性气体有氮气、液氮和湿式惰气等。由于氮气是空气的主要成分，所占体积分数为79%，且无味、无毒，与空气易于混合。因此，在防灭火工作中应用最多。

惰性气体防灭火就是将不助燃也不能燃烧的惰性气体注入已封闭的或有自燃危险的区域，降低其氧气的浓度，从而使火区因氧含量不足而逐渐熄灭，或者使采空区中因氧不足而使溃煤不因氧化而自燃。

306. 采用氮气防灭火时必须遵守哪些规定?

(1) 氮气源稳定可靠。

(2) 注入的氮气浓度不小于97%。

(3) 至少有1套专用的氮气输送管路系统及其附属安全设施。

(4) 有能连续监测采空区气体成分变化的监测系统。

(5) 有固定或移动的温度观测站（点）和监测手段。

(6) 有专人定期进行检测、分析和整理有关记录、发现问题及时报告处理等规章制度。

307. 均压防灭火可分为哪几类?

所谓均压是指通过均衡漏风通道进出口两端的风压，以杜绝或减少漏风量的措施，既能防火，又能灭火。根据使用条件和作用原理的不同，均压防灭火又可分为：

(1) 开区均压。在生产工作面建立均压系统，以减少向采空区的漏风，抑制煤的自燃，防止一氧化碳等有害气体超限积聚或向工作面涌出。

(2) 闭区均压。在有可能发生自燃或已自燃而封闭的区域采取均压措施。

均压理论较容易，但技术复杂，要求阻力测定、漏风通道的探测和调压必须准确。否则，可能引起通风系统混乱、火区风流反向，甚至有一氧化碳逸出。因此，一些煤矿采用与惰性气体防灭火、示踪气体技术综合运用，取得了很好效果。

308. 采用均压技术防灭火时应遵守哪些规定?

(1) 应有完整的区域风压和风阻资料以及完善的检测手段。

(2) 必须有专人定期观测与分析采空区和火区的漏风量、漏风方向、空气温度、防火墙内外空气压差等的状况，并记录在专用的防火记录簿内。

(3) 改变矿井通风方式、主要通风机工况以及井下通风系统时，对均压地点的均压状况必须及时进行调整，保证均压状态的稳定。

(4) 应经常检查均压区域内的巷道中风流流动状态，应有防止瓦斯积聚的安全措施。

309. 矿井火区封闭的条件及工作原则是什么?

火势发展迅猛，范围较大，直接灭火无效时，采取封闭火区的方法最合适。另外，在采用直接灭火处理任何类型的火灾的同时都需做好封闭火区的准备，一旦灭火失败，便可利用封闭火区来予以挽救。

封闭火区尽可能小，防火墙的数量最少，施工速度最快。

310. 矿井封闭火区的方法和适用条件是什么?

(1) 断风封闭火区。在不维持通风的情况下，同时在进风、回风两侧构筑防火墙，适用于火区内空气中氧气含量小于12%。

（2）通风封闭火区。保持火区通风的条件下，在火区进风、回风侧同时构筑带通风孔的防火墙，适用于在火区有可能形成可燃气体达到爆炸下限的情况下。

（3）注入惰气封闭火区。在封闭的同时，注入惰气（CO_2、N_2、H_2O）等，既可以防止火区发生爆炸，又能加速火灾的熄灭，但采用这种方法需要装备一整套注惰装置和惰气源。

311. 矿井防火墙的类型有哪些？

（1）临时防火墙。临时防火墙有木板涂黄泥、充气式防火墙、罗克休泡沫、艾格劳尼、新型快速密闭等。

（2）永久性防火墙。构筑防火墙材料有木段、料石、混凝土、片石黄泥等。

（3）耐爆防火墙。耐爆防火墙有沙袋、沙段（5～10m）、石膏等构筑的防火墙。

312. 如何加强矿井火区的管理？

（1）建立火区卡。记录发火时间、原因、位置、火区处理过程、原矿井通风系统图或采区巷道布置图及相应的通风设施，由通风部门建立档案。

（2）防火墙的管理。防火墙要编号，记录防火墙的厚度，位置与矿井通风系统图一致。防火墙前要设栅栏，悬挂警标，禁止人员入内；墙外悬挂木牌，标明瓦斯、一氧化碳、温度的测定数据和日期、测定人员姓名。

（3）火区的检查。刚封闭的火区要连续检查，稳定后每天检查一次瓦斯浓度，急剧变化时每班检查一次，如果发现防火墙封闭不良及有害气体变化时，要采取措施及时处理。

313. 矿井火区熄灭的条件是什么？

下述4项指标持续稳定的时间在1个月以上，可以认为火已熄灭：

（1）火区内的空气温度下降到30℃以下，或与火灾发生前该区的日常空气温度相同。

（2）火区内空气中的氧气浓度降到5.0%以下。

（3）火区内空气中不含有乙烯、乙炔，一氧化碳浓度在封闭期间内逐渐下降，并稳定在0.001%以下。

（4）火区的出水温度低于25℃，或与火灾发生前该区的日常出水温度相同。

314. 启封已熄灭的火区前应采取哪些措施？

（1）启封火区时，应逐段恢复通风，同时测定回风流中有无一氧化碳。发现复燃征兆时，必须立即停止向火区送风，并重新封闭火区。

（2）启封火区和恢复火区初期通风等工作，必须由矿山救护队负责进行，火区回风风流所经过巷道中的人员必须全部撤出。

（3）在启封火区工作完毕后的3天内，每班必须由矿山救护队检查通风工作，并测定水温、空气温度和空气成分。只有在确认火区完全熄灭、通风等情况良好后，方可进行生产工作。

315. 已熄灭的火区的启封方法有哪些？

矿井火区的启封方法可分为通风启封火区和锁风启封火区两种。

（1）通风启封火区。火区范围不大，确认火源已经熄灭，可采用此法。启封前要预先确定火区有害气体的排放路线，撤出路线上的所有工作人员；然后选择一个出风侧防火墙首先打开，过一段时间后再打开进风侧防火墙。待火区内有害气体排出一段时间，无异常现象，可以相继打开其余的防火墙。打开第一个防火墙时，应先开一个小孔，然后逐渐扩大，严禁一次将防火墙全部扒开。

进风侧防火墙一般处于火区的下部，容易有二氧化碳积存，开启前要注意查明，开启时也要检查，防止二氧化碳逆风流动造成危害。

打开进风、回风防火墙之后的短时间内，应采用强力通风。防止发生瓦斯爆炸事故而伤人，这时要求工作人员撤离一段时间，待1～2h之后，再派人进入火区进行清理工作，喷水降温，挖除发热的煤炭等。

（2）锁风启封火区。发生范围较大，难以确认是否完全熄灭，先在原有火区墙外5～6m构筑带门的风墙形成一个封闭空间，再将原有的防火墙打开，确认一段范围内无火源，再选择适当地点重新构筑临时防火墙，火区要求始终处于封闭隔离状态。

无论采用哪种启封火区的方法，在工作过程中都要经常检查火区气体，如果发现有火灾复燃征兆要及时采取措施进行处理。

316. 矿井火灾安全检查重点是什么？

（1）地面消防水池和井下消防管路系统。

1）消防水池是否经常保持200m³ 以上的水量。

2）井下消防管路是否每隔100m设置支管和阀门；带式输送机巷道中的消防管路是否每隔50m设置支管和阀门。检查时，应按照要求对照现场进行逐段检查。

（2）防火措施。

1）木料场、矸石山距进风井的距离是否小于80m，小于80m时是否经上级主管部门批准。

2）进风井口是否装设防火铁门，或有防止烟火进入矿井的措施。

3）禁止使用可燃性材料支护的地点是否仍然使用可燃性材料进行支护。

4）井下进行电焊、气焊和喷灯焊接时是否制定安全措施并严格遵守相关规定。

5）井上、井下是否按照以下要求设置消防材料库：

①井上消防材料库应设在井口附近，并有轨道直达井口，但不得设在井口房内。

②井下消防材料库应设在每一个生产水平的井底车场或主要运输大巷中，并应装备消防列车。

③消防材料库储存的材料、工具的品种和数量应符合有关规定，并定期检查和更换；材料、工具不得挪作他用。

④每季度应对井上、井下消防管路系统，防火门，消防材料库和消防器材的设置情况进行1次检查，发现问题，及时解决。

6）井下爆破材料库、机电设备硐室、检修硐室、材料库、井底车场、使用带式输送机或液力耦合器的巷道以及采掘工作面附近的巷道中是否备有灭火器材，其数量、规格和存放地点是否在《灾害预防与处理计划》中有明确规定。

7）井上、井下的消防管路系统，防火门，消防材料库和消防器材是否按照相关规定进行定期检查。

（3）灌浆系统。

1）灌浆站的容积、蓄水池的水量、取土场的大小是否满足矿井防灭火的要求。检查时应根据井下实际需浆量进行分析。

2）灌浆管路管径是否与灌浆量相适应，管路架设是否平直、靠帮、靠腰线以上，管路每隔200～500m是否有安全阀；管路压力倍线是否大于3.5倍。检查时应一段一段检查，发现问题应及时通知有关部门进行整改。

3）采区设计中是否明确灌浆系统、疏水系统，是否有疏水和灌浆后防止溃浆、突水的措施。

（4）注氮系统（参见第306问）。

（5）火区管理（参见第312问）。

317. 在火区的同一煤层的周围进行采掘时，应遵守哪些规定？

（1）煤层倾角在35°以上的火区下部区段严禁进行采掘工作。

（2）在同一煤层同一水平的火区两侧、煤层倾角小于35°的火区下部区段、火区下方邻近煤层进行采掘时，必须编制设计，并遵守以下规定：

1）必须留有足够宽（厚）度的煤（岩）柱隔离火区，回采时及回采后能有效隔离火区，不影响火区的灭火工作。

2）掘进巷道时，必须有防止误冒、透火区的安全措施。

第四节　矿井顶板事故防治

318. 矿井顶板事故分为哪几类？

矿井顶板事故是指在地下采掘过程中，顶板意外冒顶、片帮、冲击地压、顶板掉矸造成的人员伤亡、设备损坏、生产中止等事故。随着液压支架的使用及顶板事故的研究和预防技术的逐步完善，顶板事故有所下降，但仍然是煤矿生产的主要灾害之一。

按冒顶范围进行分类，可将顶板事故分为局部冒顶和大型冒顶两类。

（1）局部冒顶是指范围不大，伤亡人数不多（1～2人）的冒顶。实际煤矿生产中，局部冒顶事故的次数远多于大型冒顶事故，约占采场冒顶事故的70%，总的危害比较大。

（2）大型冒顶是指范围较大，伤亡人数较多（每次死亡3人以上）的冒顶。采煤工作面大型冒顶包括基本顶来压时的压垮型冒顶、厚层难冒顶板大面积冒顶、直接顶导致的压垮型冒顶、大面积漏垮型冒顶、复合顶板推垮型冒顶、金属网下推垮型冒顶、大块游离顶板旋转推垮型冒顶、采空区冒矸冲入采场的推垮型冒顶及冲击推垮型冒顶。巷道大型顶板事故多发生在局部冒顶附近及地质破坏带附近。

319. 矿井顶板事故危害表现在哪些方面?

（1）无论是局部冒顶还是大型冒顶，事故发生后，一般都会推倒支架、埋压设备，造成停电、停风，给安全管理带来困难，对安全生产不利。

（2）如果是地质构造带附近的冒顶事故，不仅给生产造成麻烦，而且有时会引起透水事故的发生。

（3）在有瓦斯涌出区附近发生顶板事故将伴有瓦斯的突出，易造成瓦斯事故。

（4）如果是采掘工作面发生顶板事故，一旦人员被堵或被埋，将造成人员伤亡。

320. 采煤工作面局部冒顶事故有哪些预兆?

（1）响声。岩层下沉断裂、顶板压力急剧加大时，木支架就会发出劈裂声，紧接着出现折梁断柱现象；金属支柱的活柱急速下缩，也发出很大声响，有时也能听到采空区内顶板发生断裂的闷雷声。

（2）掉渣。顶板严重破裂时，折梁断柱就要增加，随后就出现顶板掉渣现象。掉渣越多，说明顶板压力越大。在人工顶板下，掉下的碎矸石和煤渣更多，工人称之为“煤雨”，这就是发生冒顶的危险信号。

（3）片帮。冒顶前煤壁所受压力增加，变得松软，片帮煤比平时多。

（4）裂缝。顶板的裂缝，一种是地质构造产生的自然裂隙，一种是由于采空区顶板下沉引起的采动裂隙。老工人的经验是：“流水的裂隙有危险，因为它深；缝里有煤泥、水锈的不危险，因为它是老缝；茬口新的有危险，因为它是新生的”。如果这种裂缝加深加宽，说明顶板继续恶化。

（5）离层。顶板快要冒落的时候，往往出现离层现象。

（6）漏顶。破碎的伪顶或直接顶，在大面积冒顶以前，有时因为背顶不严和支架不牢出现漏顶现象。漏顶如不及时处理，会使棚顶托空、支架松动，顶板岩石继续冒落，就会造成没有声响的大冒顶。

（7）瓦斯涌出量突然增大。

（8）顶板的淋水明显增加。

321. 采煤工作面大面积冒顶有哪些预兆?

采煤工作面随回柱放顶工作进行，直接顶逐渐垮落，如果直接顶垮落后未能充满采空区，则坚硬的基本顶要发生周期来压。来压时煤壁受压发生变化，造成工作面压力集中，在这个变化过程中工作面顶板、煤帮、支架都会出现基本顶来压前的各种预兆。

（1）顶板的预兆。顶板连续发出断裂声，这是由于直接顶和基本顶发生离层，或顶板切断而发出的声音。有时采空区顶板发出像闷雷的声音，这是基本顶和上方岩层产生离层或断裂的声音。顶板岩层破碎下落，称之为掉渣。这种掉渣一般由少逐渐增多，由稀而变密。顶板的裂缝增加或裂隙张开，并产生大量的下沉。

（2）煤帮的预兆。由于冒顶前压力增大，煤壁受压后，煤质变软变酥，片帮增多。使用电钻打孔时，钻孔省力。

（3）支架的预兆。使用木支架，支架大量被压弯或折断，并发出响声。使用金属支柱时，耳朵贴在柱体上，可听见支柱受压后发出的声音，支柱“破顶”、“钻底”。当顶板压力继续增加时，活柱迅速下缩，连续发出“咯咯”的声音，或工作面支柱整体向一侧倾斜。工作面使用铰接顶梁时，在顶板冲击压力的作用下，顶梁楔子有时弹出或挤出。

(4) 瓦斯和水的预兆。含瓦斯煤层，瓦斯涌出量突然增加；有淋水的顶板，淋水增加。

322. 试探冒顶的方法有哪些?

(1) 观察预兆法。顶板来压预兆主要有声响、掉渣、片帮、出现裂缝、漏顶、离层等现象。由有经验的老工人，认真观察工作面围岩及支护的变化情况，可直观判断有无冒顶的危险。

(2) 木楔探测法。在工作面顶板（围岩）的裂缝中打入小木楔，过一段时间进行一次检查，如发现木楔松动或者掉渣，说明围岩（顶板）裂缝受矿压影响在逐渐增大，预示有冒顶险情。

(3) 敲帮问顶法。这是最常用的方法，其中又分锤击判断声法和震动探测法两种。前者是用镐或铁棍轻轻敲击顶板和帮壁，若发出的是“当当”的清脆声，则表明围岩完好，暂无冒落危险；若发出“噗噗”的沉闷声，表明顶板已发生剥离或断裂，是冒顶或片帮的危险征兆；后者是对断裂岩块体积较大或松软岩石（或煤层），用判声法难以判别时进行探测的方法，具体做法是：一只手的手指扶在顶板下面，另一只手用镐、大锤或铁棍敲打顶板。如果手指感觉到顶板发生轻微振动，则表明此处顶板已经离层或断裂。这种操作方式人应站在支护完好的安全地点进行。

323. 采煤工作面局部冒顶事故的易发地点及预防冒顶措施有哪些?

(1) 靠煤壁附近的局部冒顶。煤层的直接顶中，存在多组相交裂隙时，这些相交的裂隙容易将直接顶分割成游离岩块，极易发生脱落。在采煤机采煤或爆破落煤后，如果支护不及时，这类游离岩块可能突然冒落砸人，造成局部冒顶事故，如图4-7所示。

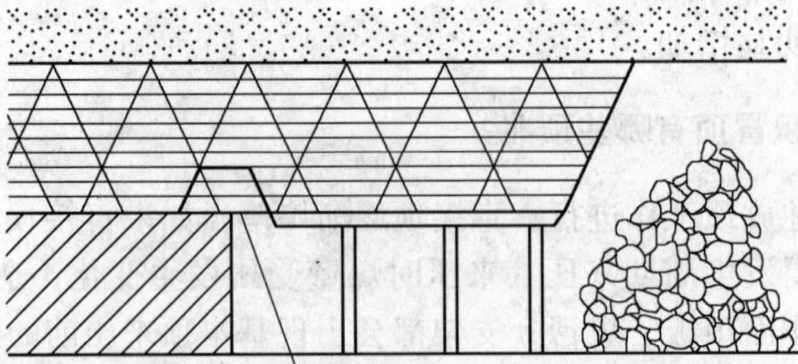

图4-7 顶板中的游离岩块

1) 单体支柱工作面预防靠近煤壁附近局部冒顶的措施：

①采用能及时支护悬露顶板的支架，如正悬臂交错顶梁支架（图4-8a）、正倒悬臂错梁直线柱支架（图4-8b）等；提高支柱的初撑力，在金属网下可以采用长钢梁对棚迈步支架。

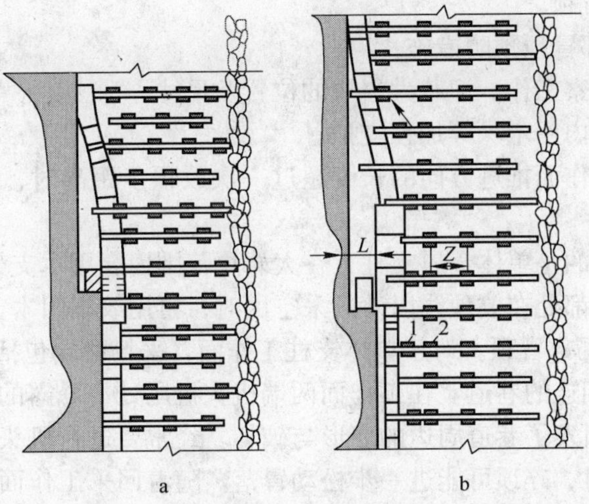

图 4-8　支架类型
a—正悬臂交错顶梁支架；b—正倒悬臂错梁直线柱支架
1—临时柱；2—正式柱；L—截深；Z—排距

②炮采时，炮孔布置及装药量应合理，尽量避免崩倒支架。

③尽量使工作面与煤层的主要节理方向垂直或斜交，避免煤层片帮。煤层一旦片帮，应掏梁窝超前支护，防止冒顶。

2）综采工作面的局部冒顶，主要是发生在靠近煤壁附近的漏冒型冒顶，其预防措施为：

①支架设计上，采用长侧护板，整体顶梁，内伸缩式前梁，增大支架向煤壁方向的水平推力，提高支架的初撑力。

②工艺操作上，采煤机过后，及时伸出伸缩梁，及时擦顶带压移架，顶梁的俯视角不超过7°。

③当碎顶范围较大时（比如过断层破碎带等），则应对破碎直接顶注入树脂类黏结剂使其固化，以防止冒顶。

（2）放顶线附近的局部冒顶。放顶线附近的局部冒顶主要发生在使用单体支柱的工作面。放顶线上支柱受力是不均匀的，当人工回拆“吃劲”的柱子时，往往柱子一倒下顶板就冒落，如果回柱工来不及退到安全地点，就可能被砸伤而造成顶板事故。

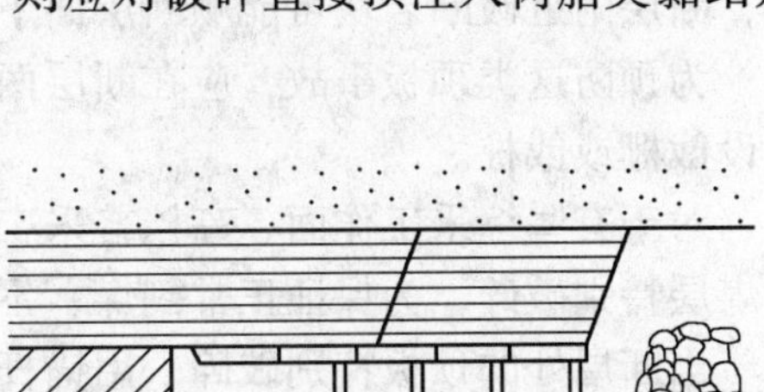

图 4-9　顶板中游离岩块旋转推倒支架

当顶板中存在被断层、裂隙、层理等切割而形成的大块游离岩块时，回柱后游离岩块就会旋转，可能推倒采场支架导致发生局部冒顶，如图 4-9 所示。

在金属网假顶下回柱放顶时，由于网上有大块游离岩块，也可能会发生上述的因游离岩块旋转而推倒支架的局部冒顶。

放顶线附近的局部冒顶预防措施：

1）加强地质及观察工作，记载大岩块的位置及尺寸。

2）在大岩块范围内用木垛等加强支护。

3）当大岩块沿工作面推进方向的长度超过一次放顶步距离时，在大岩块的范围内要延长控顶距。

4）如果工作面用的是单体金属支柱，在大岩块范围内要用木支架替换金属支架。

5）待大岩块全部都处在放顶线以外的采空区时，再用绞车回木支柱。

（3）采场两端的局部冒顶。对于单体支柱工作面，采场两端包括工作面两端的机头机尾附近以及与工作面相连的巷道。在工作面两端机头机尾处，暴露的空间大，支承压力集中，巷道提前掘进，引发了巷道周边的变形与破坏。经常要进行机头机尾的移置工作。拆除老支柱支设新支柱时，碎顶可能进一步松动冒落。随着回采工作面的推进，要拆掉原巷道支架的一个棚腿，换用抬棚支承棚梁，在这一拆一支之间，碎顶也可能冒落。

为预防采场两端发生漏冒，可在机头机尾处各应用四对一梁三柱的钢梁抬棚支护（即四对八梁支护），每对抬棚随机头机尾的推移迈步前移；或在机头机尾处采用双楔铰接顶梁支护。在工作面巷道相连处，宜用一对抬棚迈步前移，托住原巷道支架的棚梁。此外，在采场两端还可以采用十字铰接顶梁支护系统以防漏冒。

在超前工作面10m以内，巷道支架应加双中心柱；超前工作面10～20m，巷道支架应加单中心柱以预防冒顶。

综采时，如果工作面两端没有应用端头支架，则在工作面与巷道相连处，需用一对迈步抬棚。此外，超前工作面20m内的巷道支架也应以中心柱加强。

（4）地质破坏带附近的局部冒顶。地质破坏带及附近的顶板裂隙发育、破碎，断层面间多充以粉状或泥状物；断层面都比较尖滑，使上、下盘之间的岩石无黏结力，尤其是断层面成为导水裂隙时，更是彼此分离。

单体支柱工作面如果遇到垂直于工作面或斜交于工作面的断层时，在顶板活动过程中，断层附近破断岩块可能顺断层面下滑，从而推倒工作面支架，造成局部冒顶。

为预防这类顶板事故，应在断层两侧加设木垛加强维护，并迎着岩块可能滑下的方向支设戗棚或戗柱。

对于有些综采工作面、高档普采工作面和普采工作面，回采过程中，煤壁的前方顶板和煤层特别破碎，为保证正常割煤，不漏矸石，可采用全楔式木锚杆。

当断层处的顶板特别破碎、用锚杆锚固的效果不佳时，可采用注入法，将较多的树脂注入大量的煤岩裂隙中，进行预加固。

324. 采煤工作面局部冒顶的处理方法有哪些？

采煤工作面发生局部冒顶后，要立即查清情况、及时处理，否则延误时间，冒顶范围可能进一步扩大，给处理冒顶带来更多困难。处理采煤工作面冒顶的方法，应根据工作面的采煤方法、冒落高度、冒落块度、冒顶位置和影响范围的大小来决定，主要有探板法、撞楔法、小巷法和绕道法四种。

（1）探板法。当采煤工作面发生局部冒顶的范围小，顶板没有冒严，顶板岩层已暂时停止时，应采取掏梁窝、探大板木梁或挂金属顶梁的措施，即探板法来处理。具体处理步骤为：处理冒顶前，先观察顶板状况，在冒顶区周围加固支架，控制冒顶范围扩大；然后掏梁窝、探大板梁，板梁上的空隙要用木料架设小木垛接到顶部；架设小木垛前应先挑落浮矸，小木垛必须插紧背实，接着清理冒落矸石，及时打好贴帮柱，支好棚梁的另一端，加固支架；并要根据煤帮情况，采取防片帮措施。

（2）撞楔法。当顶板冒落矸石块度小，冒顶区顶板碎矸停止下落或一动就下落时，要采取撞楔法来处理，如图4-10所示。具体操作是：处理冒顶时先在冒顶区选择或架设撞楔棚子，棚子方向应与撞楔方向垂直；把撞楔放在棚架上，尖端指向顶板冒落处，末端垫一方木块；然后用大锤击打撞楔末端，使它逐渐深入冒顶区将碎矸石托住，使顶板碎矸不再下落；之后立即在撞楔保护下架设支架，撞楔的材料可以是木料、荆篱条、钢轨等。

图4-10 撞楔法处理工作面冒顶

（3）小巷法。如果局部冒顶区已将工作面冒严堵死，但冒顶范围不超过15m，垮落矸石块度不大且可以搬运时，可以从工作面冒顶区由外向里，从下而上，在保证支架可靠及后路畅通情况下，采用人字形掩护支架沿煤壁机道整理出一条小巷道。小巷道整通后，开动输送机，再放矸，按原来的采高架棚。

（4）绕道法。当冒顶范围较大，顶板冒严，工作面堵死，用以上三种方法处理均有困难时，可沿煤壁重新开切眼或部分开切眼，绕过冒顶区。

325. 片帮发生的条件是什么，其危害形式和防治措施有哪些？

片帮又称为滚帮或塌帮，是指采煤工作面的煤壁，在矿山压力作用下，发生自然塌落的现象。

工作面采高越大、节理裂隙越发育片帮越容易，工作面来压越严重、顶板越破碎片帮越严重。因此，在采高大、煤质松软、顶板破碎、矿山压力大的工作面容易发生片帮，薄煤层和煤质坚硬的工作面一般不容易发生片帮现象。

工作面煤壁片帮后，使顶板的悬露面积突然增大，顶板会随之大量下沉，容易引起冒顶事故。同时，片帮时下落的大块煤炭也容易砸伤工作面的作业人员，造成人身伤亡事故。

预防煤壁片帮的安全措施主要有：

（1）使用爆破落煤的工作面，要合理布置炮孔，钻孔时严格控制炮孔角度，顶孔距顶板不要太近，炮孔装药量要适当。

（2）工作面煤壁要采直采齐，对有片帮危险的煤壁，应及时打好贴帮支柱，减少顶板对煤壁的压力。

（3）采高大于2m、煤质松软时，除了及时打好贴帮支柱外，还应在煤壁与贴帮支柱间加横撑。

（4）在片帮严重的地点，煤壁上方垮落，应在贴帮支柱上加托梁或超前挂金属铰接顶梁。

（5）工作面落煤后要及时挑梁刷帮，使煤壁不留伞檐、活矸。

（6）综采工作面顶板破碎或支架梁端距较大时，可采取及时支护的方法。若及时支护后梁端距仍超过规定值或不能超前移架而梁端距超过规定值时，可在支架顶梁上垂直煤壁加打板梁，来防止煤壁片帮和冒顶。

326. 采煤工作面大面积冒顶分为哪几类，其原因是什么？

按顶板垮落类型可把采煤工作面大冒顶分为压垮型、推垮型、漏垮型三类。

（1）压垮型冒顶事故是由于坚硬直接顶或基本顶运动时，垂直于顶板方向的作用力，压断、压弯工作阻力不够、可缩量不足的支架，或使支柱压入抗压强度低的底板，造成大面积切顶垮面事故。实践表明，压垮型冒顶是在基本顶来压时发生的，基本顶来压分为断裂下沉和台阶下沉两个阶段。这两个阶段都有可能发生压垮型冒顶。

（2）推垮型冒顶事故是由直接顶和基本顶大面积运动造成的，因此，发生的时间和地点有一定的规律性，多数情况下，冒顶前采煤工作面直接顶已沿煤壁附近断裂；冒顶后支柱没有折损只是向采空区倾倒，或向煤帮倾倒，但多数是沿煤层倾向倾倒。

（3）漏垮型冒顶的原因如下：由于煤层倾角较大，直接顶又异常破碎，采煤工作面支护系统中如果某个地点开始沿工作面往上全部漏空，造成支架失稳，就可能导致漏垮型事故发生。

327. 采煤工作面中容易发生大冒顶的地点有哪些？

（1）开切眼附近。在这个区域顶板上部硬岩基本顶两边都受煤柱支承不容易下沉，这就给下部软岩层直接顶的下沉离层创造了有利条件。

（2）地质破坏带（断层、褶曲）附近。在这些地点顶板下部直接顶岩层破断后易形成大块岩体并下滑。

（3）老巷附近。由于老巷顶板破坏，直接顶易破断。

（4）倾角大的地段。这些地段由于重力作用而岩石倾斜下滑加大。

（5）顶板岩层含水地段。这些地段摩擦系数降低，阻力大为减少。

（6）局部冒顶区附近也有可能导致大冒顶。

328. 采煤工作面大面积冒顶的一般预防措施是什么？

（1）提高单体支柱的初撑力和刚度。由于使用的木支柱和摩擦金属支柱初撑力小、刚度差，易导致煤层复合顶板离层，使采煤工作面支架不稳定，所以有条件的矿山应大力推广使用单体液压支柱。

(2) 提高支架的稳定性。煤层倾角大或在工作面仰斜推进时，为防止顶板沿倾斜方向滑动推倒支架，应采用斜撑、抬棚、木垛等特种支架来增加支架的稳定性。在摩擦金属支柱和金属铰接顶梁采面中，用拉钩式连接器把每排支柱从工作面上端头至下端头连接起来，形成稳定的“整体支架”。

(3) 严格控制采高。开采厚煤层第一分层要控制采高，使直接顶冒落后破碎膨胀能充满采空区。这种措施的目的在于堵住冒落大块岩石的滑动。

(4) 采煤工作面初采时不要反向开采。有的矿为了提高采出率，在初采时向相反方向采几排煤柱，如果是复合顶板，开切眼处顶板暴露日久已离层断裂，当在反向推进范围内初次放顶时，很容易在原开切眼处诱发推垮型冒顶事故。

(5) 掘进回风、运输巷时不得破坏复合顶板。挑顶掘进回风、运输巷，就破坏了复合顶板的完整性，易造成推垮冒顶事故。

(6) 高压注水和强制放顶。对于坚硬难冒顶板可以用微震仪、地音仪和超声波地层应力仪等进行监测，做好来压预报，避免造成灾害。具体可以采用顶板高压注水和强制放顶等措施来改变岩体的物理力学性质，以减小顶板悬露及冒落面积。

(7) 加强矿井生产地质工作，加强矿压的预测预报。

(8) 此外，还可以改变工作面推进方向，如采用伪俯斜开采，防止推垮型大冒顶。

329. 复合顶板推垮型冒顶的特征、机理是什么，其防治措施有哪些?

近几年来，在采煤工作面大面积冒顶事故中，“复合顶板”下推垮型事故比较多，伤亡也较大。复合顶板总的概念是：煤层顶板由下软上硬不围岩性的岩层所组成，软硬岩层间夹有煤线或薄层软弱岩层，下部软岩层的厚度一般大于0.5m、小于3.0m，且不大于煤层采高。

推垮型冒顶是指因水平推力作用使工作面支架大量倾斜而造成的冒顶事故。复合顶板由下软上硬岩层构成，下部软岩层可能是一个整层，也可能是由几个分层组成的分层组。这里的软岩层与硬岩层只是个形象的说法，实际上是指：采动后下部岩层或因岩石强度降低，或因分层薄，其挠度比上部岩层大，向下弯曲得多，而上下部岩层间又没有多大的黏结力，因此下部岩层与上部岩层形成离层。从外表看，似乎下部岩层较软，上部岩层较硬。

复合顶板推垮型冒顶的机理如下：

(1) 支柱的初撑力小，软硬岩层下沉不同步，软快而硬慢，从而导致软岩层与其上部硬岩层离层，如图4-11所示。

(2) 下位软岩断裂出六面体的原因为：

1) 地质构造，即下位软岩层中存在原生的断层、裂隙或尖灭构造；

2) 巷道布置原因，即在工作面开采范围内存在沿走向或沿倾斜的旧巷、下沉、断裂；

3) 由于支柱初撑力低，导致下位软岩层沿煤帮断裂。

预防措施如下：

(1) 应用伪倾斜工作面并使垂直工作面方向的向下倾角达4°~6°。

(2) 掘进上下顺槽时不破坏复合顶板。

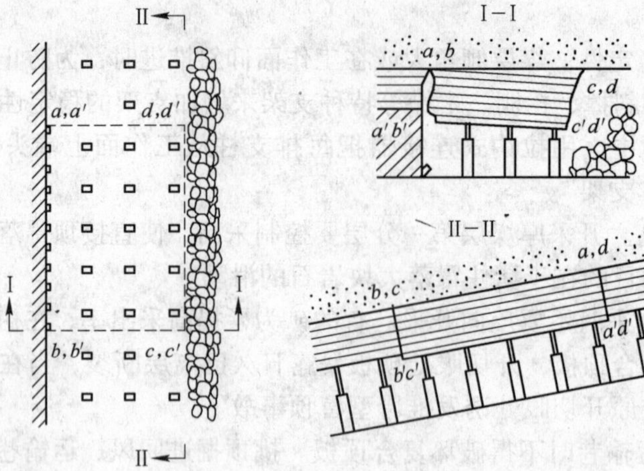

图 4-11　下位软岩层离层断裂

（3）工作面初采时不要反推。

（4）控制采高，使软岩层冒落后能超过采高。

（5）尽量避免上下顺槽与工作面斜交。

（6）灵活支设戗棚、戗柱，使它们迎着六面体可能推移的方向支设。

（7）在开切眼附近控顶区内，系统地布置树脂锚杆。但是，在采用这个措施时应考虑采场中打锚杆钻孔的可能性和顶板硬岩层折断垮落时，由于没有已垮落软岩层作垫层，来压是否会过于强烈。

（8）在使用摩擦支柱和金属铰接顶梁的回采工作面中，用拉钩式连接器把每排支柱从工作面上端至工作面下端连接起来。由于在走向上支架已由铰接顶梁连成一体，这就在采场中组成了一个稳定的可以阻止六面体下推的“整体支架”。

（9）必须提高单体支柱的初撑力，使初撑力不仅能支承住顶板下位软岩层，而且能把软岩层贴紧硬岩层，让其间的摩擦力足够阻止软岩层下滑，从而支架本身也能稳定。

330. 采煤工作面处理大冒顶的措施有哪些？

对于缓倾斜薄煤层和中厚煤层工作面，处理大冒顶的方法基本上有两种，一种是恢复冒顶区工作面的方法，另一种是另掘开切眼或局部另掘开切眼绕过冒顶区的方法。

（1）冒顶影响的范围不大，冒落下来的矸石块度不大，用人工或采取一定措施后能够搬得动时，一般采取恢复工作面的方法处理冒顶。恢复冒顶区工作面的方法如下：

1）从冒顶地点的两端，由外向里进行，先用双腿套棚维护好顶板，保护退路畅通。棚梁上用小木板刹紧背严，防止顶板继续错动、垮落。梁上如有空顶，要用小木垛接顶。

2）边清理冒落矸石边架设工作面支架，把冒落的矸石清理倒入采空区，每清理一架棚的距离工作面架一棚。若顶板压力大，可在冒顶区两头用木垛维护顶板。

3）清理过程中遇到大块矸石不易破碎时，可用电钻（如有压风，最好用风钻）钻孔放小炮的办法进行破碎。钻孔数量和每个炮孔装药量应根据岩块大小与岩石性质来决定。

4）如顶板冒落的矸石很破碎，一次整修巷道不易通过时，可先沿煤壁输送机道整修一条小巷。

（2）冒顶范围大，不易采用恢复冒顶区工作面的方法处理时，可采用另开巷道绕过冒顶区的方法，也就是重新掘开切眼的方法。根据冒顶区发生在工作面的不同位置，一般分以下三种情况来处理：

1）冒顶区发生在工作面机尾处。沿工作面煤壁从回风巷重开一条巷绕过冒顶区，将输送机机尾缩至工作面内支架完整处，工作面继续掘进。新掘巷的支架多采用一梁两柱或一梁三柱棚子。当工作面与新掘巷采成直线时，再将刮板输送机机尾延长至回风巷，恢复正常回采。当冒顶区面积较大，矸石堵塞巷道，造成采空区回风角瓦斯积存时，要先排除积聚的瓦斯。

2）冒顶区发生在工作面的进风巷附近。处理方法和在回风巷附近基本相同，同样采用部分重开掘开切眼的方法处理。从工作面下部煤壁错过一段，留3~5m煤柱或紧贴工作面煤壁从进风巷斜掘一条开切眼与工作面相通，将新开切眼与工作面连接处刷成允许刮板输送机弯曲的一个角度，即可正常出煤。

3）冒顶区发生在工作面中部。平行工作面煤壁留3~5m煤柱重新掘开切眼，新开切眼的支架，一般采用一梁两柱棚。新开切眼的掘进，可以从工作面的进风巷和回风巷同时掘进，以提高掘进速度，尽快恢复生产。掘进新的开切眼时，还应注意以下几点：

①新开切眼一般是由冒顶区下部沿煤壁向上掘进，而不采取由上向下掘进。由上向下掘进，出煤不方便，且不安全，会使冒顶范围扩大。

②掘进新开切眼时，如果压力不大，可以采用一梁两柱的直腿棚子边掘进边架设，如果顶板压力大，应采用梯形棚子。

③新开切眼靠冒顶区的一侧，必须用木板背严，并留适当的煤柱，以防冒顶区的碎石流入新眼内。

④根据实际情况，新开切眼的长度要解决好通风问题。

331. 基本顶来压时压垮型冒顶的原因及预防措施是什么？

发生基本顶来压时压垮型冒顶事故的一般条件如下：

（1）直接顶比较薄，其厚度小于煤层采高的2~3倍，冒落后不能充填满采空区。

（2）直接顶上面基本顶分层厚度小于5~6m，初次来压步距为20~30m，或更大一些。

（3）采煤工作面中，当支柱的初撑力较低时，基本顶断裂在煤壁之内。当工作面推进到基本顶断裂线附近时，顶板出现台阶下沉，基本顶岩块的重量全部由采场支架承担。

基本顶来压时的压垮型冒顶事故的原因如下：

（1）垮落带基本顶岩块压坏采煤工作面支架导致冒顶（图4-12）。

（2）垮落带基本顶岩块冲击压坏采煤工作面支架导致冒顶。由于采煤工作面支架初撑力

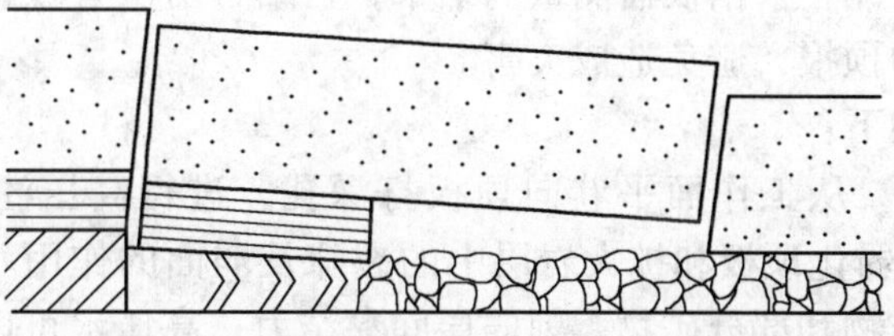

图4-12 垮落带基本顶岩块压坏采煤工作面支架

不足，在基本顶岩块未明显运动之前，直接顶与基本顶已发生离层（图4-13a）。当基本顶岩块向下运动时，采煤工作面支架要受冲击载荷，支架容易被破坏，从而导致冒顶（图4-13b）。

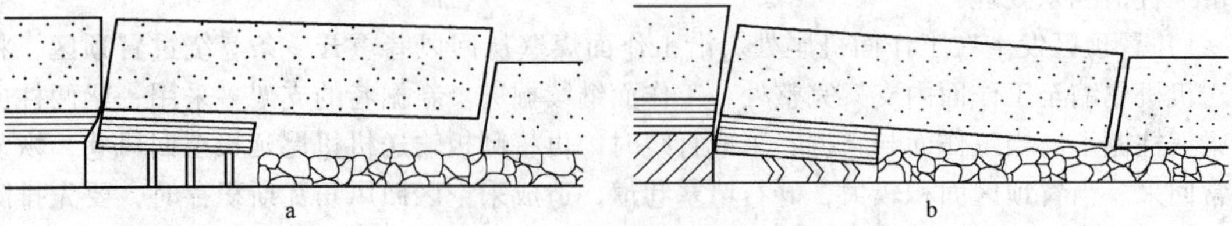

图4-13 垮落带基本顶岩块冲击压坏采煤工作面支架
a—离层；b—冲击压坏支架

综采工作面如遇基本顶冲击来压，可能将支架压死、压坏（立柱液压缸炸裂、平衡千斤顶拉坏等）或压入底板，发生顶板事故。

预防基本顶来压时的压垮型冒顶事故的措施：

（1）采场支架的初撑力应能保证直接顶与基本顶之间不离层。

（2）采场支架的可缩量应能满足裂隙带基本顶下沉的要求。

（3）采场支架的支撑力应能平衡垮落带直接顶及基本顶岩层的重量。

（4）遇到平行工作面的断层时：如果工作面支护是单体支柱，当断层刚露出煤壁时，在断层范围内就要及时加强工作面支护（最好用木垛），不得采用正常回柱法；要扩大控顶距，并用木支柱替换金属支柱，待断层进到采空区后再回柱；如果工作面支护是液压自移支架，若支架的工作阻力有较大的富余，则工作面可以正常推进，若支架的工作阻力没有太大的富余，则应考虑使工作面与断层斜交或在采空区挑顶的措施过断层。

332. 厚层难垮顶板大面积冒顶的机理、预兆是什么，其探测方法、防治措施有哪些？

目前，对厚层难垮顶板大面积冒顶的机理有两种解释：一是顶板大面积悬露后，因弯曲应力超过其强度，导致顶板岩层断裂，并大面积垮落；二是顶板大面积悬露后，采空区周边煤柱上方岩层的剪应力超过其极限强度，导致顶板岩层大面积冒落。

顶板断裂声响的频率和音响增大；煤帮有明显受压与片帮现象；底板出现底鼓或沿煤柱附近的底板发生裂缝；上下平巷超前压力较明显；工作面中支柱载荷和顶板下沉速度明显增大；有时采空区顶板发生裂缝或淋水加大，向顶板中打的钻孔原先流清水后变为流白糊状的液体，这是断裂层岩块互相摩擦形成的岩粉与水的混合物。

大面积冒顶可以用微震仪、地音仪和超声波地层应力仪等进行预测。厚层坚硬岩层的破坏过程，长的在冒顶前几十天就出现声响和其他异常现象，短的在冒顶前几天，甚至几小时也会出现预兆。因此，根据仪器测量的结果，再结合历次冒顶预兆的特征，可以对大面积冒顶进行较准确的预报，避免造成灾害。

冒顶的预防措施如下：

1）顶板高压注水。从工作面平巷向顶板打深孔，进行高压注水，注水泵最大压力15MPa。顶板注水可起弱化顶板和扩大岩层中的裂隙及弱面的作用。其主要机理是，注水溶解顶板岩层中的胶结物和部分矿物，削弱层间黏结力；高压水可以形成水楔，扩大和增加岩石中的裂隙与弱面。因此，注水后岩石的强度将显著降低。顶板高压注水布孔方式如

图 4-14 所示。

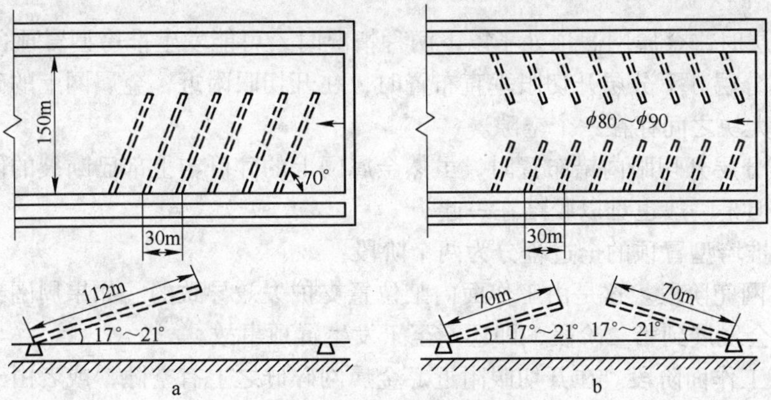

图 4-14 顶板高压注水布孔方式

a—单侧布置；b—双侧布置

2）强制放顶。所谓强制放顶，就是用爆破的方法（主要有三种方法：平行工作面深孔强制放顶、钻孔垂直工作面的强制放顶、超前深孔爆破预松顶板）人为地将顶板切断，使顶板冒落一定厚度形成矸石垫层。切断顶板可以控制冒落面积，减弱顶板冒落时产生的冲击力，形成矸石垫层则可以缓和顶板冒落时产生的冲击波及暴风。为了形成垫层，挑顶的高度可按需要形成垫层的厚度进行计算。据大同矿区的实践经验，采空区中矸石充满程度达到采高和挑顶厚度之和的2/3，就可以避免过大的冲击载荷和防止形成暴风。

强制放顶主要有：在工作面内向顶板放顶线处进行钻孔爆破放顶；对于综采工作面，由于在工作面内无法设置钻顶板炮孔的设备，可分别在上下平巷内向顶板打深孔，在工作面未采到以前进行爆破，预先破坏顶板的完整性；对于历史上有大面积冒顶的地区，目前又无法从井下采取措施时，可在采空区上方的地面打垂直钻孔，达到已采区顶板的适当位置，然后进行爆破，将悬露的大面积顶板崩落。

对厚层难冒顶板来说，不论是采取高压注水还是强制放顶，不论是在采空区处理还是超前工作面处理，所应处理的顶板厚度均应为采高的 2 ~ 3 倍（包括直接顶在内），从而保证安全生产。

333. 大面积漏垮型冒顶的原因及防治措施有哪些?

由于煤层倾角较大，直接顶又异常破碎，采场支护系统中如果某个地点失效发生局部漏冒，破碎顶板就有可能从这个地点开始沿工作面往上全部漏空，造成支架失稳，导致工作面漏垮型冒顶（图 4-15）。

预防漏垮型冒顶的措施：选用合适的支柱，使工作面支护系统有足够的支撑力与可缩量；顶板必须背严背实；严禁爆破、移溜等工序弄倒支架，防止出现局部冒顶。

图 4-15 工作面漏垮型冒顶

334. 金属网下推垮型冒顶的原因及防治措施有哪些?

回采下分层时，金属网假顶处于以下两种情况时，可能发生推垮型冒顶:

(1) 当上分层、下分层开切眼垂直布置时，在开切眼附近，金属网上的碎矸石与上部已断裂的硬岩大块之间存在一个空隙。

(2) 当下分层开切眼内错布置时，虽然金属网上的碎矸与上部已断裂的硬岩大块之间不存在空隙，但是一般也难以胶结在一起。

金属网下推垮型冒顶的全过程分为两个阶段:

(1) 形成网兜阶段。这是由工作面内某位置支护失效导致的。如果周围支架的稳定性很好，一般不会发展到第二阶段，即还不至于发生冒顶事故。

(2) 推垮工作面阶段。在开切眼附近，金属网碎矸之上有空隙，或者由于支架初撑力小，而使网上碎矸石与上位断裂的硬岩大块离层，这就造成网下单体支柱不稳定，在网兜沿倾斜推力的作用下，使网兜下方的支柱由迎山变成反山，最终造成推垮型冒顶，如图4-16所示。这两个阶段有可能间隔很短时间。

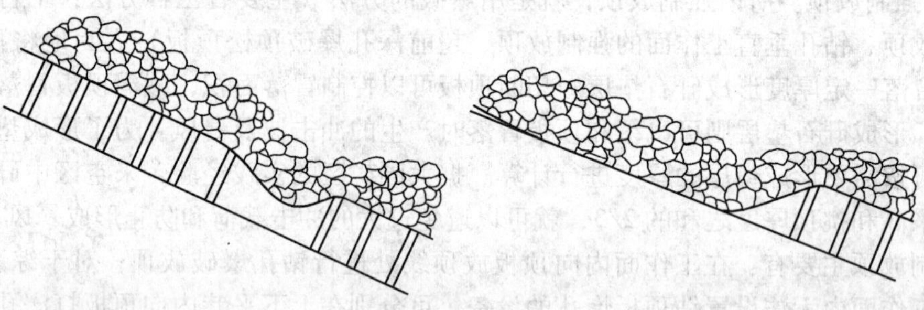

a b

图 4-16 金属网下推垮型冒顶

a—形成网兜；b—推垮工作面

生产实践表明，由于支柱初撑力低导致产生高度超过 150mm 的网兜时，有可能引发网下推垮型冒顶。防止这类冒顶事故的主要措施是提高支柱初撑力及增加支架的稳定性，也可附加其他一些措施:

(1) 回采下分层时用内错式布置切眼，避免金属网上碎矸之上存在空隙。

(2) 提高支柱初撑力，增加支架稳定性，防止发生高度超过 150mm 的网兜。

(3) 用“整体支架”增加支护的稳定性。如金属支柱铰接顶梁加拉钩式连接器的整体支护，金属支柱铰接顶梁加倾斜木梁对接棚子的整体支护，金属支柱与十字铰接顶梁组成的整体支护。

(4) 采用伪俯斜工作面，增加抵抗下推的阻力。

(5) 初次放顶时要把金属网下放到底板。

335. 综采工作面顶板支护安全检查的重点是什么?

综采工作面液压支架的安全使用，上下安全出口的检查，工作面冒顶、片帮，工作面的支护等，应作为顶板安全检查的重点。

（1）工作面端头维护必须符合《端头支护安全操作规程》要求，上下安全出口必须畅通无阻，安全出口高度不得低于1.8m、宽度不得小于0.8m，且支护完好。

（2）工作面煤壁、刮板输送机和液压支架排列整齐，在移架前或移架后均需呈一条直线，拉线检查误差不大于±0.1m。在倾角大于15°时，必须采取防滑防倒架措施。

（3）液压支架不得有咬架、歪斜等现象，支架立柱不得有漏液、跑液和自动降架现象，顶梁及护帮升降收放灵活，不得有自动卸载松动现象。

（4）液压支架必须接顶，顶板破碎应超前支护和拉架。在处理液压支架上方冒顶时必须制定专门安全措施，报总工程师批准。

（5）采煤机采煤后，必须及时拉架。采煤和拉架之间的悬顶距离，应在作业规程中明确规定。超过规定距离或发生冒顶片帮时，必须停止采煤进行处理。

（6）严格控制采高，严禁采高超过支架允许的最大高度，以防倒架和支护无力。当煤层变薄时，采高不得小于支架允许的最小高度，以防压死支架无法拉架。

（7）当采高超过3m或片帮严重时，液压支架必须有护帮板防止片帮伤人。

（8）在处理倒架、歪架、压架以及更换支架或拆修顶梁、立柱、座箱等大型部件时，都必须有安全措施。

（9）工作面因地质构造等原因需要爆破时，必须遵守爆破安全规定，并保护好液压支架和其他设备。

336. 机采工作面顶板支护安全检查的重点是什么？

与综采工作面相比，机采工作面装备水平较低，支护强度较小，容易发生顶板事故，因而工作面支护、上下安全出口、回柱放顶等应作为顶板安全检查的重点。

（1）工作面上下安全出口必须畅通无阻，安全出口高度不得低于1.6m、宽度不得小于0.8m，且支护完好。

（2）端头支护必须符合《端头支护安全操作规程》要求，实现“四对八梁”的要求，以加强端头支护。同时在移挪刮板输送机头尾时，在长梁的掩护下替换立柱，使挪移过程中有效支护顶板，保证端头顶板的有效支护。

（3）工作面支架、煤壁和刮板输送机都应保持直线，拉线查测时误差不大于±0.1m。

（4）支架排柱距必须符合作业规程规定，误差不大于±0.1m。支护必须牢固接顶，迎山有力，不准出现松动和空顶支架。

（5）工型钢梁必须成对并列交错支护，交错长度为0.6m，出现误差超过±0.1m时必须调整。铰接顶梁的支设形式必须符合《端头支护安全操作规程》规定，应提倡和推广交错支设方式，交错长度应为0.6m。齐头梁不利于对顶板的支护，因此应避免齐头梁。如果作业规程规定交错布置，则应杜绝齐头梁现象。

（6）回柱放顶应有明确规定和安全措施。密集支柱、安全出口、分段放顶的开口与合拢位置的选择，以及分段放顶之间的距离都应明确规定。回柱放顶不准与割煤同时平行作业，回柱放顶时应停止刮板输送机。人工回柱时应用长柄工具，柄长不小于1.2m，并要支设临时支护柱和木质的信号柱。

（7）采煤机割煤时应追机支设临时贴帮点柱。割煤、移输送机和支设正式支架的距离在作业规程中应有明确规定，一般不小于15m、不大于20m。当移输送机支柱滞后超过规定时，应停止采煤机割煤。

（8）炮孔布置、装药量等必须符合要求，爆破前对支架和设备进行有效的保护。

（9）顶板破碎时应采取挂顶网、架设前探支架以及加强贴帮临时柱等措施，对此作业规程中应有明确规定，要严格执行。

（10）当工作面出现地质构造变化（如断层、裂隙、褶曲等情况或顶板压力增大）时，应及时补充安全措施，以加强顶板管理和支护，严防冒顶事故发生。

（11）采高大于1.5m时工作面应有防片帮措施。工作面生产中加强敲帮问顶，不准出现伞檐等隐患。

（12）采空区出现大面积悬顶不冒时，应采取相应措施，如加强支护、密集加强戗棚、加强放顶等。

（13）工作面初采初放、收尾回撤、搬家倒面时，都应制定专门措施。

337. 炮采工作面顶板支护安全检查的重点是什么？

炮采工作面生产时容易出现的问题是冒顶片帮，因而炮采工作面支护与顶板管理、上下安全出口、回柱放顶等应作为顶板安全检查的重点。

（1）工作面不少于两个安全出口，安全出口必须畅通无阻，安全出口高度不得低于1.6m、宽度不得小于0.8m，且支护完好。

（2）工作面端头支护形式、材料、规格必须在作业规程中明确规定。总的要求应该是加强支护且有跃梁抬棚，其长度应为最大控顶加循环进度。

（3）工作面支架、煤壁和刮板输送机都应保持直线，拉线查测时误差不大于±0.1m。支架排柱距必须符合作业规程规定，误差不大于±0.1m，支护必须牢固接顶，迎山有力，不准有缺梁缺柱或折损弯曲和松动窄顶的现象。

（4）放顶回柱在作业规程中必须有明确的规定，密集支设。安全出口及回柱方法、顺序必须符合《端头支护安全操作规程》要求。密集木支柱不准人工回柱，必须用慢速回柱绞车回柱。

（5）整个回柱工作必须在有经验的老工人指挥下进行，并且要清理好安全退路，一旦顶板发生险情，能立即撤离险区。采空区要每隔一段距离留有信号柱。

（6）爆破后如果发现顶板破碎，要从输送机外侧支设探到煤帮的前探支架，以支护爆破区的顶板。

（7）攉（装）煤工站在输送机外侧有支护的地点用锨先在煤帮侧挖柱窝，打上临时护身柱后，才可进人，在临时柱的掩护下攉（装）煤。攉（装）煤时要清理好安全退路，身体不能靠近煤帮，更不能背靠煤帮攉（装）煤，以防漏顶片帮伤人。

338. 掘进工作面顶板事故发生的原因及预防措施是什么？

掘进工作面冒顶的原因有两类：

（1）掘进破岩后，顶部存在将与岩体失去联系的岩块，如果支护不及时，该岩块可能与岩体失去联系而冒落。

（2）掘进工作面附近已支护部分的顶部存在与岩体完全失去联系的岩块，一旦支护失效，就会冒落造成事故。

在断层、褶曲等地质构造破碎带掘进巷道时顶部浮石的冒落，在层理裂隙发育的岩层中掘进巷道时顶板冒落等，都属于第一类型的冒顶。因爆破不慎崩倒附近支架而导致的冒顶、因接顶不严实而导致岩块砸坏支架的冒顶则属于第二类型的冒顶。两种类型的冒顶可能同时发生，如掘进工作面无支护部分片帮冒顶推倒附近支架导致更大范围的冒顶。

预防掘进工作面冒顶事故的措施如下：

（1）掘进工作面严禁空顶作业，严格控制空顶距。当掘进工作面遇到断层、褶曲等地质构造破坏带或层理裂隙发育的岩层时，棚子支护时应紧靠掘进工作面，并缩小棚距，在工作面附近应采用拉条等把棚子连成一体防止棚子被推垮，必要时还要打中柱。

（2）严格执行敲帮问顶制度，危石必须挑下，无法挑下时应采取临时支撑措施，严禁空顶作业。

（3）掘进工作面冒顶区及破碎带必须背严接实，必要时要挂金属网防止漏空。

（4）掘进工作面炮孔布置及装药量必须与岩石性质、支架与掘进工作面距离相适应，以防止因爆破而崩倒棚子。

（5）采用“前探掩护式支架”，使工人在顶板有防护的条件下出渣、支棚腿，以防止冒顶伤人。

（6）根据顶板条件变化，采取相应的支护形式，并应保证支护质量。架棚支护冒顶区及破碎带必须背严接实，必要时要挂网防止漏空。

339. 巷道交岔处冒顶事故的原因及预防措施是什么？

巷道交岔处冒顶事故往往发生在巷道开岔的时候，因为开岔口需要架设抬棚替换原巷道棚子的棚腿，如果开岔处巷道顶部存在与岩体失去联系的岩块，并且围岩正向巷道挤压，而新支设抬棚的强度不够或稳定性不够，就可能造成冒顶事故。

预防巷道开岔处冒顶的措施如下：

（1）开岔口应避开原来巷道冒顶的范围。

（2）交岔点抬棚的架设应有足够的强度，并与邻近支架连接成一个整体。

（3）必须在开口抬棚支设稳定后再拆除原巷道棚腿，不得过早拆除，切忌先拆棚腿后支护抬棚。

（4）注意选用抬棚材料的质量与规格，保证抬棚有足够的强度。

（5）当开口处围岩尖角被挤压坏时，应及时采取加强抬棚稳定性的措施。

（6）交岔点锚喷支护时，使用加长或全锚式锚杆。

（7）全锚支护的采区巷道交岔点应缩小锚杆间距，并使用小孔径锚索补强。

340. 巷道压垮型冒顶的原因及预防措施有哪些？

压垮型冒顶是巷道顶板或围岩施加给支架的压力过大，损坏了支架，导致巷道顶部的岩块冒落，从而形成事故。

巷道支架所受力的大小，与围岩受力后所处的力学状态关系极大。若围岩受力后仍处于弹性状态，本身承载能力大而且变形小，巷道支架感受不到多大的压力，当然也不会被损坏；如果围岩受力后处于塑性状态，本身有一定的承载能力但也会向巷道空间伸展，巷道支架就会感受较大的压力，若巷道支架的支撑力或可缩性不足，就可能被压坏；当围岩受力后呈破碎状态，本身无承载能力，并且大量向巷道空间伸展，这时巷道支架就会受到强大的压力，很难不被损坏。

巷道围岩受力后所处的力学状态，由两方面因素决定：一是岩体本身的强度以及受到层理裂隙等构造破坏的情况；另一个是所受力的大小。巷道围岩受力的大小，也由两方面因素决定：一是由巷道所处位置决定的自重应力和构造应力：另一个是由采掘引起的支撑压力。

根据上述压垮型冒顶的原因，可以采取以下防治措施：

（1）巷道应布置在稳定的岩体中，并尽量避免采动的不利影响。采区回采巷道双巷掘进时，护巷煤柱的宽度应视其围岩的稳定程度而定：围岩稳定时，护巷煤柱的宽度不得小于15m；中等稳定时，应不小于20m；软弱时，应不小于30m。不用护巷煤柱时，最好是待相邻区段采动稳定后再沿空掘巷。

（2）巷道支架应有足够的支撑强度以抵抗围岩压力。

（3）巷道支架所能承受的变形量，应与巷道使用期间围岩可能的变形量相适应。

（4）尽可能做到支架与围岩共同承载。支架选型时，尽可能采用具有初撑力的支架。支架施工时，要严格按工程质量要求进行，并特别注意顶与帮的背严背实问题，杜绝支架与围岩的空顶与空帮现象。

341. 巷道漏垮型冒顶的原因及预防措施有哪些?

漏垮型冒顶是因无支护巷道或支护失效巷道顶部存在游离岩块，这些岩块在重力作用下冒落，从而形成事故。

预防漏垮型冒顶的措施如下：

（1）掘进工作面爆破后应立即进行临时支护，严禁空顶作业。

（2）凡因支护失效而空顶的地点，重新支护时应先护顶，再施工。

（3）巷道替换支架时，必须先支新支架，再拆旧支架。

（4）锚杆支护巷道应及时施工。施工前应先清除危石，成巷后要定期检查危石并及时处理。

342. 巷道推垮型冒顶的原因及预防措施有哪些?

推垮型冒顶是因为巷道顶帮破碎后，在其运动过程中存在平行巷道轴线的分力，如果这部分巷道支架的稳定性不够，可能被推倒而冒顶，从而形成事故。

预防推垮型冒顶的主要措施是提高支架的稳定性，可以在巷道的支架之间用撑木或拉杆连接固定，增加支架的稳定性，以防推倒。在倾斜巷道中架设支架应有一定的迎山角，以抵抗重力在巷道轴线方向的分力。

343. 巷道顶板支护安全检查重点有哪些?

巷道掘进过程中，如果控制管理不当，较易出现冒顶片帮等事故。

（1）临时支护检查。

1）是否使用临时支护或金属前探支架，前探距离不超过一棚架距，后部固定在两架棚梁上；

2）锚喷巷道是否采用吊环前探梁端头临时支架；

3）临时支架距工作面距离是否不大于2m，锚喷巷道不大于3～4m，软岩层中紧随工作面。

（2）掘进支护检查。

1）掘进与支护单行作业时，前段永久支架尚未完成时是否不继续掘进；永久支架前端距离工作面是否不大于40m；

2）平行作业时，平巷是否不由里往外支护；超过10m的倾斜巷道，每段内是否不由上往下进行永久支护。

（3）架棚永久支护检查。

1）坑木直径是否符合设计要求，金属支架是否零件齐全，混凝土支架有无开裂、露筋现象；

2）平巷支架是否垂直顶底板；斜巷支架是否向上坡倾斜；

3）横梁是否垂直巷道中心线，两端保持水平；

4）棚梁接口是否严密合缝；

5）背板、撑木、拉杆布置是否符合设计要求，刹紧背牢。

（4）砌碹永久支护检查。

1）砌块及砂浆强度是否符合要求；

2）砌体厚度是否符合设计规定，局部不小于设计30mm，连续长度不超过1m；

3）壁后是否充实填满，灰饱满。

（5）锚喷永久支护检查。

1）锚杆规格、强度是否符合设计规定；

2）喷浆强度、厚度是否达到设计要求；

3）喷浆前是否清理岩帮、清理浮矸，喷浆后无露筋、干裂现象。

（6）支架翻棚作业检查。操作程序是否为：

检查顶板压力和棚子质量→加固邻近支护→排除顶帮活矸→翻棚。斜巷中是否采取防止物体滚落和支架歪倒的安全措施。

检查时，主要根据现场观察、抽查，查阅班组质量检查、中间验收质量等级评定记录和材料试验记录等。检查过程中，发现有空顶作业时要立即停止工作。

344. 什么是冲击地压，其形成原因是什么？

冲击地压是指在开采过程中，井巷或采掘工作面周围煤岩体由于弹性变形能的瞬时释放而产生突然、急剧、猛烈破坏为特征的动力现象，又称岩爆、煤爆。

煤矿冲击地压是一种较特殊的动力现象，其实就是井下煤岩体突然的、爆炸式的破坏，同时会产生巨大的声响、煤岩抛出、冲击波和排出大量的瓦斯，一定范围内感到地震。冲击地压导致支架破坏、设备移动和空间堵塞等，可造成人员伤亡和巨大的经济损失，是威胁煤矿安全生产的重大灾害之一。

冲击地压的形成是由于煤岩体在高应力作用下内部积聚有大量的弹性能，同时部分岩体接近极限平衡状态。当采掘工作接近这些地方时，岩体的力学平衡状态被破坏，应力迅速下降，积聚的弹性能突然释放，其中很大部分能量转变为动能，将煤岩体抛向已采空间，因此，冲击地压的形成与煤岩层中的应力变化和积聚的弹性潜能密切相关。

345. 冲击地压的特征是什么?

（1）突然爆发。冲击地压发生前一般没有明显的预兆，因此事先难以预料。

（2）发生过程短暂，一般不超过十几秒。

（3）发出巨大声响。冲击地压爆发的瞬间，伴有雷鸣般的巨大声响。

（4）形成强大的冲击波。爆体内积聚的弹性能突然释放，产生强大的冲击波。它能冲倒几十米至几百米内的风门、风墙等设施。

（5）产生弹性震动。冲击地压发生时在围岩内引起弹性震动，现场作业人员被弹起摔倒，甚至输送机、轨道等重型设备都可能被振动和推移，连地面人员有时都能感到这种振动。

（6）带来顶板下沉或底板膨裂。冲击地压发生时，常导致顶板瞬间明显下沉，底板突然开裂鼓起，甚至接顶。

（7）煤体移动。浅部冲击时，煤体发生移动，煤体移动时在顶板接触面上留有明显擦痕，擦痕的方向即为煤体移动的方向。

（8）煤帮抛射性塌落。冲击地压造成煤帮抛射性塌落，多发生在煤帮上部到顶板的一段，越靠近顶板塌落越深，堵塞空间，破坏支架。

346. 冲击地压发生条件是什么?

（1）煤层本身具有冲击危险，这是发生冲击地压的前提条件。一般来说，具有冲击危险的煤层特点有：煤质较硬，容易产生脆性破坏；煤体在达到强度极限以前的变形表现为弹性变形；煤层的自然含水率低；煤层厚度较大或厚度变化较大。

（2）煤层顶板坚硬。工作面前方支承压力的大小与采区悬露面积有关。当煤层的顶板坚硬，采空区又有大面积悬顶时，会使煤体承受较高的支承压力，易于促发冲击地压。

（3）煤层底部强度较高。煤层顶底板都坚硬，顶板长时间不落和大面积悬空，使煤体易于积聚冲击地压发生所需的能量。

（4）开采深度大。工作面开采深度越大，煤体的应力越大，煤体变形和积聚的弹性潜能也越大。有的煤层虽然有冲击危险性，但浅部开采时，煤体应力小，达不到煤体的临界破坏条件，也不会发生冲击地压。当开采深度加大，应力增加，达到临界破坏条件时，就可能发生冲击地压。

（5）地质构造的存在对冲击地压的发生有较大的影响。构造应力的作用可以使地质构造区域易于形成应力集中区，当采掘工作面掘到该处时，易于突然释放弹性潜能，发生冲击地压。例如向斜、背斜轴部，断层附近以及煤层厚薄变化区域，冲击地压发生频繁。

（6）采煤方法影响冲击地压的发生。不同的采煤方法，所产生的矿山压力及其分布规律也不同。一般来说，短壁采煤法比长壁采煤法更易于引发冲击地压。

（7）留煤柱的方法影响冲击地压。煤柱是开采中的孤立体，是产生应力集中的地点，孤岛形和半岛形煤柱可能受几个方向集中应力的叠加作用，因而存煤柱附近易发生冲击地压。

（8）爆破诱发冲击地压。爆破产生震动引起动载荷，改变了煤层中的应力分布，破坏了原有的平衡，形成冲击地压。

347. 冲击地压的预防治理措施有哪些？

从发生冲击地压的条件看，冲击地压的防治措施主要应避免产生应力集中区，对已产生的应力集中区或因地质构造因素已存在的高应力区，要通过采取改变煤岩体物理力学性能的一些措施，予以降低或释放，防治措施主要从这两方面做起。由于冲击地压问题的复杂性和我国煤矿生产地质条件的多样性，增加了冲击地压防治工作的困难。为了有效地防治冲出地压的发生，应当根据具体条件因地制宜地采取综合治理措施。

（1）开采保护层。开采煤层群时，为了降低有冲击地压危险煤层的应力，首先应开采它附近的没有冲击地压危险的煤层，当所有煤层都有冲击地压危险时，应先开采冲击地压危险性最小的煤层。

（2）避免形成孤立煤柱。保证有合理的开采计划，避免形成应力集中的孤立煤柱。不允许在采空区内留煤柱，巷道上方不留煤柱，有条件的应采用无煤柱开采技术，避免应力集中。

（3）选择合理的开采方法。开采有冲击地压危险的煤层时，应尽量使用长壁采煤法，采用全部垮落法管理顶板。

（4）选择合理的巷道布置方式。开采有冲击危险的煤层时，应尽量将主要巷道和硐室布置在底板岩层中。

（5）合理安排开采程序。采煤工作面应向一个方向推进，不得相向开采，因为相向开采时上山煤柱逐渐变小，支撑压力逐渐增大，形成应力叠加，容易引起冲击地压。

（6）煤层预注水。煤层预注水的作用是软化煤体、降低煤体的弹性性质和煤体的强度。注水采用小流量、低压力和长时间的办法。

（7）顶板预注水。顶板预注水的作用主要有两点：一是降低顶板的强度，使原来不易垮落的坚硬顶板在采空区冒落，并转化成随采随冒的顶板；二是顶板注水后，本身的弹性性质减弱，因而减少了顶板的弹性潜能，从而降低冲击地压的危险性。

（8）打卸载钻孔。通过向煤层打大直径钻孔后钻孔周围的煤体受力状态发生了变化，使煤体卸载，支承压力分布发生变化，峰值位置向煤体深部转移。

（9）进行卸载爆破。卸载爆破就是在高压力区附近打钻，在钻孔中装药进行爆破。作用是改变支承压力带的形状和减小峰值，炮孔布置应尽量接近于支承压力带峰值位置。

（10）进行诱发爆破。诱发爆破就是在有冲击地压危险的地段进行大药量的爆破，人为地诱发冲击地压。

（11）煤层高压注水。高压注水的作用是压裂煤体，破坏煤体结构，降低承载能力，解除冲击地压威胁。

第五节 煤矿水害防治

348. 煤矿水害防治内容有哪些？

（1）矿井是否有真实的水文地质资料。

（2）是否查清采空区及废弃老窑积水情况。

（3）是否存在相邻小煤矿井下相互连通情况。

（4）防、排水系统是否完善。

（5）矿井井口标高是否高出当地历年最高洪水位1m。

349. 露天煤矿防治水害有哪些安全要求？

（1）露天煤矿每年雨季前必须对防排水设施作全面检查，制定当年的防排水计划和措施。检修防排水设施、新建的重要防排水工程必须在雨季前完工。

（2）对低于当地洪水位的建筑，必须按规定采取修筑堤坝、沟渠，疏通水沟等防洪措施。

（3）露天煤矿地表及边坡上的防排水设施，应避开有滑坡危险的地段。排水沟应经常检查、清淤，不应渗漏、倒灌或漫流。当采场内有滑坡区时，应在滑坡区周围设截水沟。当水沟经过有变形、裂缝的边坡地段时，应采取防渗措施。

（4）用露天采场深部做储水池时，其排水期限应符合以下要求：

1）因储水而停止采煤的工作面数少于采煤工作面总数的1/3时，不得大于15天。

2）因储水而停止采煤的工作面占采煤工作面总数的1/3～1/2时，不得大于7天。

3）因储水而停止采煤的工作面超过1/2时，不得大于3天。

4）采用井巷排水时，必须采取安全措施，备用水泵的能力不得小于工作水泵能力的50%。

（5）因地下水水位升高，可能造成排土场或采场滑坡时，必须进行地下水疏干。

（6）地层含水影响采矿工程正常进行时，应进行疏干，疏干工程应超前于采矿工程。因疏干地层含水地面出现裂缝、塌陷时，应圈定范围加以防护、设置警示标志，并采取安全措施。地下疏干、半地下疏干泵房应设通风装置。

（7）地下水影响较大和已进行疏干排水工程的边坡，应进行地下水位、水压及涌水量的观测，分析地下水对边坡稳定的影响程度及疏干的效果，制定地下水治理措施。

350. 矿井水害发生的基本条件是什么？

影响矿井正常生产活动、对矿井安全生产构成威胁、增加生产成本以及使矿井局部或全部被淹没的矿井水，都称之为矿井水害。发生矿井水害的基本条件有：

（1）有水源。水源主要有大气降水、地表水和地下水。大气降水包括降雨和降雪，地表水包括矿井附近的河流、湖泊、沼泽、池塘、水库、采后塌陷区积水等，地下水包括井下含水层水、老空水、含水断层水、陷落柱水等。

（2）有透水通道。透水通道主要有井筒、巷道、塌陷坑、开采沉陷裂隙、断层裂隙、废旧钻孔等。一旦这些过水通道与水源相通，则构成了矿井充水。轻者增加了排水费用，重者则造成淹井灾害。

（3）失控。失控是指对矿井充水水源和充水通道的管理达不到预定的要求，导致淹井停产甚至人员伤亡等事故发生。

351. 矿井水害发生的原因有哪些？

矿井水害事故的原因分析是一个极其复杂的课题，矿井水的形成一般是由于巷道揭露或采空区塌陷波及水源所致。有时是由于充水通道将水源与巷道或采掘工作面沟通，造成矿井突水。下面从工程技术和管理两个方面来分析矿井水害产生的原因。

（1）工程技术方面的原因。

1）地面防洪、防水措施不当。防洪设施在设计、施工方面有缺陷，达不到防洪要求标准，或防洪设施失效，以及地面塌陷、裂隙未处理，使地面洪水由井巷、塌陷、裂隙等通道进入井下造成矿井水害。

2）水文地质情况不清。井巷或采掘工作面接近充水断层、强含水层、岩溶陷落柱、含水溶洞、老空积水等充水水源和充水通道时，未采取任何防范措施，而造成透水事故。

3）井巷位置不合理。设计中将井巷置于水文地质条件复杂或离强含水层太近，导致顶板、底板透水。

4）工程质量低劣，致使井巷塌落冒顶、跑砂、透水。封闭不良的各种钻孔有时也可导致透水。

5）乱采滥挖破坏防水煤柱造成矿井透水。

6）测量误差导致巷道进入采空区积水而透水。

7）排水设备能力不足，或机电事故而造成淹井。

8）防水闸门未按要求设计修建，或质量低劣不能起到防水作用，或由于不注意日常维护和试验，当井下出现灾情时无法发挥作用而淹井。

9）排水设施平时缺少维护，如水仓、水管、水沟不按时清理，突水时失效而导致淹井。

（2）管理方面的原因。

1）由于相对于其他事故来讲，水灾事故发生率不是很高，容易使人思想麻痹，特别是各级管理人员如果对水害没有充分的认识，往往会导致发生透水事故。

2）由于人力物力的不足，致使许多水文地质情况不清，相应防范措施跟不上而发生透水事故。

3）不能严格执行“有疑必探、先探后掘”的基本原则，心存侥幸。员工安全技术素质低，没有通过各种形式的培训，职工没有掌握透水预兆、避灾路线、避灾自救方法等基本知识，致使发生水害引起人员伤亡和财产损失。

4）对各种防水工程质量验收把关不严，未按规定定期检查，及早发现隐患、及时整改。

5）对以水为介质的泥浆、泥石流，以及以水为载体的有害气体的灾害和危害认识不足，没有相应的防范措施。

352. 矿井水害的危害表现在哪些方面？

（1）恶化生产环境。矿井水可造成巷道积水、顶板淋水和老窑积水，使工作面及附近巷道空气潮湿，工作环境恶化，影响工人身体健康。

（2）增加排水费用（增加了生产成本）。在矿井生产建设中，矿井水量的大小直接关系到排水设施、设备和排水费用，不仅造成原煤吨煤成本增加，而且增加了生产管理工作的难度。

（3）缩短生产设备的使用寿命。矿井水对金属设备、铁轨和金属支架具有腐蚀作用，缩短其使用寿命。

（4）损失煤炭资源。为防止矿井水的威胁，有时需留设防水煤柱，影响煤炭资源的回收和充分利用，有的甚至无法再开采。

（5）引起瓦斯积聚、爆炸或硫化氢中毒。如果发生老空区、老煤窑突然透水，聚积在老空区内的瓦斯和硫化氢会随水而出，涌出的瓦斯若达到爆炸浓度，遇高温火源就会发生爆炸，而人们呼吸到了剧毒的硫化氢，重者就会造成死亡。

（6）一旦失控，造成淹井及人员伤亡。矿井涌水量一旦超过排水能力或突然涌水，轻则淹井停产，重则矿毁人亡。

353. 井下防治水的措施和要求有哪些？

（1）相邻矿井的分界处，应当留防隔水煤（岩）柱。矿井以断层分界的，应当在断层两侧留有防隔水煤（岩）柱。防隔水煤（岩）柱的尺寸，应当根据相邻矿井的地质构造、水文地质条件、煤层赋存条件、围岩性质、开采方法以及岩层移动规律等因素，在矿井设计中确定。矿井防隔水煤（岩）柱一经确定，不得随意变动，并通报相邻矿井。严禁在各类防隔水煤（岩）柱中进行采掘活动。

（2）在采掘工程平面图和矿井充水性图上必须标绘出井巷出水点的位置及其涌水量、积水的井巷及采空区的积水范围、底板标高和积水量等。在水淹区域应当标出探水线的位置。

（3）每次降大到暴雨时和降雨后，应当有专业人员分工观测井上积水情况、洪水情况、井下涌水量等有关水文变化情况以及矿区附近地面有无裂缝、老窑陷落和岩溶塌陷等现象，并及时向矿调度室及有关负责人报告，并将上述情况记录在案、存档备查。情况危急时，矿调度室及有关负责人应当立即组织井下撤人，确保人员安全。

（4）受水淹区积水威胁的区域，必须在排除积水、消除威胁后方可进行采掘作业；如果无法排除积水，开采倾斜、缓倾斜煤层的，必须按照《建筑物、水体、铁路及主要井巷煤柱留设与压煤开采规程》中有关水体下开采的规定，编制专项开采设计，由煤矿企业主要负责人审批后，方可进行。严禁在水体下、采空区水淹区域下开采急倾斜煤层。

（5）开采水淹区域下的废弃防隔水煤柱时，应当彻底疏干上部积水，进行可行性技术评价，确保无溃浆（沙）威胁。严禁顶水作业。

（6）井田内有与河流、湖泊、溶洞、含水层等存在水力联系的导水断层、裂隙（带）、陷落柱等构造时，应当查明其确切位置，按规定留设防隔水煤（岩）柱，并采取有效的防治水措施

（7）采掘工作面或其他地点发现有煤层变湿、挂红、挂汗、空气变冷、出现雾气、水叫、顶板来压、片帮、淋水加大、底板鼓起或产生裂隙、出现渗水、钻孔喷水、底板涌水、煤壁溃水、水色发浑、有臭味等透水征兆时，应当立即停止作业，报告矿调度室，并发出警报，撤出所有受水威胁地点的人员。在原因未查清、隐患未排除之前，不得进行任何采掘活动。

（8）矿井采掘工作面探放水应当采用钻探方法，由专业人员和专职探放水队伍使用专用探放水钻机进行施工。同时应当配合其他方法（如物探、化探和水文地质试验等）查清采掘工作面及周边老空水、含水层富水性以及地质构造等情况，确保探放水的可靠性。

(9) 煤层顶板有含水层和水体存在时，应当观测垮落带、导水裂缝带、弯曲带发育高度，进行专项设计，确定安全合理的防隔水煤（岩）柱厚度。当导水裂缝带范围内的含水层或老空积水影响安全掘进和采煤时，应当超前进行钻探，待彻底疏放水后，方可进行掘进回采。

(10) 开采底板有承压含水层的煤层，应当保证隔水层能够承受的水头值大于实际水头值，制定专项安全技术措施。专项安全技术措施由煤矿企业技术负责人审查，报煤矿企业主要负责人审批。

(11) 矿井建设和延深中，当开拓到设计水平时，只有在建成防、排水系统后，方可开始向有突水危险地区开拓掘进。

(12) 井巷揭穿含水层、地质构造带前，必须编制探放水和注浆堵水设计。井巷揭露的主要出水点或地段，必须进行水温、水量、水质等地下水动态和松散含水层涌水含沙量综合观测和分析，防止滞后突水。

(13) 立井基岩段施工时，对含水层数多、含水层段又较集中的地段，应当采用地面预注浆。含水层数少或含水层数分散的地段，应当在工作面进行预注浆，并短探、短注、短掘。

354. 老窑水害防治需要解决哪些方面的问题?

(1) 克服麻痹侥幸心理，避免疏忽大意。由于老窑积水的分布规律不易掌握，又带有灾害的特点，一旦警惕不高，很简单的问题也会酿成惨痛的水害事故。因此，必须采取严肃慎重和一丝不苟的工作态度，坚持“全面分析，逐头逐面排查，多找疑点，有疑必探”的基本原则。

(2) 认真分析老窑积水的调查资料。由于缺乏准确的测绘资料，老窑和地方小煤矿开采的积水范围不清，这是老窑水防治难且易于发生水害的主要原因。因此对老积水调查资料的系统分析和正确使用，是防治这类水害事故的一个关键环节。

对老窑积水资料的调查，一定要严肃认真、深入细致、确切地加以记录，并且要反复分析核实，判断可靠程度，指出疑点和问题。

(3) 制定合理有效的防治对策。老窑和地方矿井多为复杂的矿区，分管安全的领导和技术负责人要千方百计地了解掌握本矿井周围的老窑积水分布情况、各片积水与本矿井各采区之间的隔离情况，要组织有关人员编制有关图件，全面安排开拓部署和采掘工程。

(4) 严密组织探水掘进。老窑积水有分散、孤立和隐蔽的特点，水体的空间分布几何形态非常复杂，往往很不确切。防治它们的唯一有效手段就是探水掘进。在有足够帮距、超前距和控制密度的钻孔掩护下，掘进巷道逐步接近它，最后达到发现之目的。

(5) 特别注意近探近放和贯通积水巷道或积水区。当积水位置很明确或通过“探水掘进”确已接近积水并进行近距离探放水时，有些问题需要特别注意，情况复杂的积水就在身边，稍有不慎，水害可能立即发生。

(6) 重视自采自掘采空废巷积水的探放。这是一个普遍问题，千万不能认为资料相对可靠，就掉以轻心，必须注意以下几个问题：

1) 对原不积水的区域要分析重新积水的条件和可能，经常圈定积水区。

2) 要分析测绘精度和误差，注意可能少填、漏填的巷道、硐室。

3）不过分自信，盲目进行近探近放。

（7）钻、物探结合问题。老窑水的探放，工作量很大，尤其是探水掘进，确实耗工耗时，应该积极采用物探手段，帮助圈定积水区，减少超前探水的工作量，开展探水孔端的孔间透视，以减少钻孔密度。但是，钻、物探结合，必须要以钻探为主，物探资料要有钻孔验证。

355. 岩溶突水水害防治技术措施有哪些？

岩溶突水灾害约占水害比例的一半，也是新中国成立以来长期与水害斗争而一直未能彻底解决的问题。从突水的方向上，它可分底板突水（由下向上）、侧方突水、顶板突水（由上向下）。防治的关键技术是：

（1）查明矿井水文地质条件（含隔水层、富水性、地质构造、岩溶陷落柱等）。

（2）承压水采煤时（底板岩溶水大多数是具有压力的承压水，有时压力很高，可达几十兆帕），必须执行《煤矿安全规程》、《三下采煤作业规程》和《矿井防治水条例》，探水和留设相应的防水煤（岩）柱。

（3）加大排水能力，确保防水设施（如防水闸门，分区隔离，快速注浆堵水，加大水仓容量，排水系统畅通等）的正常使用。

（4）了解防治底板突水的先进理论和探查、防治技术如“突水系数”的概念、“主通道”学说、“关键层”学说、“下三带”理论等。

（5）使用先进的井下物探技术，除了地面大面积高分辨率地震探测外，在井下采区、采面、掘进巷道中都可采用超前物理探查技术，如电法、地质雷达、瑞雷波、槽波、声波等。

（6）制定防治水总策略：

1）深降强排，疏、排、供、环保相结合；

2）带压开采，保水采煤。

356. 矿井防治水技术有哪些？

矿井防治水技术可以概括为：“防、排、探、放、疏、截、堵”7个字。

防：即井上、井下防水设施及防水措施。

排：即井下排水设施和排水能力。

探：即井下探水（包括物探和钻探）。

放：即对老空区积水、可疑水源采取放水，或超前放出顶板水。

疏：即疏水降压或疏干有害含水层。

截：即留设各种防水煤（岩）柱阻隔有害水源。

堵：即注浆堵住出水口，或加固裂隙带、充填岩溶改造含水层、加固底板等。

357. 采掘工作面发生透水有哪些征兆，应如何处理？

采掘工作面透水前，一般都有一定的征兆，归纳起来有以下几种：

（1）挂红。因地下水中含有铁的氧化物，在水压作用下，通过煤（岩）裂隙时，附着在裂隙表面，出现暗红色铁锈。

（2）挂汗。当采掘工作面接近积水区时，水在压力作用下，通过煤岩裂隙而在煤岩壁上凝结成许多水珠，但有时空气中的水分遇到低温煤（岩）壁也可凝结为水珠。因此，遇到挂汗现象，首先辨别真伪，辨别方法是剥去表面层，观察新暴露面是否也有潮气，如果煤岩潮湿则是透水征兆。

（3）空气变冷。采掘工作面接近大量积水时，气温骤然降低，煤壁发凉，人一进去就有凉爽感，时间越长越感阴凉。

（4）出现雾气。当巷道内温度较高时，积水渗到煤壁后引起蒸发而迅速形成雾气。

（5）水叫。井下高压积水向煤岩裂隙强烈积压与两壁摩擦而发出嘶嘶叫声，说明采掘工作面距积水区已很近，若是煤巷掘进，则透水即将发生。

（6）顶板淋水加大。原有裂隙淋水突然增大，应视作透水前兆。

（7）顶板来压、底板鼓起。在地下水压作用下，顶底板弯曲变形，有时伴有潮湿、渗水现象。

（8）水色发浑、有臭味。老空水一般发红，味涩；断层水一般发黄、味甜；溶洞水常有臭味。

（9）有害气体增加。积水区向外散发瓦斯、二氧化碳和硫化氢等有害气体。

（10）裂隙出现渗水。水清即离积水区尚远，若出现浑浊，则离积水区已近。

采掘工作面发生透水10种征兆不一定都同时出现，有时可能出现其中一个，有时可能出现多个，但也有时透水征兆不明显甚至不出现，因此，要认真辨别。当出现透水征兆时，必须停止作业，采取措施，立即报告调度室，发出警报，撤出所有受水威胁地点的人员。

358. 采掘工作面透水事故的应对措施有哪些？

（1）迅速判断透水的地点、性质、水量、影响范围、突水水源。

（2）迅速判断灾区范围内的基本情况，如人员分布情况、进出地点的可能通道、有生存条件的地点等，以便于迅速组织抢救。

（3）立即报告矿调度室及有关管理人员。

（4）在保证人员安全的前提下，就地取材，迅速组织抢救，如果无法抢救，则应根据当时当地的实际情况，有组织地进行避灾自救。

359. 井下防治水害安全检查的重点是什么？

水灾是煤矿生产中的重大自然灾害，加强对矿井防治水安全检查是煤矿安全生产的重要工作。《煤矿安全监察条例》规定：煤矿安全监察机构发现煤矿矿井防水等安全设施和条件不符合国家安全标准、行业安全标准、《煤矿安全规程》和行业技术规范要求的，应当责令立即停止作业或者责令限期达到要求。

（1）矿井水文地质工作检查。矿井水文地质工作是矿井防治水的基础和保证。对其安全检查重点是检查矿井对水文地质条件的掌握程度、水文地质资料的完备性、矿井防治水规划、计划与防治措施。现场检查时，主要通过查阅有关图文资料进行分析研究。

（2）地面防治水安全检查。地面防治水检查的重点是检查地面防治水工作的有效性，地面水与井下水害间的联系及影响。应按有关规定要求，通过防治水现状调查，结合矿井水文记录，进行检查分析，发现问题及时通知整改。检查内容主要包括：1）地面工业广场防治水工程措施的检查；2）地表露头带截洪防渗工程及措施的检查；3）地表裂缝防渗工程的检查；4）地面钻孔的检查。

（3）井下防治水安全检查。检查内容主要包括：1）井下防水隔离煤柱的检查；2）井下探放水措施的检查；3）井下注浆堵水工程的检查；4）井下截水设施（防水闸门和闸墙）的检查；5）矿井排水工程的检查；6）矿井带压开采的检查。

（4）矿井防治水重大事故隐患的安全检查。水文地质条件复杂的矿井出现防治水管理缺陷时，容易导致井下存在重大水害隐患。对其的任何轻视、反应迟缓、整改延迟等都极可能导致灾变事故。矿井防治水重大事故隐患主要有：

1）采区设计和作业规程无防治水措施，对含水层积水区等未执行“有疑必探，先探后掘”的原则。

2）采掘工作面开工前，未提交地质说明书，未开展水文地质预测预报，不能及时、准确、齐全地填绘矿井水文地质图件。

3）矿井各类防水隔离煤柱的留设不符合有关规程规定，擅自改变防水煤柱尺寸进行采掘作业。

4）对有突水危险的含水层、积水区和含水构造带，未进行物探、钻探，未按设计要求进行分区隔离。

5）周边小井、老窑对矿井安全生产有重大影响，而未将其资料及其影响范围及时填绘在矿井采掘工程平面图上，不及时排查预报水害。

6）探放水过程中，孔口管下置深度不符合规程要求的；斜巷或采区巷道中探水时，不撤出受突水威胁区域的人员。

7）带压开采不制定经矿务局总工程师批准的安全技术措施。

8）井下排水系统未按设计要求及时形成并达到规定的排水能力，每年雨季前未进行水泵联合试运转。

9）防水闸门每年未进行两次关闭试验，并定期检查维修。

10）在受水威胁区域工作的人员不熟悉突水预兆；工作地点未设立避灾路线；作业场所出现突水预兆时，不停止作业，不撤出人员。

11）水文地质条件复杂矿井每月末不进行水害排查，或未按排查意见实施。

360. 如何防治井口附近或塌陷区内外的地表水体渍入井下？

（1）严禁开采煤层露头的防水煤柱。

（2）容易积水的地点应修筑沟渠，排泄积水。修筑沟渠时，应避开露头、裂隙和导水岩层。特别低洼地点不能修筑沟渠排水时，应填平压实；如果范围太大无法填平时，可建排洪站排水，防止积水渗入井下。

（3）矿井受河流、山洪和滑坡威胁时，必须采取修筑堤坝、泄洪渠和防止滑坡的措施。

（4）排到地面的矿井水，必须妥善处理，避免再渗入井下。

（5）对漏水的沟渠和河床，应及时堵漏或改道。地面裂缝和塌陷地点必须填塞，填塞工作必须有安全措施，防止人员陷入塌陷坑内。

（6）每次降大到暴雨时和降雨后，必须派专人检查矿区及其附近地面有无裂缝、老窑陷落和岩溶塌陷等现象。发现漏水情况，必须及时处理。

361. 水文地质条件复杂或有突水淹井危险的矿井如何防治水患？

水文地质条件复杂或有突水淹井危险的矿井，应当在井底车场周围设置防水闸门或在正常排水系统基础上另外安设具有独立供电系统且排水能力不小于最大涌水量的潜水泵。

在其他有突水危险的采掘区域，应当在其附近设置防水闸门，不具备设置防水闸门条件的，必须制定防突水措施，由煤矿企业主要负责人审批。老矿井不具备建筑水闸门的隔离条件，或深部水压大于5MPa，高压水闸门尚无定型设计时，可以不建水闸门，但必须制定防突水措施。

防水闸门应符合以下要求：

（1）防水闸门必须采用定型设计。

（2）防水闸门的施工及其质量，必须符合设计要求。闸门和闸门硐室不得漏水。

（3）防水闸门硐室前后两端，应分别砌筑不小于5m的混凝土护碹，碹后用混凝土填实，不得空帮、空顶。防水闸门硐室和护碹必须采用高标号水泥进行注浆加固，注浆压力应符合设计要求。

（4）防水闸门来水一侧15～25m处，应加设1道挡物箅子门。防水闸门与箅子门之间，不得停放车辆或堆放杂物。来水时先关箅子门，后关防水闸门。如果采用双向防水闸门，应在两侧各设1道箅子门。

（5）通过防水闸门的轨道、电机车架空线、带式输送机等必须灵活易拆；通过防水闸门墙体的各种管路和安设在闸门外侧的闸阀的耐压能力，都必须与防水闸门所设计压力相一致；电缆、管道通过防水闸门墙体时，必须用堵头和阀门封堵严密，不得漏水。

（6）防水闸门必须安设观测水压的装置，并有放水管和放水闸阀。

（7）防水闸门竣工后，必须按设计要求进行验收；对新掘进巷道内建筑的防水闸门，必须进行注水耐压试验，水闸门内巷道的长度不得大于15m，试验的压力不得低于设计水压，其稳压时间应在24h以上，试压时应有专门安全措施。

（8）防水闸门必须灵活可靠，并保证每年进行2次关闭试验，其中1次应当在雨季前进行，关闭闸门所用的工具和零配件必须专人保管、专地点存放，不得挪用丢失。

362. 煤矿井下主要排水设备应符合哪些安全要求？

（1）水泵。水泵必须有工作、备用和检修的水泵。工作水泵的能力，应能在20h内排出矿井24h的正常涌水量（包括充填水及其他用水）。备用水泵的能力应不小于工作水泵能力的70%。工作和备用水泵的总能力，应能在20h内排出矿井24h的最大涌水量。检修水泵的能力应不小于工作水泵能力的25%。水文地质条件复杂的矿井，可在主泵房内预留安装一定数量水泵的位置。

（2）水管。水管必须有工作和备用的水管。工作水管的能力应能配合工作水泵在20h内排出矿井24h的正常涌水量。工作和备用水管的总能力，应能配合工作和备用水泵在20h内排出矿井24h的最大涌水量。

（3）配电设备。配电设备应该同工作、备用以及检修水泵相适应，并能够同时开动工作和备用水泵。有突水淹井危险的矿井，可另行增建抗灾强排能力泵房。

363. 煤矿井下主要水仓有哪些安全要求?

煤矿井下主要水仓必须有主仓和副仓，当一个水仓清理时，另一个水仓能正常使用。

新建、改扩建矿井或生产矿井的新水平，正常涌水量在 $1000m^3/h$ 以下时，主要水仓的有效容量应能容纳 8h 的正常涌水量。

正常涌水量大于 $1000m^3/h$ 的矿井，主要水仓有效容量可按式（4-15）计算：

$$V = 2(Q + 3000) \tag{4-15}$$

式中 V——主要水仓的有效容量，m^3；

Q——矿井每小时正常涌水量，m^3。

采区水仓的有效容量应能容纳 4h 的采区正常涌水量。

水仓进口处应设置箅子。对水砂充填、水力采煤和其他涌水中带有大量杂质的矿井，还应设置沉淀池。水仓的空仓容量必须经常保持在总容量的 50% 以上。

364. 煤矿矿井探放水的一般安全要求有哪些?

（1）矿井必须做好水害分析预报和充水条件分析，坚持预测预报、有疑必探、先探后掘、先治后采的防治水原则。探水或接近积水地区掘进前或排放被淹井巷的积水前，必须编制探放水设计，并采取防止瓦斯和其他有害气体危害等安全措施。探水孔的布置和超前距离，应当根据水头高低、煤（岩）层厚度和硬度以及安全措施等在探放水设计中具体规定。

（2）预计水压较大的地区，探水钻进之前，必须先安好孔口管和控制闸阀，进行耐压试验，达到设计承受的水压后，方准继续钻进。特别危险的地区，应有躲避场所，并规定避灾路线。

（3）钻孔内水压过大时，应采用反压和有防喷装置的方法钻进，并有防止孔口管和煤（岩）壁突然鼓出的措施。

（4）钻进时，发现煤岩松软、片帮、来压或钻孔中的水压、水量突然增大，以及有顶钻等异状时，必须停止钻进，但不得拔出钻杆，现场负责人员应立即向矿调度室报告，并派人监测水情。如果发现情况危急时，必须立即撤出所有受水威胁地区的人员，然后采取措施，进行处理。

（5）探放老空水前，首先要分析查明老空水体的空间位置、积水量和水压。老空积水区高于探放水点位置时，只准打钻孔探放水；探放水时，必须撤出探放水点以下部位受水害威胁区域内的所有人员。探放水孔必须打中老空水体，并要监视放水全过程，核对放水量，直到老空水放完为止。

钻孔接近老空，预计可能有瓦斯或其他有害气体涌出时，必须有瓦斯检查工或矿山救护队员在现场值班，检查空气成分。如果瓦斯或其他有害气体浓度超过表 4-2 规定时，必须立即停止钻进，切断电源，撤出人员，并报告矿调度室，及时处理。

（6）钻孔放水前，必须估计积水量，根据矿井排水能力和水仓容量，控制放水流量；放水时，必须设专人监测钻孔出水情况，测定水量、水压，做好记录。若水量突然变化，必须及时处理，并立即报告矿调度室。

（7）排除井筒和下山的积水以及恢复被淹井巷前，必须有矿山救护队检查水面上的空气成分，发现有害气体，必须及时处理。

排水过程中，如有被水封住的有害气体突然涌出的可能，必须制定安全措施。

（8）煤系底部有强承压含水层并有突水危险的工作面，在开采前，必须编制探放水设计，明确安全措施。

第六节　煤矿隐患排查

365. 采区设计和采煤工作面作业的检查内容有哪些？

（1）采区设计方案未经矿务局批准，或无采区设计就施工。

（2）新采区、新工作面没有按有关规定进行验收就生产，或验收不合格，未经认真整改，不经批准而擅自生产。

（3）编制采掘计划没有通风部门参加或没有考虑通风部门配合的可能性。

（4）采煤工作面没有两个以上畅通无阻的安全出口，或人为因素造成安全出口不畅通；特殊情况下不能保证两个以上安全出口时，未经矿务局批准。

（5）非正规采煤法开采的采煤工作面未编制经矿务局批准的作业规程而擅自开采。

（6）采煤工作面分上下层同时回采时，上下层的错距及支护措施未在作业规程中明确规定，或在实际操作中违反规定。

（7）支柱与回柱、支柱与割煤、回柱与放炮、回柱与采煤机落煤等工序平行作业时的安全距离未在作业规程中明确规定，或在现场操作中违反规定。

（8）是否认真组织学习和贯彻执行《采煤作业规程》。

366. 采煤机械在操作方面的检查内容有哪些？

（1）工作面不直，采煤机组牵引链摆向人行侧，有崩链伤人可能而未采取措施。

（2）采煤机未装置能停开工作面输送机的闭锁装置或装置失效，而在输送机停开时采煤机运转。

（3）采煤机更换截齿或距滚筒上下 3m 以内有人工作时，未切断电源并打开离合器。

（4）用刮板输送机、带式输送机运送物料而无安全措施。

（5）拉移转载机时绳道内有人通过，或不设专人站岗。

367. 矿井重大事故隐患的检查内容有哪些？

（1）是否建立健全矿井重大事故隐患排查组织机构，矿长对重大事故隐患排查处理全面负责；分管副矿长、总工程师对矿长负责，负责组织分管范围内的事故隐患排查；各业务部门负责监督检查分管范围内的事故隐患排查；矿安监处负责重大事故隐患的综合管理。是否存在分工不明确、责任不清和隐患排查死角。

（2）是否建立事故隐患的四级排查体系，由矿、专业、区队、班组分级定期排查隐患，分专业综合管理。

（3）是否对事故隐患按其严重程度、解决的难易程度等进行分级管理，是否每月在日常检查的基础上组织一次矿井事故隐患的类别和等级确认，对已确认的A级、B级事故隐患是否在每月月底前报矿务局安监局。

（4）矿井排查的重大事故隐患项目是否明确整改负责人、整改措施和完成时间，A级由分管局长、局总工程师或安监局长负责落实，B级由分管矿长或矿总工程师负责落实，C级由区队及业务部门负责落实。是否真正做到隐患整改项目落实、措施落实、资金落实、时间落实和责任落实。

（5）对重大事故隐患的处理完成情况是否建立消号制度，在确定整改负责人的同时，确定验收消号负责人；是否根据隐患情况每旬向整改负责人下卡并及时反馈；对已完成的项目是否组织验收，填写验收单，验收单位和验收负责人在验收单签字并消号。

（6）是否建立月度事故隐患排查落实监督制度，复查情况是否及时填写重大事故隐患完成情况表，A级、B级事故隐患整改情况每月底是否上报矿务局安监局。

（7）是否建立重大事故隐患排查例会制度，每次例会形成会议纪要，以便监督落实；是否将重大事故隐患排查处理纳入调度内容，根据隐患会议纪要安排实施进度，并及时平衡和汇报整改情况。

（8）是否有效进行事故隐患的统计、分析和报告，研究事故隐患的发生发展规律；事故隐患是否按统一报表纳入计算机管理；隐患整改情况是否每月向全矿通报一次。

368. 矿井重大事故隐患的现场排查方法是什么?

现场排查矿井重大事故隐患时，应做到：

（1）查阅各种重大事故隐患排查统计表、隐患整改反馈卡、隐患处理验收卡、重大事故隐患完成情况落实表、隐患排查会议纪要等资料。

（2）综合分析。结合矿井生产现场的实际观测和考察，全方位进行综合分析。

第五章　煤矿事故应急与救援

第一节　矿井灾害预防和处理计划

369. 矿井灾害预防和处理计划编制的原则是什么？

矿井灾害预防和处理计划是煤矿在生产中做到对事故的先前预防的重要举措，是事故发生后减少人员伤亡和经济损失的重要一环，因此煤矿企业必须认真编制灾害预防和处理计划。同时，鉴于矿井灾害的危险性和复杂性，灾害预防和处理计划要根据具体情况及时修改。因此，在编制灾害预防和处理计划时根据其最终目的，应坚持以下原则：

（1）贯彻执行预防为主的方针，坚持防治结合的原则，保障矿井安全生产。

（2）作为事故处理和抢救人员的行动纲领。

（3）便于将事故消灭在初始阶段或防止事故扩大，将损失降到最低程度。

370. 矿井灾害预防和处理计划的内容有哪些？

矿井灾害预防和处理计划的内容包括矿井重大灾害的评价与确定、重大灾害的针对性预防措施、灾区人员撤离与自救的组织措施、处理事故必需的资料和各有关人员的职责。主要由文字说明、附图、救灾与避灾所需要的材料设备和必要的工程规划表组成。

（1）文字说明。文字说明要详尽确切、通俗易懂，尽量采用示意图和表格描述。

1）可能发生的事故和地点，发生事故的主、客观因素，事故的性质、原因和可能发生的预兆。

2）出现各种事故时，保证人员安全撤退和自救所必须采取的措施。

3）预防和处理各种事故及恢复生产的各种具体有效的技术措施。

4）实施预防措施的单位及负责人。

5）救灾指挥部的人员组成、分工和其他有关人员的名单、通知方法和顺序。人员的分工要明确具体，通知的方法要迅速及时。

（2）安全迅速撤退人员的措施。

1）及时通知灾区和受威胁区域人员的最有效的方法及所需要的材料设备。

2）人员安全撤退的路线及该路线上所设置的照明设备、路标、自救器及临时避难硐室的位置。

3）风流控制的方法、步骤及适用条件。

4）发生事故后对井下人员的统计方法。

5）各种情况下的救护队接近灾区实施救护的行动路线。

6）向遇险人员供给新鲜空气、食物和水的方法。

（3）有关的各种必备的技术资料及附图。如矿井通风系统图、反风实验报告以及反风时保证反风设施完好可靠的检查报告；矿井供电系统图和井下各种通信设备的安装地点；井下消防、洒水管路，排水管路和压风管路的系统图；地面、井下对照图，图中应标明井口的位置和标高、地面交通情况、钻孔、水井、水管、贮水池及其他可供处理事故用的材料、设备及其工具的存放地点等。

371. 预防矿井事故发生措施的编制要求有哪些？

（1）要规定执行各项安全措施的具体办法。

（2）对职工进行安全技术教育的安排。

（3）定期组织安全检查，及时处理不安全因素。

（4）根据矿井瓦斯涌出的情况及规律、煤尘爆炸的倾向性、积水区域和火灾发生的可能性等因素，提出预防各种重大灾害事故的组织措施、技术措施，并规定经常检查这些预防措施的落实情况。

（5）必须规定为预防事故发生所必须完成的安全技术措施工程，增添的设备和必备的安全检测仪器、仪表的数量、安装地点、管理的办法和负责人等。

372. 处理煤矿灾害和恢复煤矿生产措施的编制原则是什么？

（1）处理火灾事故，应根据已探明的火区地点和范围制定控制火势及灭火方法，风流调度的原则和方法，防止产生瓦斯、煤尘爆炸的措施、步骤，防火墙的位置、材料和修建的顺序等。

（2）处理爆炸事故，关键是制定出如何迅速恢复通风，用适当的风量冲洗灾区，避免出现或消除火源，防止出现瓦斯连续爆炸的措施。

（3）其他事故的预防和处理措施，应根据本矿井具体情况制定。

373. 灾害预防和处理计划的编制、审批与实施要求有哪些？

（1）灾害预防和处理计划必须由矿总工程师组织通风、采掘、机电、地质等有关单位人员进行编制，并有煤矿救护队参加，还应征得住矿安全监管部门的同意。灾害预防和处理计划对一个矿井来讲，涉及的范围比较大，再加上煤矿生产的特殊性，存在的危险因素不仅多，而且还非常繁杂。为了保证计划具有针对性及可实施性，就必须组织矿井所有有关的单位和主要技术人员全面参与。鉴于煤矿救护队是煤矿灾害发生后救护的主体力量，也具有灾害救治与处理的丰富经验，因此，在编制时应充分听取他们的意见和建议，同时也可以让他们对矿井的情况及灾害后的处理方法有一个大致的了解，有利于灾害发生后快速及时地实施有效救灾。

（2）要通过充分的调查，找出不安全因素和漏洞，在总结经验教训的基础上进行编制。煤矿事故的发生，主要是由于煤矿生产中存在的诸多不安全因素和管理中的不到位而造成的，只有全面查找所有地点和各个环节的隐患和漏洞，才能使其在实施中较好地发挥预防为主的功能。对于不安全因素的查找，不能只注重客观因素，主观因素也应作为一个重点进行分析。

（3）组织全矿有关人员对计划进行讨论、补充、修改。

(4) 必须在每年开始前1个月报矿务局（公司）总工程师批准。

(5) 在每季开始前15天，矿总工程师应根据矿井生产的变化情况，组织有关部门补充、修改。煤矿生产的场所随生产的变化而变化，采场的条件也在随时间的变更而不同，因此要根据生产的实际及时修改。

(6) 计划由矿长负责实施。

(7) 已批准的计划应立即向全体职工（包括全体煤矿救护队员）贯彻，组织认真学习，使每一位职工都能熟悉避灾路线。各基层单位的领导和主要的技术人员应负责组织本单位的职工学习，并进行考试，使每一位职工都能全面掌握，领会其精髓。

(8) 每季至少组织1次矿井救灾演习。通过演习积累经验，寻找不足。对演习中发现的问题，必须立即采取措施进行整改。

对于具有复杂通风网络的现代化矿井，编制计划较为复杂，特别是事故的处理措施很难制定得准确无误。利用计算机编制事故处理计划，输入有关的信息解答以下问题：

1）确定矿工用最短时间沿着充满火灾气体的巷道，从事故现场和受威胁区域撤退到新鲜风流的最短安全路线。

2）计算各救护小队的最短行动路线，选定抢救人员的措施和初期阶段处理事故的方法。

3）计算火灾发生后的通风稳定性，选取防止风流逆转的措施等。

第二节　重大灾害事故的抢险救灾

374. 什么是煤矿重大灾害事故，其特点是什么？

凡是能给煤矿生产或从业人员生命安全、财产造成严重危害的事故统称为煤矿重大灾害事故。

由于煤矿生产的特殊性，决定了煤矿重大灾害事故不仅影响范围大、伤亡人员多，中断生产时间长，而且对矿山井巷工程和设备毁坏也非常严重。每一矿井由于自然条件、生产条件、主观因素的复杂性，即使是同一矿井在其不同的时期也有着较大的差异，因此煤矿重大事故的发生具有很大的偶然性。而每一起煤矿重大灾害事故其发生的原因和发展的过程及造成的危害后果不尽相同，但都具有突发性、灾难性、破坏性和继发性等特点。因此，要求指挥者在重大灾害事故面前要冷静、理智、全面地思考问题，提高指挥决策能力，确保决策的正确性，以减少事故的损失。

375. 发生冒顶事故时如何进行抢险救灾？

当矿井发生冒顶事故时，要根据冒顶区的范围、遇险人员的位置、冒顶区的地质条件，制定出救灾方案。

处理冒顶事故的主要任务，是抢救遇险人员及恢复通风等。抢救遇险人员时，首先应直接与遇险人员联络（呼叫、敲打、使用地音探听器等），来确定遇险人员所在位置和人数。

如果遇险人员所在地点通风不好，必须设法加强通风。若因冒顶遇险人员被堵在里面，可利用压风管、水管及开掘巷道、打钻孔等方法，向遇险人员输送新鲜空气、饮料和食物。在抢救中，必须时刻注意救护人员的安全。

如果观察到有再次冒顶危险时，首先应加强支护，有准备地做好安全退路。在冒落区工作时，要派专人观察周围顶板变化，注意检查瓦斯变化情况。在消除冒落矸石时，要小心地使用工具，以免伤害遇险人员。在处理时，应根据冒顶事故的范围大小、地压情况等，采取不同的抢救方法，如掏小洞、撞楔法。

376. 矿井水灾事故抢险救灾的决策要点是什么？

矿井发生突水事故后，应及时向矿务局（公司）及安全生产监管机构汇报，召请煤矿救护队，成立抢救指挥部，制定救灾方案，积极组织救灾，其决策要点如下：

（1）迅速判定水灾的性质，了解突水地点、影响范围、静止水位，估计突出水量、补给水源及有影响的地面水体。

（2）掌握灾区范围、搞清事故前人员分布，分析被困人员可能躲避的地点，根据事故地点和可能波及的地区撤出人员。

（3）关闭有关地区的防水闸门，切断灾区电源。

（4）根据突水量的大小和矿井排水能力，积极采取排水、堵水、截水的技术措施。启动全部排水设备加速排水，防止整个矿井被淹，注意水位的变化。

（5）加强通风，防止瓦斯和其他有害气体的积聚和发生熏人事故。

（6）排水后进行侦察、抢险时，要防止冒顶、掉底和二次突水。

（7）抢救和运送长期被困井下的人员时，要防止改变他们已适应的环境和生存条件，造成不应有的伤亡。

377. 发生突水后，指挥者应如何施救井下受困人员？

（1）发生突水后，常常有人被困在井下，指挥者应本着“积极抢救”的原则，争时间、抢速度，采取有效措施使他们早日脱险。但切忌因排水时间较长，人员未被救出，有的指挥者便认为他们不能活着被救出，从而抢救决心不大，信心不足；或者外部水位超过遇险人员所在地的标高时，便误认为遇险者已失去生存条件，从而抢救行动缓慢，甚至放弃抢救。在抢救过程中出现这些问题往往会贻误战机，使遇险人员遭受更大痛苦，甚至失去生命。

（2）在突水事故发生后，作为指挥者应正确判断遇险人员可能躲避的地点，科学地分析该地点是否具有人员生存的条件，然后积极组织力量进行抢救。

1）当躲避地点比外部水位高时，大家都坚信该处有空气存在，遇险人员可能生存，对于这些地点的人员，应利用一切可能的方法（如钻孔或掘进一段巷道）向他们输送新鲜空气、饮料和食物。当积水不能排除，且不具备钻孔的条件时，为保障他们的生命安全，可考虑进行潜水救护。即由潜水救护队员潜水进入灾区，将携带的氧气瓶、饮料、食物、药品等送给遇险人员，以维持起码的生存条件。

2）当避难地点比外部最高水位的标高低时，有两种情况发生：

①突水时洪水能直接涌入位于突水点下部的巷道（如平巷、下山等），并把它们淹没，一般情况下，这些地点不会有空气存在，也就不具备人员生存条件，误认为在这些地点避

灾的人员，将无生还可能。然而多次出现过人员躲在水位以下的平巷或下山高冒处获救的案例。如2003年5月山西某矿发生特大透水事故，井下33名人员被困，通过52h的抢险，使井下被困水面下方的33名被困人员全部脱险。

②当突水点下部巷道全断面被水淹没后，与该巷相通的独头上山等上部独头巷道，如不漏气，即使低于外部最高洪水位时，也不会全部被水淹没，仍有空气存在。在这些地点躲避的人员具备生存的首要条件，如果避灾方法正确（如心情平静、适量喝水、躺卧待救等），是可能生还的。有些地点具有人员生存条件的，即使躲避较长时间也不至于生存无望。对于那些低于外部水位的避难地点，则严禁打钻，防止独头空气外泄、水位上升、淹没遇险人员。

（3）发生透水事故后，指挥者在分析遇险人员生存条件时，要认真分析避难场所的空气质量，并以此估算遇险人员在该空间中能生存的最长时间，加紧实施救援工作。

378. 矿井明火火灾的抢险救灾措施是什么？

矿井明火火灾的特点是发生突然、来势凶猛，发生的时间与地点出人意料。正是由于这种突发性和意外性，常会使人们惊慌失措而酿成恶性事故。因此，必须做到：

（1）火灾一旦发生，必须坚决果断地实施灭火。领导在接到报警通知后，要按照矿井灾害预防和处理计划及火灾实情行事，实施紧急应变措施（停电撤人），立即召请救护队，建立抢救指挥部，制定救人灭火对策。但在制定对策时，要设法避免火风压引起风流紊乱和产生瓦斯煤尘爆炸造成事故扩大。

（2）处理与扑灭井下火灾时，应根据灾区及可能影响范围的具体情况，迅速正确地决定通风方式，调度和控制风流，以防止火灾烟气弥漫，防止引起瓦斯爆炸，防止火风压引起风流逆转而扩大灾害，保证救灾人员的安全，有利于抢救遇险人员，创造有利的灭火条件。

379. 火风压是如何产生的，其控制措施是什么？

明火火灾刚发生时，井下风流和烟气是沿发火前的原风流方向流动的，火势发展后，凡是烟气所流经的巷道内，气温就会升高，空气成分也会发生变化，产生一种火风压。火风压产生于烟流流过的有高差的倾斜或垂直巷道中，高温气体流经的巷道始末两端高差越大，产生的火风压值越大。火势越大、温度越高，产生的火风压也越大。火风压能改变网路中原有的风压分布，引起风路中风量的增减，甚至造成风流逆转，使正常的通风系统遭受破坏，扩大事故范围，在瓦斯矿井中还可能引起瓦斯爆炸，不仅增加了灭火的困难，而且使认为安全地带的人员伤亡。火风压的大小和方向取决于烟气流经巷道的高度、通过火源的风量、巷道的倾角、火源的温度及火源的位置。

当火风压发生在上行风流中时，由于烟气的上升趋势，火风压作用方向与主要通风机作用方向一致，使火源所在的巷道或烟气流经的巷道风量增加，其旁侧并联风路风量减少。当火风压达到一定值时，其旁侧并联风流发生逆转。同理，下行风流中发生火灾时，将使火源所在的风路中风流逆转。

当井下发生火灾时，应迅速了解火源的位置、燃烧物的分布、燃烧规模、火源温度、流经巷道的特征、风压大小及其对通风系统的影响，以便采取有效控制措施，保证矿井通风网络风流的稳定，防止风流的逆转，及早撤出受威胁地区的人员，并采取稳定风流的措施。具体措施有：

（1）积极灭火，控制火势。火灾发生后，应尽一切可能创造条件积极灭火。直接灭火失效时，在灾区人员已撤出的情况下，应在火源的进风侧建筑临时密闭，适当控制火区进风量，减少火烟生成。但需注意火灾发生在上行风流中时，主要密闭应建在火源所在的主干风路中（密闭与火源之间无旁侧风道）。如果这种要求难以达到，则应首先把旁侧风流密闭起来，然后再密闭主干风路，以免在旁侧风路产生风流逆转和引起瓦斯爆炸。在下行风路中发火时，应首先密闭旁侧风道，暂时加大火源所在风路的风量，防止风流逆转，需要时再在火源所在风道中建造密闭。

（2）正确调度风流，避免事故扩大。火灾发生在分支风流中时，应维持主要通风机原来的工作状态，特别是在救人灭火过程中，不能采取停止主要通风机运转或降低风机风压和风量的措施。因此，不能打开风井的防爆门，也不能随意打开矿井或采区的主要控制风门，防止降低风流风压，防止风流逆转方向。但要注意，往往因打开了有关风门而促使了风流逆转反向。在多风机抽出式通风矿井，除了在进风井筒及其井底发生火灾外都不能把承担排烟任务的那台风机停转。如果火灾发生在上行风流时，在有些情况下，把其他的无火烟流经的风机停转，可能更有利些。

（3）减少排烟风路风阻，加大排烟能力。在可能的排烟风路上，应迅速打开风窗或已有的防火风门，甚至密闭墙，消除阻碍风流和火烟流动的障碍物，使回风线路畅通和扩大排烟能力，迅速将火烟直接导入总回风道排走。

（4）尽可能增大发生火灾风路的风阻，以控制或切断流向火源的风量。一般可在火源进风侧靠近火源附近修筑临时防火密闭，或建立控制风门、挂风帘等，减少氧气的供给，减少火烟生成，减弱火风压。但要特别注意防止瓦斯积聚，以防引起瓦斯爆炸。当火灾风路中有通往采空区或瓦斯积聚区的巷道或裂隙时，更要引起注意，以防止因在火区进风侧打密闭降低火区风压，导致大量瓦斯涌进火区。矿井发生火灾时，为了防止风流逆转反向，不能在矿井总进风、总回风或火灾地区的分区总进风、总回风的风路中打密闭，否则会使井下或采区风流紊乱，发生局部风流逆转反向，烟火弥漫，导致井下人员无法安全撤离。

（5）尽可能利用火源附近的巷道，将烟气直接短路导入总回风巷道中排至地面。

380. 处理火灾时的风流控制措施及要求是什么？

风流的控制可以是区域性的，也可以是全矿范围内的。其控制的方法可以借助于主风机、局部通风机以及其他的通风装置；也可以只使用通风设施，如风门、临时密闭和调节风窗等，或者几种结合起来使用。

火灾时常用的通风制度一般有：维持正常通风，稳定风流；停风；反风；风流短路等。无论采用何种通风方法，都必须满足以下基本要求：

（1）保证灾区和受威胁区人员的安全撤退，防止火灾扩大，创造接近火源直接灭火的条件。

（2）避免火灾气体达到爆炸浓度，避免瓦斯通过火区，避免瓦斯、煤尘爆炸。

（3）防止出现再生火源和火烟逆转，防止产生火风压造成风流逆转。

381. 扑灭井下火灾时，如何选择通风方法？

扑灭井下火灾时，抢救指挥部应根据火源位置、火灾波及范围、遇险或受威胁人员分布，迅速而慎重地决定通风方法。

（1）维持正常通风，稳定风流。这一制度的使用条件是：火源位于采区内部，烟流已蔓延较大范围，井下人员分布范围大；通风网络复杂的高瓦斯矿井，采用其他通风制度有发生瓦斯和煤尘爆炸危险，或使灾情扩大；火源位于独头巷道内，不能停运局部通风机；火源位于采区或矿井主要回风巷，维持原风向有利于火烟迅速排出；减少向火源供风抑制火势的发展等。

保持火灾时期正常通风都是以抢救遇险人员、防止发生爆炸事故和创造直接灭火条件为前提的。每一个救灾指挥员在没有理由对矿井通风系统进行调整的情况下，一般都应采取正常通风，特别在以下情况下更应如此：

1）当矿井火灾的具体位置、范围、火势、受威胁地区等在没有完全了解清楚时，应保持正常通风。

2）当火源的下风侧有遇险人员尚未撤出或不能确认遇险人员是否已牺牲，且矿井又不具备反风和改变烟流流向的条件时，保持正常通风。

3）当火灾发生在矿井总回风巷或者发生在比较复杂的通风网络中，改变通风方法可能会造成风流紊乱、增加人员撤退的困难、出现瓦斯积聚等后果时，应采取正常通风。

4）当采煤、掘进工作面发生火灾，并且实施直接灭火时，要采取正常通风。

5）当减少火区供风量有可能造成火灾从富氧燃烧向富燃料燃烧转化时，应保持正常通风。

（2）减少风量。当采用正常通风方法会使火势扩大，而隔断风流又会使火区瓦斯浓度上升时，应采取减少风量的办法。这样既有利于控制火势，又不使瓦斯浓度很快达到爆炸界限。在使用此法进行救灾时，灾区范围内要停产撤人，并严密监视瓦斯情况。而且要注意，在灾区内人员尚未撤出的情况下，为了避免出现缺氧现象，或瓦斯上升到爆炸界限，不利于人员撤退时，不能减少灾区风量。在减少灾区风量的救灾过程中，若发现瓦斯浓度在上升，特别是瓦斯浓度上升到达2.0%左右时，应立即停止使用此法，恢复正常通风，甚至增加灾区风量，以冲淡和排出瓦斯。

（3）增加风量。在处理火灾过程中，如发现火区内及其回风侧瓦斯浓度升高，则应增风，使瓦斯浓度降至1.0%以下；若火区出现火风压，呈现风流可能发生逆转现象时，应立即增加火区风量，避免风流逆转；在处理火灾过程中，发生瓦斯爆炸后，灾区内遇险人员未撤出时，也应增加灾区风量，及时吹散爆炸产物、火灾气体及烟雾，保证人员的安全和有利于人员的撤退。

（4）风流短路。风流短路是救灾过程中常用的方法。当火源位于矿井的主要进风系统，如不能及时反风或因条件限制不能进行反风时，可将进风井、回风井之间的联络巷中的风门或密闭打开，使大部分的烟流短路，直接排入回风巷，减少流入采区的烟流，以利于人员的避难和救灾人员实施救灾。

（5）反风。当井下发生火灾时，利用反风设备和设施改变火灾烟流的方向，使火源下风侧的人员处于火源上风侧的新鲜风流中。按范围反风可分为全矿性反风和局部反风。由于矿井通风网络的复杂性、火源出现的偶然性、火势发展的不均衡性，采用什么方式反风，应根据具体情况确定。最好平时做好反风的演习工作，通过演习观测瓦斯涌出、煤尘飞扬情况，以判断在火灾时期是否有发生爆炸的危险。通过演习摸清在什么地点发火应采取何种反风方式。一般而言，矿井进风井口、井筒、井底车场及其内的硐室、中央石门发生火灾时，一定要采取全矿性反风措施，以免全矿或一翼直接受到烟侵而造成重大恶性事故。采区内部发生火灾，若有条件利用风门的启闭实现局部反风，则应进行局部反风。

反风是一项技术性很强的决定，应慎重考虑反风后果。如果决定反风，应首先撤出原进风系统人员，并让指挥部成员、救护队长、全体救灾人员知道。同时，设法通知井下人员。井口要设安全岗哨，控制入井人员。反风失败，甚至扩大了事故的案例也常有之。

（6）停止主要通风机运转。停止主要通风机运转的方法绝不能轻易采用，有把握时才用，否则会扩大事故。停止主要通风机运转方法的适用条件是：火灾发生在回风井筒及其车场时，可停止主要通风机，同时打开井口防爆盖，依靠火风压和自然风压排烟；火源发生在进风井筒内或进风井底，由于条件限制不能反风（如无反风设备或反风设备动作不灵），又不能让火灾气体短路进入回风时，可尽快停止主要通风机运转，并打开回风井口防爆盖（门），使风流在火风压作用下自动反向。即使在上述情况下使用，还有可能造成人员伤亡。因为主要通风机停转后，井下风量减少，高浓度的瓦斯可能由自然通风风流带入火源引起瓦斯爆炸。何况，火源发生在进风井内或进风井底，在主要通风机停转前早已有毒气进入采区造成人员伤亡。

382. 矿井火灾的燃烧和蔓延形式有哪几种？

矿井火灾由于受井下特殊环境的限制，其火灾的燃烧和蔓延形式分为两种，即富氧燃烧和富燃料燃烧。

富氧燃烧也被称作非受限燃烧，即火灾产生的挥发性气体在燃烧过程中已基本耗尽，无多余炽热挥发性气体与主风流汇合并预热下风侧更大范围内的可燃物。燃烧产生的火焰以热对流和热辐射的形式加热邻近可燃物至燃点，保持燃烧的持续和发展。其火焰范围小、火势强度小、蔓延速度低、耗氧量少，致使相当数量的氧剩余。下风侧氧浓度一般保持在15%（体积浓度）以上，富氧燃烧火灾处理过程中发生爆炸的危险性相对较小。

富燃料燃烧时，火势大、温度高，火源产生大量炽热挥发性气体，不仅供给燃烧带燃烧，还能与被高温热源加热的主风流汇合形成炽热烟流预热火源下风侧较大范围的可燃物，使其继续生成大量的挥发性气体；另一方面，燃烧位置的火焰通过热对流和热辐射加热邻近可燃物使其温度升至燃点。由于保持燃烧的两种因素的持续存在和发展，此类火灾使燃烧在更大范围进行，并以更大速度蔓延，致使主风流中氧气几乎全部耗尽。所以，此类火灾蔓延受限于主风流供氧量，故也称受限火灾。这种燃烧的下风侧烟流常为高温预混可燃气体，与旁侧新鲜风流交会后易形成再生火源或发生爆炸。特别是下风侧高温烟气产生节流效应使着火巷道发生风流紊乱，上风侧出现烟流逆退与新鲜空气混合形成预混气体，当再次进入火源时可发生爆炸。可见，富燃料火灾极易转化为爆炸事故，在处理中难度更大。

因此，当矿井火灾有转化为富燃料火灾的可能性时，首先应保持正常通风。具体地说有以下四种情况：

（1）火源点燃烧温度足够高，炽热烟气使下风侧可燃物分解出大量挥发性可燃气体（如碳氢化合物和氢气）和煤焦油等，以保持燃烧迅速发展。

（2）下风侧烟气中的氧浓度低于维持燃烧所需要的最小助燃浓度。

（3）由于巷道下风侧不同程度的阻塞，造成了热量和炽热气体、煤焦油等有积存条件，且由于烟气膨胀产生节流效应，使高温烟流有向上风侧逆退的趋势。

（4）回风流中 CO_2、CO 气体浓度连续增大，且速度很快。

出现富燃料燃烧征兆时，除非有充分的减风、停风理由，否则必须维持火区正常通风或增大风量。

383. 掘进巷道火灾的处理原则、条件和注意事项是什么？

在掘进巷道发生火灾事故时，由于处理不当而造成事故扩大的例子很多。掘进巷道的火灾受通风条件限制，进出只有一条路线，处理难度较大。特别是由于发生火灾后巷道停止了局部通风机的运转、风筒被烧坏、瓦斯爆炸与燃烧破坏了巷道的通风，出现瓦斯有可能达到爆炸的上限、巷道中充满浓烟烈火、火区温度升高、支架损坏失去支撑能力、炽热顶板冒落等情况，不管采用哪种战术和先进的设备，都会给灭火工作带来不同程度的危险性和复杂性。因此对于掘进巷道火灾事故的处理，必须根据实际，谨慎决策。

根据掘进巷道发生火灾的地点不同，处理的方法也不一样，其基本行动原则有：

（1）要在维持局部通风机正常通风的情况下进行积极灭火。在实施现场灭火时一定要保持原来的通风状态，即风机停止运转的不要随便开启，运转中的风机不要盲目停止，侦察后再确定具体处理措施。

（2）有爆炸危险的着火巷道，在不需要救人时，不能冒险进入；已经通风的盲巷中瓦斯依然增长较快时，不得入内灭火。要在远离火区的安全地点建筑密闭以控制火区。

（3）在瓦斯不超过2%时，要在通风的情况下直接进行灭火。

处理掘进巷道火灾必须考虑的条件如下：

（1）由于巷道长、断面小，所以灭火工作受到很大的局限，接近火源十分困难。

（2）在多数情况下，掘进巷道的火灾是由小型电气设备的电火花、爆破等原因引起的，在初始阶段易扑灭，一旦贻误战机，就可能引燃支架和煤壁，扩大灾变。

（3）巷道支架烧毁后，往往发生冒顶，给救人灭火造成困难。

（4）当掘进巷道中有联络眼时，火灾就可能通过联络眼侵入其他巷道，造成蔓延。

（5）火烟沿倾斜巷道流动时，可能出现火风压和再生火源。

（6）掘进巷道距水源较远，难以有充足的水量用于灭火。

处理掘进巷道火灾必须注意如下几个问题：

（1）局部通风机的控制是关键。无论是低瓦斯矿还是高瓦斯矿，或煤与瓦斯突出矿井，掘进巷道发生火灾后，不准下命令停止局部通风机运转。同时还要教育工人和救护队员，在掘进巷道发火后不能停掉局部通风机。救灾过程中应派专人（一般为救护队员）守住局部通风机，保证其正常运转。由于种种原因，假若发火后局部通风机已停转，则不要开动，并派专人看守。待经过详细侦察判明情况后，再决定局部通风机的停开和实施其他救灾措施。如局部通风机已经停转，则应派队员（佩戴呼吸器）进入巷内侦察，然后根据瓦斯浓度、烟雾多少和温度高低，决定是否启动风机。当发火巷内瓦斯浓度小于2%时，可启动风机，以排烟降温，创造良好的救护环境。当发火巷内瓦斯浓度高于16%时，不论烟雾多少和气温高低，均不准启动风机，以免供氧引起瓦斯爆炸。这就是“保持独头巷道通风原状”的原则。

（2）掘进巷道发生火灾时，要注意发生火灾的巷道周围是不是一个实的煤体（和任何采空区、任何巷道都没有透气地方的煤体），如果是实体煤着火及局部冒顶发生火灾，可直接灭火。假如这个巷道由于局部冒落造成和采空区及其他巷道沟通，采用直接灭火就更加要慎重，应防止灭火过程中发生瓦斯爆炸或者火灾烧到邻近地区。

（3）注意查清发火巷道入口处进风侧、回风侧有无积存瓦斯的地点（如盲巷）。若有，应先行封闭，避免引起瓦斯爆炸。特别是在发火巷道回风侧有积存瓦斯的地点时，产生爆炸的可能性较大，应先予以封闭。

（4）查清火源在发火巷道的部位，不同部位的火灾有不同的特点，处理措施不尽相同。其中工作面火灾最易处理，中部火灾最难处理，入口火灾是迎风向贯穿风流巷道中蔓延。

（5）在掘进巷道中用水灭火，要特别注意防止水蒸气伤人或发生水煤气爆炸。

384. 独头掘进水平煤巷中发生火灾的特点是什么？

（1）火灾发生在掘进巷道工作面。一般来讲，这类火灾的处理比较简单，处理过程中也比较安全。此类火灾的特点是：

1）此处火灾往往是由于爆破或电火花引起的，在初起阶段抓住时机直接灭火，成功率较高。

2）工人易于发现，也易于撤退。在没有发生瓦斯爆炸的情况下，几乎没有人员伤亡。

3）在发火初始没有引起爆炸的情况下，若正常涌出瓦斯，只要保持正常通风（工人撤退时不要停掉局部通风机），是不易构成爆炸条件的。这是因为工作面的瓦斯涌出后，随着火焰的燃烧而耗失，不易积聚到爆炸浓度。但工作面附近有积存瓦斯的断层或旧巷时，因火灾烧毁支架造成冒顶，沟通了断层或旧巷，瓦斯大量涌入发火工作面，还是有发生瓦斯爆炸的可能。

救护队到达事故地点时，若局部通风机正常运转，爆炸性气体浓度不高，只是浓烟高温。这时，只要救护队员敢于冲破高温浓烟，使用工作面的洒水设备和轻型灭火装备（灭火器等）就能很容易地扑灭火灾。万一扑灭不了（因消防材料不足等原因），只有封闭。当局部通风机已经停转，救护队应首先测定瓦斯浓度和氧浓度，然后根据有无爆炸可能确定行动对策。

（2）火灾发生在巷道中部。扑救这类火灾，有成功的经验，也有沉痛的教训。总的来说，处理这类火灾比处理工作面火灾要复杂得多。此类火灾的特点是：

1）火灾发生后最易烧断风筒，火焰点以里容易造成瓦斯积聚。

2）难于测定火焰点以里巷道中的瓦斯浓度及其变化情况。

3）火焰的燃烧最易发生冒顶，既堵塞了人员通道，又堵塞了风流回路。

4）发生火灾后，工人不易发现，也难于撤出。

（3）火灾发生在掘进巷道入口部位。

此处的火灾引起瓦斯爆炸的可能性低于巷道中部火灾，而又高于工作面火灾。独头巷道口着火，虽然破坏了正常通风，但瓦斯积聚到爆炸浓度，与巷道长度（体积）和瓦斯涌出强度有关。此处火灾的特点是：

1）距贯穿风流近，供氧充足，因此火焰沿进风蔓延燃烧，易酿成大火。

2）烧断了风筒，断绝了掘进巷道的正常通风，但向巷内涌入的烟气和高温少（靠扩散和热传导作用），火焰靠热对流供氧，只能向里扩展20~30m。此后的巷道内缺氧，火焰不可能无限制地向内燃烧，烟气也不会扩散很远。因此，发生这类火灾人员被困在巷内时，加强灭火，保证人员不受威胁是可能的。

385. 独头掘进水平煤巷中发生火灾的处理措施是什么？

（1）设法直接灭火。采用水灭火时，水量要充足，要防止水蒸气伤人和水煤气爆炸。

（2）火焰点以里有遇险人员待救时，在灭火的同时，可打开压气管阀门加大压气量或将水管改送压气，以延长遇险人员待救时间，降低瓦斯浓度。但供气量不能过大，以免把高浓度瓦斯吹向火焰点引爆。

（3）在救人灭火过程中要严密监视瓦斯情况，并分析判断发生爆炸的可能性。

（4）如有可能（火势不大、未产生冒顶等），救护队员可穿过火区救人，同时在火源以里打上风障，阻止瓦斯向外涌向火源；也可打开水幕，甚至拆除几架木支架，阻止火灾蔓延。

（5）火源以里无人时，可用惰气或氮气灭火。

（6）因人力、物力不足或火势太大，在短期内不能扑灭火灾时，或火区瓦斯浓度已超过2.0%并继续上升，火源以里瓦斯情况不明时，应在巷道口附近封闭火区。

（7）在救灾过程中，严禁用局部通风机和风筒把火源以里的瓦斯排出经过火点，以免产生瓦斯爆炸。但火源点至巷道口之间可用风流吹散烟雾、排除瓦斯、降低气温，以创造良好的救灾条件。为确保安全和避免火势增大，风筒的出风口距火源点一段距离为宜。

386. 瓦斯爆炸事故分为哪几类，其处理措施是什么？

根据瓦斯浓度的大小，瓦斯爆炸可分为高瓦斯浓度爆炸和低瓦斯浓度爆炸，根据瓦斯爆炸的地点又可以分为采煤工作面瓦斯爆炸和掘进工作面瓦斯爆炸。

处理这类事故是一项艰难的工作，在救灾中要坚持以人为本的原则，以保证危险区域及救灾人员的安全为前提，坚持防止事故扩大为优先，先做好救灾人员的思想工作，告之灾区的具体情况和可能遇到的情况，明确其任务，制定比较完整细致的救灾方法和措施。在制定救灾措施时，主要从以下几个方面考虑：

（1）做到组织灾区和受威胁区域人员撤退的安全性与快速性，抢救遇难遇险人员的及时性与有效性。首先派煤矿救护队进行侦察，查明事故地点、波及的范围和不同区域各有害气体成分，发现火源立即扑灭，并切断灾区电源，防止二次爆炸；在确定进入灾区的路线时，既要考虑遇险人员的分布、灾区路线及往返所需时间的长短，还要考虑对救灾人员体力的消耗和救灾力量的大小。一般情况下，在救灾力量小时，要沿进风巷进入。因为此路线空气新鲜，对减少救灾人员体力消耗有利，利于保持救护队的战斗力。如果当进风巷被堵塞，一时又难以恢复时，也可以沿回风巷进入，但回风巷有大量的有毒有害气体，影响救灾人员的行进速度，可是，这一带往往也是遇险人员较集中的地点。当救护力量多时，也可以同时从进风巷和回风巷进入。但应特别注意，当遇到有高温、塌冒、爆炸、水淹危险的灾区，只有在救人的情况下，指挥员才有权决定救护小队进入，但必须采取有效措施，确保救灾人员的安全。

(2) 在证实确无爆炸可能时，应迅速恢复被破坏的巷道和通风设施，恢复正常通风，排除烟雾，让新鲜空气不断供给灾区，这也是抢救遇险人员的最有效的方法。但在恢复通风前，必须查明有无巷道的堵塞。在恢复通风时应考虑巷道有无火源的存在，否则有可能引起二次爆炸。瓦斯爆炸后，往往会造成巷道围岩的破坏，导致灾害事故的扩大。

(3) 反风。在实施救灾时，必须考虑巷道堵塞的程度及清理所需的时间。当在短时间不能清理时，应采取其他的有效方法，尽快恢复通风，同时要恢复堵塞区外的通风，让不带呼吸器的人员参加此项工作。在这种情况下，救护队员应在现场进行监护并做好准备，一旦通道打开，立即进入灾区抢救遇险人员。在抢救遇险人员的特殊情况下，当爆炸产生的有毒有害气体，严重威胁回风方向的工作人员，在确认进风方向的人员已经安全撤出的情况下，通过论证，权衡利弊，可考虑采用反风。但反风是一项技术要求很强的工作，在采用时必须十分慎重。

(4) 扑灭火灾。瓦斯爆炸事故很容易引起火灾，在灾区一旦发现火灾或残留的火源，应当立即扑灭，防止事故的蔓延、扩大和二次爆炸事故的发生。如果火势很大，一时难以扑灭，也应采取措施，阻止火焰向遇险人员及有瓦斯积聚的地点蔓延，否则，很容易造成伤亡人员的扩大和再次瓦斯爆炸的发生。当确认遇险人员已全部撤出，用直接灭火法无法扑灭，并确认火区内的人员已全部死亡时，可以考虑先封闭火区，控制火势，用综合灭火法实施灭火，等火灾熄灭并确认无爆炸的可能后，再寻找遇难人员的尸体。

(5) 当发生连续爆炸时，为了抢救遇险人员或封闭火区，在紧急情况下，也可以利用两次爆炸的间隙进行。但必须严密监视灾区的通风和瓦斯的情况，准确掌握连续爆炸的时间间隔的规律，考虑救灾人员的往返时间，确保救灾人员的安全。当间隔时间不允许时，不能派人进入灾区，防止人员伤亡的扩大。

(6) 最先到达事故矿井的救护队，担负抢救遇险人员和灾区的侦察任务。随后到达矿井的救护小队应配合先前到达的救护队完成抢救人员和侦察灾区的任务，或是根据指挥部的命令担负待机任务。待机地点应选在距灾区最近、有新鲜空气的地点，待机任务主要是做好紧急救人的工作。

(7) 恢复通风设施。应首先恢复主要的最容易恢复的通风设施。对损坏严重一时难以恢复的设施可以用临时设施代替。恢复独头通风时，除将局部通风机安在新鲜空气处外，应按排放瓦斯的要求进行。

387. 高浓度的瓦斯爆炸的处理措施是什么？

高浓度的瓦斯爆炸主要是指煤与瓦斯突出或瓦斯喷出后而引起的瓦斯爆炸。这种事故发生后，在灾区内依然存在高浓度的瓦斯，很容易引起再次的爆炸。因此，在处理这种爆炸事故时，主要是从控制火源和氧气的浓度入手。事故发生后，首先要查明灾区内是否存在火源，如果有火源的存在，严禁启动局部通风机供风，使灾区由于缺氧或瓦斯的浓度超过其爆炸的上限而避免再次瓦斯爆炸的发生。只有确认瓦斯不会发生爆炸后，再集中力量抢救遇险遇难人员并实施灭火。在无法灭火或灭火无效时，应及时封闭灾区。如果没有火源的存在，当救出遇险人员后，按照排放瓦斯的要求处理积存的瓦斯，彻底消除瓦斯所带来的隐患。

388. 高瓦斯矿井处理火灾时如何防止瓦斯爆炸？

高瓦斯矿井处理火灾时，对灾区进行合理的通风，对防止瓦斯爆炸有决定性的作用。在火灾处理过程中，必须掌握瓦斯的变化，合理调度风流。其原则是有助于控制火势，又能冲淡瓦斯，及时排走瓦斯。不能随意减少或中断灾区的供风，必要时（瓦斯浓度上升）还应增加火区供风量；加强巷道维护，防止冒顶堵塞巷道，以避免瓦斯积聚而产生爆炸。

（1）上下山和运输平巷发火时，如果在火源的上风侧有掘进工作面和废巷，应将积存瓦斯的巷道严密封堵。在火源的下风侧有冒顶、废巷和掘进工作面积聚瓦斯时，对灭火人员威胁最大，为防止瓦斯爆炸应果断封闭火区，或者进行局部反风，将这些瓦斯封闭后，再组织人员灭火。

（2）处理高瓦斯矿高冒处火灾时，必须在喷雾水枪的掩护下（迫使火源局限在高冒处），在火源的下风侧设水幕，然后在高冒处两端用水枪灭火。

（3）处理高瓦斯矿井独头巷道火灾时不能停风，要在保持正常通风或大风量的条件下处理火灾。但是，由于某种原因（如人员撤退时停掉局部通风机或火焰烧断风筒），风流中断或风机停转时，应检查巷道中瓦斯和烟雾情况，只有在瓦斯浓度不超过2%时才可以进入救人灭火。特别是上山独头煤巷发火，如果风机已停转，在无需救人情况下，严禁进入侦察或灭火，应立即在远距离封闭。对于下山掘进煤巷工作面发火，在通风条件下，瓦斯浓度不超过2%时可直接灭火。若在下山中段发火时，无论通风与否，都不得直接灭火，要远距离封闭。

（4）当直接灭火无效或不可能时，应封闭火区。在高瓦斯矿封闭火区是相当危险的工作。应根据瓦斯涌出情况，通过加大风量将瓦斯浓度降到2%以下时，在火区的进风侧和回风侧同时建造防爆墙，并在2/3高度处留有通风排气口，然后在统一指挥下同时封口。这种封闭方法，不易产生瓦斯爆炸，即使爆燃，人员安全系数也大。这是因为防爆墙建毕后，火区氧气消耗快，可生成大量CO_2，有助于抑制火势。同时，瓦斯上升慢，不易达到爆炸浓度。24h后，在防爆墙掩护下建筑永久密闭，完成火区的封闭工作。若有条件，在砌墙过程中（包括砌筑防爆墙）向火区内注入氮气、惰性气体或卤族化合物，将有效防止建墙过程中产生的瓦斯爆炸。如果人力、物力不足时，也可先封闭火区进风，但密闭墙的位置应尽量靠近发火点，并且保证墙体绝对严密，否则由于入风侧空间过大或密闭质量不好，积存大量瓦斯，极易造成爆燃。当在多头巷道封闭时，应先封闭困难大的风路及分支风路（风量小的风路），然后封闭主要风道（风量大的风路）。进风侧封闭后，等待1~3天，待火区稳定后再封闭火区回风。

（5）有的高瓦斯矿井在处理火灾过程中虽然没有产生瓦斯爆炸，但是在清理火灾现场准备恢复生产时，由于忽视阴燃火源的存在，又未认真监测瓦斯，引发瓦斯爆炸造成伤亡。

389. 低浓度瓦斯爆炸的处理措施是什么？

首先尽快恢复通风，防止瓦斯的积聚是防止二次爆炸事故的有效方法。如果通风系统破坏严重，一时难以恢复，应千方百计查明灾区内是否存在火源，如有火源，则应率先实施灭火。灭火方案的选择要慎重，应根据火源的位置、火势的大小、灾区通风的状况和瓦斯的情况来决定。如果无火源存在，应集中力量抢救人员，然后在严密监视瓦斯的情况下，逐段恢复通风。

对因瓦斯爆炸引起的采煤工作面的火源，当火势不大时，应尽可能地利用现有的条件实施直接灭火。对于采空区附近的火源，在实施灭火时要特别注意，严防把火苗赶到采空区内，以免发生瓦斯爆炸。尤其是上隅角瓦斯的燃烧，在灭火时危险性更大，因为瓦斯燃烧时的火源可能在巷道上部到处乱窜，一旦进入采空区，就有可能引起瓦斯的燃烧与爆炸。在灭火器材和水量不足、瓦斯涌出量又较大的情况下，要在短时间扑灭上隅角瓦斯的燃烧是很不容易和危险的，因此，必须及时撤出人员。如果火源在采煤工作面回风巷，灭火时要防止采空区和工作面大量的瓦斯涌出及流向火源，引起瓦斯的第二次爆炸。对供氧充足的火源又是低瓦斯浓度的爆炸，如能用氮气或高倍数泡沫灭火机等实施远距离灭火更佳，否则就要果断封闭火区，与外界的氧隔绝，以控制氧的浓度来避免瓦斯的再次爆炸。

掘进巷道发生爆炸后，除造成人员伤亡外，还会造成灾区影响范围内的巷道垮落、通风设施和通风设备的破坏、全风压通风的巷道内不阻燃胶带、电缆引燃等。在掘进供风停止的情况下，在瓦斯一般正常涌出时，瓦斯爆炸只发生一次，即使爆炸后掘进巷道内有火源出现，由于缺氧，其存在的时间也是短暂的，即使瓦斯再次积聚，也不会产生瓦斯爆炸。如果此时有漏风通道与之相通，或用局部通风机为之供风，就很有可能引起二次瓦斯爆炸。在处理掘进巷道瓦斯爆炸时，在专人严密监（测）视瓦斯的情况下，要想尽一切办法以最快的速度抢救遇险遇难人员，扑灭或杜绝火源，防止再次爆炸，清理堵塞物、处理冒顶区，在确定灾区无火源时，及时恢复灾区通风（启动局部通风机）；如不能确认灾区内有无火源，应慎重考虑是否启动局部通风机，以免再次爆炸。

掘进巷道瓦斯爆炸后，若出现火源，如果易于直接灭火，可以利用灭火器材和灭火设备及时扑灭，但要时刻注视瓦斯情况，并防止水煤气爆炸伤人。灭火后，还需认真清查有无阴燃火点。如火势很大，或火源在高冒处，尤其是该巷道与老巷、采空区沟通短时间内不能扑灭火源，或灭火时存在二次爆炸危险，应指派救护队集中力量迅速救出人员，再按独头巷道火灾事故处理方法采取相应措施（如封闭爆炸巷道）。

390. 煤尘爆炸事故的处理措施是什么？

煤尘爆炸事故的救灾方法基本与瓦斯爆炸事故处理的方法相同。同样要按灾区停电撤人、向上级汇报、召请救护队、成立抢险救灾指挥部、派救护队按救灾方案到灾区抢救遇险人员和侦察灾情并实施灭火、恢复通风系统等程序进行救灾。在具体救灾时应注意，一旦得知灾害发生后，应在灾区以外的安全地点首先切断供往灾区的电源。在进行侦察中，发现火源必须立即扑灭，如果火势较大，一时难以扑灭时应首先予以局部封闭，然后再研究灭火方案，防止二次爆炸事故的发生。煤尘连续爆炸的可能性很大，因此，在思想上、物资上必须有所准备，以免措手不及，避免出现难以控制的局面。

391. 煤与瓦斯突出事故会产生哪些严重后果，应如何处理？

煤与瓦斯突出事故发生后，会对矿井安全生产造成很大威胁，主要表现在以下几个方面：

（1）会喷出大量的瓦斯和煤岩。

（2）突出的瓦斯由突出点瞬间形成冲击气浪，向回风、进风巷道蔓延扩展。

（3）突出的煤岩会堵塞巷道，瞬间涌出大量的瓦斯形成通风气浪，可破坏通风系统，改变风流方向，使井巷中充满高浓度的瓦斯、通风中的含氧量急剧下降。在通风不正常的情况下，可使灾区和受影响区内人员因缺氧而窒息。

（4）突出的瓦斯在蔓延过程中可能产生瓦斯爆炸，冲出井口，如井口有火源，则能引起燃烧事故。

（5）突出的大量煤岩，还可能会使在突出点附近的人员，被突出的煤岩流卷走、掩埋。

在处理这类事故中，必须充分认识其特点：

（1）瓦斯来源充足，并且瓦斯瞬间便可大量积聚、浓度很高。不但能顺风流向回风方向蔓延，而且还能逆风流向进风方向蔓延，甚至逆流到进风井。

（2）突出的瓦斯能形成冲击气浪破坏通风系统，突出的煤岩能堵塞巷道，导致通风混乱，不利于人员的撤退和救灾。

（3）突出的高浓度瓦斯，开始时不会立即发生爆炸，但在一定供氧条件下可能遇火源引起燃烧。如果通风供氧使瓦斯浓度降到爆炸界限以内，遇火源会引起爆炸。

（4）处理事故过程中，如果需在突出煤层中掘进巷道用于救人或恢复通风，必须采取防突措施。

（5）突出后有可能在同一地点发生多次突出。在处理事故过程中，必须严密监视，防止再次突出。

392. 瓦斯突出事故发生后，指挥人员应做出什么决策？

（1）远距离切断灾区和受影响区的电源，防止产生电火花引起爆炸。当瓦斯影响区遍及全矿井时，要慎重考虑停电后会不会造成全矿被淹，若不会被水淹，则应在灾区以外切断电源。若有被水淹的危险时，应加强通风，特别是加强电气设备处的通风，使其保持其原来状态，做到“送电的设备不停电，停电的设备不送电”。

（2）撤出灾区和受威胁区的人员。

（3）派人到进风井井口、回风井井口及其50m范围内检查瓦斯，设置警戒，熄灭警戒区内的一切火源，严禁一切机动车辆进入警戒区。

（4）派遣救护队佩戴呼吸器、携带灭火器材下井侦察情况，抢救遇险人员、恢复通风系统等。

（5）要求灾区内不准随意启闭电器开关，不要扭动矿灯开关和灯盏，严密监视原有的火区，查清突出后是否出现新火源，防止引爆瓦斯。

（6）发生突出事故后不得停风和反风，防止风流紊乱扩大灾情，并制定恢复通风的措施，尽快恢复灾区通风，并将高浓度瓦斯绕过火区和人员集中区直接引入总回风道。

（7）组织力量抢救遇险人员。安排救护队员在灾区救人，非救护队员（佩有隔离式自救器）在新鲜风流中配合救灾。救人时本着先明（在巷道中可以看见的）后暗（被煤岩堵埋的）、先活后死的原则。

（8）制定并实施预防再次突出的措施，必要时撤出救灾人员。

（9）当突出破坏范围很大，巷道恢复困难时，应在抢救遇险人员后对灾区进行封闭。

（10）保证空气压缩机正常运转，以利于避灾人员利用压风自救装置进行自救。保证副井正常提升，以利于井下人员升井和救灾人员下井。

（11）若突出后造成火灾或爆炸，则按处理火灾或爆炸事故进行救灾。

第三节 煤矿救护

393. 煤矿救护的一般安全规定有哪些？

（1）矿山救护队是处理矿井火、瓦斯、煤尘、水、顶板等灾害的专业队伍。矿山救护队员是煤矿井下一线特种作业人员。

（2）所有煤矿必须有矿山救护队为其服务。煤矿企业应设立矿山救护队，不具备单独设立矿山救护队条件的煤矿企业，应指定兼职救援人员，并与就近的救护队签订救护协议或联合建立矿山救护队；否则，不得生产。矿山救护队至服务矿井的距离以行车时间不超过30min为限。

（3）矿山救护队必须经国家煤矿安全监察局进行资质认证，取得合格证后方可从事矿山救护工作。

（4）任何人不得调动矿山救护队、救护装备和救护车辆从事与矿山救护无关的工作。

（5）矿山救护队每月至少进行1次佩戴氧气呼吸器的训练，每次佩戴氧气呼吸器的时间不少于3h；每季至少进行1次高温浓烟演习训练。

（6）矿山救护队必须备有服务矿井的通风系统图和灾害预防和处理计划等技术资料。矿山救护队应根据服务矿井主要灾害类型制定预处理方案，并进行训练演习。

（7）制定需矿山救护队执行的排放瓦斯、启封火区、震动爆破、反风演习等安全技术工作的安全措施时，矿山救护队必须参加。矿山救护队从事井下安全技术工作时，必须携带氧气呼吸器及相关仪器装备，并按规定佩用氧气呼吸器。

（8）矿山救护大队应由不少于2个中队组成，是本矿区的救护指挥中心和演习训练、培训中心。矿山救护中队应由不少于3个救护小队组成，救护中队每天应有2个小队分别值班、待机。救护小队应由不少于9人组成。煤矿企业可根据需要建立辅助救护队，业务上受矿山救护队指导。

（9）矿井发生重、特大事故时，应设立医疗站，对遇险人员进行急救，并做好记录。

394. 煤矿救护指战员应具备哪些安全要求？

（1）矿山救护队大、中队长应由熟悉矿山救护业务，具有相应的煤矿专业知识，从事煤矿生产、安全、技术管理工作5年以上和矿山救护工作3年以上的人员担任。

（2）矿山救护大队指挥员年龄不应超过55岁，矿山救护中队指挥员不应超过45岁，救护队员不应超过40岁，其中35岁以下队员应保持在2/3以上。队员每年应进行1次身体检查。对身体不合格或超龄人员应及时调整。

（3）新招收的矿山救护队员，应具有初中以上文化程度，年龄在25周岁以下，从事井下工作1年以上。新矿山救护队员必须经过3个月的基础培训，再经过3个月的编队实习，并综合考评合格后，才能成为正式矿山救护队员。新招收的辅助救护队员必须经过45天的救护知识基础培训，经考试合格后，才能成为正式辅助救护队员。

（4）矿山救护队员、辅助救护队员，每年必须接受2周的再培训和知识更新教育。

395. 煤矿救护的技术装备有哪些安全规定?

矿山救护大队、中队、队员的最低技术装备标准分别见表5-1、表5-2、表5-3。救护装备、器材、防护用品和安全检测仪器、仪表，必须符合国家标准或行业标准。

表5-1　矿山救护大队的最低技术装备标准

类别	装备名称	要求	数量	备注
车辆	装备车/辆		2	
	化验车/辆	能安设和操作化验设备	1	面包车
	指挥车/辆	120km/h	2~3	
通信	录音电话/部		2	
	灾区移动电话/套		1	
	移动电话/部		5	
	寻呼机/部			每人1部
设备	惰气灭火装置/套	$500m^3/min$	1	
	高倍数泡沫灭火机/套	BGP400型	1~2	
	惰泡发射机/套		1	
	高扬程灭火泵/台		2	
仪器	气体分析仪/套		1	
	便携式爆炸三角形测定仪/台		1	
信息	计算机/台		1	
	传真机/台		1	
	复印机/台		1	
	摄像机/台		1	
	录像机/台		1	

表5-2　矿山救护中队的最低技术装备标准

类别	装备名称	要求	数量	备注
车辆	矿山救护车/辆	100km/h	2~3	
	指挥车/辆	120km/h	1	
	装备车/辆		1	
通信	程控电话/部		1	
	灾区电话/套		4	
	移动电话/部		4	
	寻呼机			每人1部

续表 5-2

类别	装备名称	要求	数量	备注
仪器	呼吸器/台		9	4h，正压氧
	呼吸器/台		9	2h，正压氧
	自动苏生器/台		6	
	红外线测温仪/台		2	
	氧气呼吸器校检仪/台		6	
装备	氧气充填泵/台		2	
	高倍数泡沫灭火机/台	BGP400 型或 BGP200 型	1	
	防爆工具/套		5	
	液压起重器/台		5	
	工业冰箱/台		1	

表 5-3　矿山救护队员的最低技术装备标准

装备名称	要求	数量
4h 呼吸器/台	推广使用正压呼吸器	1
自救器/台	压缩氧	1
企业消防服装/套	按公安消防服装标准执行	1
战斗服/套 · a^{-1}	带反光标志	1
劳动保护用品/套	按规定执行	1

396. 煤矿救护技术装备有哪些管理要求？

（1）矿山救护队技术装备必须专人管理，定期检查维护；矿山救护车必须专车专用，并定期保养维护，保持战备状态。氧气呼吸器连续 3 个月没有使用的，清净罐内的二氧化碳吸收剂必须更换。矿山救护队所使用的氢氧化钙及氧气，必须按规定进行化验。氧气纯度不得低于 98%，其他要求应符合医用氧气的标准。二氧化碳吸收剂必须每季度化验 1 次，确保二氧化碳吸收率不低于 30%，二氧化碳含量不大于 4%，水分保持在 15% ~21% 之间。严禁使用不符合标准的氢氧化钙和氧气。氧气瓶必须符合国家压力容器规定标准，每 3 年必须进行除锈清洗、水压试验，达不到标准的不得使用。

（2）高倍数泡沫灭火机、惰性气体发生装置等矿山救护大型设备，应每季检查、演习 1 次。

（3）氧气充填泵在 20MPa 压力情况下不得漏油、漏气、漏水。充填室内储存的大氧气瓶不得少于 5 个，其压力在 10MPa 以上，空氧气瓶和充满的氧气瓶应分别存放。新购进或经水压试验后的氧气瓶，必须进行 2 次充放氧气后，方可使用。

（4）矿山救护队应具有分析化验矿井灾区空气成分的能力。矿山救护队应自备矿灯充电室，并指定专人管理，保证救灾用灯。

397. 煤矿发生事故时，应如何进行应急响应和抢救指挥？

煤矿发生事故应进行如下应急响应：

（1）矿山救护队值班员必须24h值班。值班员接听事故电话时，应在问清和记录事故地点、时间、类别、遇险遇难人员数量、通知人姓名及单位后，立即发出警报，并向指挥员报告。听到警报后，矿山救护队必须在1min内出动；待机小队立即转入值班。发生的事故为火灾、瓦斯或煤尘爆炸及煤（岩）与瓦斯（二氧化碳）突出事故时，待机小队应与值班小队一起出发。

（2）矿山救护队到达事故矿井后，指挥员应立即赶到抢救指挥部。救护队员必须按事故类别整理携带装备，做好抢救准备。指挥员接受任务后，必须立即向救护小队下达任务，并说明事故情况、救灾重点、行动计划、行动路线、安全措施和注意事项。

（3）进入灾区的救护小队队员不得少于6人，进入前必须检查氧气呼吸器，氧气压力不得低于18MPa，并按规定佩戴和使用。救护小队必须携带1台全面罩氧气呼吸器和不低于18MPa压力的2个备用氧气瓶，以及氧气呼吸器工具和备件袋。如不能确认井筒和井底车场无有害气体，救护队员必须在地面将氧气呼吸器佩戴好。

（4）在窒息区或有中毒危险区工作时，救护小队长应使队员保持在彼此能看到或听到信号的范围内；任何情况下严禁指战员单独行动，严禁通过口具讲话或摘掉口具讲话；救护小队长应经常观察队员呼吸器的氧气压力，并根据氧气压力最低的1名队员确定整个小队的返回时间。

（5）进入灾区从事救护工作时，任何情况下氧气呼吸器都必须保留不低于5MPa的压力；发现有队员身体不适或氧气呼吸器发生故障难以排除时，全小队必须立即撤出。

（6）矿山救护队员在灾区工作1个呼吸器班后，应至少休息8h，才能重新佩戴氧气呼吸器工作。

（7）矿山救护队指挥员应亲自组织和参加侦察工作。在布置侦察任务时，必须向所有队员说明所了解的各种情况，应做到侦察任务清楚、行进路线明确，小队的行进方向、时间应标在图纸上。

煤矿发生事故时应进行如下抢救指挥：

（1）矿井发生重大事故后，必须立即成立抢救指挥部并设立地面基地。矿山救护队队长为抢救指挥部成员。

（2）矿山救护队队长对矿山救护队抢救工作具体负责。如与其他矿山救护队联合作战时，应成立矿山救护联合作战部，由服务于发生事故的煤矿企业的矿山救护队队长担任作战部指挥，协调各矿山救护队的行动。

（3）矿井发生火、瓦斯、煤尘等重大事故后，必须首先组织矿山救护队进行侦察，探明灾区情况。抢救指挥部应根据灾害性质、发生地点、波及范围、人员分布、救灾的人力和物力，制订抢救方案。

（4）为保证重大事故井下抢救工作的顺利进行，应在靠近灾区的安全地点设立井下基地。井下基地指挥由指挥部选派具有救护知识的人员担任。

398. 煤矿救护队侦察时，应做好哪些准备工作？

（1）井下基地设待机小队，并用灾区电话与侦察小队保持不断联系。

（2）进入灾区侦察，必须携带必要的装备。视线不清时应用探险棍探测前进，队员之间要用联络绳连接。

（3）侦察小队进入灾区前，应考虑退路被堵后应采取的措施，规定返回的时间，并用灾区电话与井下基地保持联络。侦察小队应按规定时间原路返回，如果不能按原路返回，应经布置侦察任务的指挥员同意。如果没有按时返回或通信中断，待机小队应立即进入救援。

（4）侦察行进中，应在巷道交岔口设明显的路标，防止返回时走错路线。

（5）进入灾区时，小队长在队列之前，副小队长在队列之后，返回时与此相反。在搜索遇险遇难人员时，小队队形应与巷道中线斜交前进。

（6）侦察小队人员应有明确分工，分别检查通风、气体含量、温度、顶板等情况，并做好记录，把侦察结果标记在图纸上。

（7）在远距离和复杂巷道中侦察时，可组织几个小队分区段侦察。发现遇险人员应积极抢救，并护送到通风巷道或井下基地。在发现遇险人员的地点要检查气体，并做好标记。

（8）侦察工作要仔细认真，做到有巷必到，凡走过的巷道要标注留名，并绘出侦察线路示意图。

（9）侦察结束后，小队长应立即向布置侦察任务的指挥员汇报侦察结果。

399. 处理矿井火灾事故时，应遵循哪些原则？

（1）控制烟雾的蔓延，不致危及井下人员安全。

（2）防止火灾扩大。

（3）防止引起瓦斯、煤尘爆炸，防止火风压引起风流逆转而造成危害。

（4）保证救灾人员的安全，并有利于抢救遇险人员。

（5）创造有利的灭火条件。

400. 处理煤矿火灾事故时，应遵守哪些安全规定？

（1）处理火灾事故过程中，必须指定专人检查瓦斯和煤尘，观测灾区气体和风流变化。当瓦斯浓度达到2.0%以上且继续增加有爆炸危险时，矿山救护队必须将全部人员立即撤到安全地点，然后采取措施，排除爆炸危险。灭火工作必须从火源进风侧进行。用水灭火时，水流应从火源外围喷射，逐步逼向火源的中心；必须有充足的风量和畅通的回风巷，防止水煤气爆炸。

（2）进风井口、井筒、井底车场、主要进风巷和硐室发生火灾时，为抢救井下工作人员，应进行全矿井反风。指挥部下达反风命令前，必须将火源进风侧的人员撤出，并采取阻止火灾蔓延的措施。采取风流短路措施时，必须将受影响区域内的人员全部撤出。多台主要通风机联合通风的矿井反风时，要保证非事故区域的主要通风机先反风，事故区域的主要通风机后反风。

（3）扑灭上、下山巷道火灾时，必须采取防止火风压造成风流逆转的措施。

（4）扑灭硐室火灾时，应遵守以下规定：

1）爆炸材料库着火时，应首先将雷管运出，然后将其他爆炸材料运出；因高温无法运出时，应关闭防火门，退至安全地点。

2）绞车房着火时，应将火源下方的矿车固定，防止烧断钢丝绳造成跑车伤人。

3）蓄电池电机车库着火时，必须切断电源，采取措施，防止氢气爆炸。

（5）矿山救护队处理掘进工作面火灾时，应保持原有的通风状态，进行侦察后再采取措施。

（6）发生煤（岩）与瓦斯突出事故，不得停风和反风，防止风流紊乱扩大灾情。如通风系统及设施被破坏，应设置风障、临时风门及安装局部通风机恢复通风。恢复突出区通风时，应以最短的路线将瓦斯引入回风巷。回风井口50m范围内不得有火源，并设专人监视。是否停电应根据井下实际情况决定。

（7）处理煤（岩）与二氧化碳突出事故时，除执行第（6）条外，还必须加大灾区风量，迅速抢救遇险人员。矿山救护队进入灾区时要戴好防护眼镜。

（8）处理水灾事故时，矿山救护队到达事故矿井后，要了解灾区情况、水源、事故前人员分布、矿井具有生存条件的地点及其进入的通道等，并根据被堵人员所在地点的空间、氧气、瓦斯浓度以及救出被困人员所需的大致时间制定相应救灾方案。

401. 采用隔绝法封闭火区救灾时，应遵循哪些原则？

（1）在保证安全的情况下，尽量缩小封闭范围。

（2）有瓦斯、煤尘爆炸危险时，应设置防爆墙，在防爆墙的掩护下建立永久密闭墙。

（3）需要封闭多条巷道时，应根据具体情况确定封闭顺序。

（4）火区临时封闭后，人员应立即撤出危险区。进入检查或加固密闭墙时，要在确保安全的情况下进行。

（5）密闭的火区中发生爆炸密闭墙被破坏时，严禁派救护队恢复密闭墙或探险，应在较远的安全地点重新建造密闭。

402. 矿山救护队在高温区及处理爆炸事故时应遵守哪些规定？

矿山救护队在高温区进行救护工作时，救护队员进入高温区的最长时间见表5-4。

表5-4　救护队员进入高温灾区的最长时间

温度/℃	40	45	50	55	60
进入时间/min	25	20	15	10	5

矿山救护队处理爆炸事故时，进入灾区必须遵守以下规定：

（1）进入前切断灾区电源。

（2）检查灾区内各种有害气体的浓度、温度及通风设施破坏情况，发现有再次爆炸危险时，必须立即撤到安全地点。

（3）穿过支架被破坏的巷道时，要架好临时支架。

（4）通过支护不好的地点时，救护队员要保持一定的距离按顺序通过。

（5）进入灾区行动要谨慎，防止碰撞产生火花，引起爆炸。

（6）确知人员已经牺牲时，必须先恢复灾区通风，再进行处理。

403. 避难硐室分为哪几种，在避难硐室内避难时注意事项有哪些？

避难硐室是供矿工在遇到事故无法撤退而躲避待救的设施。分永久避难硐室和临时避难硐室两种。

永久避难硐室事先设在井底车场附近或采区工作地点安全出口的路线上。对其要求是：设有与矿调度室直通电话，构筑坚固，净高不低于2m，严密不透气或采用正压排风，并备有供避难者呼吸的供气设备（充满氧气的氧气瓶或压气管和减压装置）、隔离式自救器、药品和饮用水等；设在采区安全出口路线上的避难硐室，距人员集中工作地点应不超过500m，其大小应能容纳采区全体人员。

临时避难硐室是利用独头巷道、硐室或两道风门之间的巷道，由避灾人员临时修建的；所以，应在这些地点事先准备好所需的木板、木桩、黏土、沙子或砖等材料，还应装有带阀门的压气管。避灾时，若无构筑材料，避灾人员就用衣服和身边现有的材料临时构筑避难硐室，以减少有害气体的侵入。

在避难硐室内避难时应注意以下事项：

(1) 进入避难硐室前，应在硐室外留有衣物、矿灯等明显标志，以便救护队发现。

(2) 待救时应保持安静、不急躁，尽量俯卧于巷道底部，以保持精力、减少氧气消耗，并避免吸入更多的有毒气体。

(3) 硐室内只留一盏矿灯照明，其余矿灯全部关闭，以备再次撤退时使用。

(4) 间断敲打铁器或岩石等发出呼救信号。

(5) 全体避灾人员要团结互助、坚定信心。

(6) 被水堵在上山时，不要向下跑出探望。水被排走露出棚顶时，也不要急于出来，以防 SO_2、H_2S 等气体中毒。

(7) 看到救护人员后，不要过分激动，以防血管破裂。

404. 瓦斯与煤尘爆炸事故时的自救与互救措施有哪些？

井下人员一旦遇到或发现瓦斯爆炸或爆炸预兆时，要沉着、冷静，采取措施进行自救。具体方法是：背向空气颤动的方向，俯卧倒地，面部贴在地面，以降低身体高度，避开冲击波的强力冲击，并闭住气暂停呼吸，用毛巾捂住口鼻，防止把火焰吸入肺部。最好用衣物盖住身体，尽量减少身体暴露面积，以减少烧伤。爆炸后，要迅速按规定佩戴好自救器，弄清方向，沿着避灾路线，赶快撤退到新鲜风流中。若巷道破坏严重，不知撤退是否安全时，可以到棚子较完整的地点躲避等待救护。

如发生小型爆炸，掘进巷道和支架基本未遭破坏，遇险矿工未受直接伤害或受伤不重时，应立即打开随身携带的自救器，佩戴好后迅速撤出受灾巷道到达新鲜风流中。对于附近的伤员，要协助其佩戴好自救器，帮助撤出危险区；不能行走的伤员，在靠近新鲜风流30～50m范围内，要设法抬运到新风中，如距离远，则只能为其佩戴自救器，不可抬运。撤出灾区后，要立即向矿调度室报告。

如发生大型爆炸，掘进巷道遭到破坏，退路被阻，但遇险矿工受伤不重时，应佩戴好自救器，千方百计疏通巷道，尽快撤到新鲜风流中。如巷道难以疏通，应坐在支护良好的棚子下面，或利用一切可能的条件建立临时避难硐室，相互安慰、稳定情绪，等待救助，并有规律的发出呼救信号。对于受伤严重的矿工要为其佩戴好自救器，使其静卧待救。并且要利用压风管道、风筒等改善避难地点的生存条件。

如果进回风巷道没有垮落堵死，通风系统破坏不大，所产生的有害气体，较易被排除。这种情况下，采煤工作面进风侧的人员一般不会受到严重伤害，应迎风撤出灾区。回风侧的人员要迅速佩用自救器，经最近的路线进入进风侧。

如果爆炸造成严重的塌落冒顶，通风系统被破坏，爆源的进风侧、回风侧都会聚积大量的一氧化碳和其他有害气体，该范围所有人员都有发生一氧化碳中毒的可能。为此，在爆炸后，没有受到严重伤害的人员，要立即打开自救器佩戴好。在进风侧的人员要逆风撤出，在回风侧的人员要设法经最短路线，撤退到新鲜风流中。如果冒顶严重撤不出来，首先要把自救器佩用好，并协助重伤员在较安全地点待救；附近有独头巷道时，也可进入暂避，并尽可能用木料、风筒等设立临时避难场所，并把矿灯、衣物等明显标志物，挂在避难场所外面明显的地方，然后进入室内静卧待救。

405. 煤与瓦斯突出时的自救与互救措施有哪些?

（1）发现突出预兆后现场人员的避灾措施。

1）矿工在采煤工作面发现有突出预兆时，要以最快的速度通知人员迅速向进风侧撤离。撤离中快速打开隔离式自救器并佩用好，迎着新鲜风流继续外撤。如果距离新鲜风流太远时，应首先到避难所，或利用压风自救系统进行自救。

2）掘进工作面发现煤和瓦斯突出的预兆时，必须向外迅速撤至防突反向风门之外，之后把防突风门关好，然后继续外撤。如自救器发生故障或佩用自救器不能安全到达新鲜风流时，应在撤出途中到避难所或利用压风自救系统进行自救，等待救护队援救。

（2）发生突出事故后现场人员的避灾措施。在有煤与瓦斯突出危险的矿井，矿工要把自己的隔离式自救器带在身上，一旦发生煤与瓦斯突出事故，立即打开外壳佩戴好，迅速外撤。

矿工在撤退途中，如果退路被堵或自救器有效时间不够，可到矿井专门设置的井下避难所或压风自救装置处暂避，也可寻找存压缩空气管路的巷道。硐室躲避，这时要把管子的螺丝接头卸开，形成正压通风，延长避难时间，并设法与外界保持联系。例如，某矿于11 时 15 分左右发生煤与瓦斯突出，突出煤矸量 5000t，瓦斯 700000m^3，通风设施破坏，井下到处弥漫着高浓度瓦斯，井下有 100 多人受到严重威胁，其中 34 名遇险者被堵在突出灾区，他们的呼吸越来越困难。在这生死关头，有人想到了就在他们附近有两个压风管阀门。他们立即打开阀门，新鲜空气通过压风管阀门出来，供他们呼吸。在这附近有一台直通地面调度室的防爆电话，他们很快与地面取得了联系，并向地面调度室呼救。调度室的同志从电话里听到他们的呼救声，一边安慰、鼓励，一边调集救护力量打通了进入灾区的通道，并于下午 4 时 15 分，34 名遇险者全部被救出。据检测，关闭阀门前检查阀门附近25m 范围内的瓦斯浓度最高为 18%，超过此范围则高达 48%；关闭阀门后 80min，检查阀门附近 25m 范围内的瓦斯浓度由 18% 升高到 37%。

406. 矿井火灾事故时的自救与互救措施有哪些?

（1）首先要尽最大的可能迅速了解或判明事故的性质、地点、范围和事故区域的巷道情况、通风系统、风流及火灾烟气蔓延的速度、方向以及与自己所处巷道位置之间的关系，并根据矿井灾害预防和处理计划及现场的实际情况，确定撤退路线和避灾自救的方法。

（2）撤退时，任何人任何情况下都不要惊慌、不能狂奔乱跑。应在现场负责人及有经验的老工人带领下有组织地撤退。

（3）位于火源进风侧的人员，应迎着新鲜风流撤退。

（4）位于火源回风侧的人员或是在撤退途中遇到烟气有中毒危险时，应迅速戴好自救器，尽快通过捷径绕到新鲜风流中去或在烟气没有到达之前，顺着风流尽快从回风出口撤到安全地点；如果距火源较近而且越过火源没有危险时，也可迅速穿过火区撤到火源的进风侧。

（5）如果在自救器有效作用时间内不能安全撤出时，应在设有储存备用自救器的硐室换用自救器后再行撤退，或是寻找有压风管路系统的地点，以压缩空气供呼吸之用。

（6）撤退行动既要迅速果断，又要快而不乱。撤退中应靠巷道有连通出口的一侧行进，避免错过脱离危险区的机会，同时还要随时注意观察巷道和风流的变化情况，谨防火风压可能造成的风流逆转。人与人之间要互相照应，互相帮助。

（7）如果无论是逆风或顺风撤退，都无法躲避着火巷道或火灾烟气可能造成的危害，则应迅速进入避难硐室；没有避难硐室时应在烟气袭来之前，选择合适的地点就地利用现场条件，快速构筑临时避难硐室，进行避灾自救。

（8）逆烟撤退具有很大的危险性，在一般情况下不要这样做。除非是在附近有脱离危险区的通道出口，而且又有脱离危险区的把握时；或是只有逆烟撤退才有争取生存的希望时，才采取这种撤退方法。

（9）撤退途中，如果有平行并列巷道或交岔巷道时，应靠有平行并列巷道和交岔巷口的一侧撤退，并随时注意这些出口的位置，尽快寻找脱险出路。在烟雾大、视线不清的情况下，要摸着巷道壁前进，以免错过连通出口。

（10）当烟雾在巷道里流动时，一般巷道空间的上部烟雾浓度大、温度高、能见度低，对人的危害也严重，而靠近巷道底板情况要好一些，有时巷道底部还有比较新鲜的低温空气流动。为此，在有烟雾的巷道里撤退时，在烟雾不严重的情况下，即使为了加快速度也不应直立奔跑，而应尽量躬身弯腰，低着头快速前进。如烟雾大、视线不清或温度高时，则应尽量贴着巷道底板和巷道壁，摸着铁道或管道等爬行撤退。

（11）在高温浓烟的巷道撤退还应注意利用巷道内的水，浸湿毛巾、衣物或向身上淋水等办法进行降温，改善自己的感觉，或是利用随身物件等遮挡头面部，以防高温烟气的刺激等。

（12）在撤退过程中，当发现有发生爆炸的前兆时（当爆炸发生时，巷道内的风流会有短暂的停顿或颤动，应当注意的是这与火风压可能引起的风流逆转的前兆有些相似），有可能的话要立即避开爆炸的正面巷道，进入旁侧巷道，或进入巷道内的躲避硐室；如果情况紧急，应迅速背向爆源，靠巷道的一帮就地顺着巷道爬卧，面部朝下紧贴巷道底板、用双臂护住头面部并尽量减少皮肤的外露部分；如果巷道内有水坑或水沟，则应顺势爬入水中。在爆炸发生的瞬间，要尽力屏住呼吸或是闭气将头面浸入水中，防止吸入爆炸火焰及高温有害气体，同时要以最快的动作戴好自救器。爆炸过后，应稍事观察，待没有异常变化迹象，就要辨明情况和方向，沿着安全避灾路线，尽快离开灾区，转入有新鲜风流的安全地带。

407. 矿井透水事故时自救与互救措施有哪些?

透水后被围困时的避灾自救措施如下:

(1) 当现场人员被涌水围困无法退出时，应迅速进入预先筑好的避难硐室中避灾，或选择合适地点快速建筑临时避难硐室避灾。迫不得已时，可爬上巷道中高冒空间待救。如系老窑透水，则须在避难硐室处建临时挡墙或吊挂风帘，防止被涌出的有毒有害气体伤害。进入避难硐室前，应在硐室外留设明显标志。

(2) 在避灾期间，遇险矿工要有良好的精神心理状态，情绪安定、自信乐观、意志坚强。要做好长时间避灾的准备，除轮流担任岗哨观察水情的人员外，其余人员均应静卧，以减少体力和空气消耗。

(3) 避灾时，应用敲击的方法有规律、间断地发出呼救信号，向营救人员指示躲避处的位置。

(4) 被困期间断绝食物后，即使在饥饿难忍的情况下，也应努力克制自己，绝不嚼食杂物充饥。需要饮用井下水时，应选择适宜的水源，并用纱布或衣服过滤。

(5) 长时间被困在井下，发觉救护人员到来营救时，避灾人员不可过度兴奋和慌乱，以防发生意外。

透水后现场人员撤退时的注意事项如下:

(1) 透水后，应在可能的情况下迅速观察和判断透水的地点、水源、涌水量、发生原因、危害程度等情况，根据灾害预防和处理计划中规定的撤退路线，迅速撤退到透水地点以上的水平，而不能进入透水点附近及下方的独头巷道。

(2) 行进中，应靠近巷道一侧，抓牢支架或其他固定物体，尽量避开压力水头和泄水流，并注意防止被水中滚动的矸石和木料撞伤。

(3) 如透水破坏了巷道中的照明和路标，迷失行进方向时，遇险人员应朝着有风流通过的上山巷道方向撤退。

(4) 在撤退沿途和所经过的巷道交岔口，应留设指示行进方向的明显标志，以提示救护人员的注意。

(5) 人员撤退到竖井，需从梯子间上去时，应遵守秩序，禁止慌乱和争抢。行动中手要抓牢，脚要蹬稳，切实注意自己和他人的安全。

(6) 如唯一的出口被水封堵无法撤退时，应有组织地在独头工作面躲避，等待救护人员的营救。严禁盲目潜水逃生等冒险行为。

408. 冒顶事故时的自救与互救措施有哪些?

采煤工作面冒顶时的避灾自救措施如下:

(1) 迅速撤退到安全地点。当发现工作地点有即将发生冒顶的征兆，而当时又难以采取措施防止采煤工作面顶板冒落时，最好的避灾措施是迅速离开危险区，撤退到安全地点。

(2) 遇险时要靠煤帮贴身站立或到木垛处避灾。从采煤工作面发生冒顶的实际情况来看，顶板沿煤壁冒落是很少见的。因此，当发生冒顶来不及撤退到安全地点时，遇险者应靠煤帮贴身站立避灾，但要注意煤壁片帮伤人。另外，冒顶时可能将支柱压断或推倒，但在一般情况下不可能压垮或推倒质量合格的木垛。因此，如遇险者所在位置靠近木垛时，可撤至木垛处避灾。

(3) 遇险后立即发出呼救信号。冒顶对人员的伤害主要是砸伤、掩埋或隔堵。冒落基本稳定后，遇险者应立即采用呼叫、敲打（如敲打物料、岩块，可能造成新的冒落时，则不能敲打，只能呼叫）等方法，发出有规律、不间断的呼救信号，以便救护人员和撤出人员了解灾情，组织力量进行抢救。

(4) 遇险人员要积极配合外部的营救工作。冒顶后被煤矸、物料等埋压的人员，不要惊慌失措，在条件不允许时切忌采用猛烈挣扎的办法脱险，以免造成事故扩大。被冒顶隔堵的人员，应在遇险地点有组织地维护好自身安全，构筑脱险通道，配合外部的营救工作，为提前脱险创造良好条件。

独头巷道迎头冒顶被堵人员避灾自救措施如下：

(1) 遇险人员要正视已发生的灾害，切忌惊慌失措，坚信矿领导和同志们一定会积极进行抢救。应迅速组织起来，主动听从灾区中班组长和有经验老工人的指挥。团结协作，尽量减少体力和隔堵区的氧气消耗，有计划地使用饮水、食物和矿灯等。做好较长时间避灾的准备。

(2) 如人员被困地点有电话，应立即用电话汇报灾情、遇险人数和计划采取的避灾自救措施；否则，应采用敲击钢轨、管道和岩石等方法，发出有规律的呼救信号，并每隔一定时间敲击一次，不间断地发出信号，以便营救人员了解灾情，组织力量进行抢救。

(3) 维护加固冒落地点和人员躲避处的支架，并经常派人检查，以防止冒顶进一步扩大，保障被堵人员避灾时的安全。

(4) 如人员被困地点有压风管，应打开压风管给被困人员输送新鲜空气，并稀释被隔堵空间的瓦斯浓度，但要注意保暖。

409. 事故现场负责人如何组织救灾？

矿井发生爆炸、火灾、水灾、冒顶、煤与瓦斯突出等重大灾害事故时的初期阶段，波及的范围和危害一般较小，既是扑救和控制事故的有利时期，也是决定矿井和人员安全的关键时刻。抢险救灾实践证明，事故现场负责人（区队长、班组长、煤矿干部，也包括有经验的老工人、瓦斯检查员等）若能发挥高度政治责任心，勇于承担事故现场救灾职责，正确组织遇险人员救灾与避灾，对减少灾害损失，会起到不可估量的作用。

为了充分发挥现场组织救灾作用，事故现场负责人必须根据本人的工作环境特点，认识和掌握常见事故的规律，了解事故发生前的预兆和事故发生后的征兆，牢记各种事故的避灾要点，熟悉矿井的避灾路线和安全出口，掌握抢救伤员的基本方法和现场创伤急救操作技术。

事故发生后，现场负责人要充分发挥高度政治责任心，勇敢地担负起现场救灾职责。同时还必须做到以下各点：

(1) 认真组织。要求所有人员要统一行动，听从指挥，任何情况下都不得各行其是、盲目蛮干。

(2) 沉着冷静。要保持清醒的头脑，临危不乱，鼓动大家树立坚定的信心，并在各环节上做好充分准备。谨慎妥善地行动。

（3）遵循原则。要求遇险人员遵循救灾和避灾基本原则。即：及时报告灾情、积极抢救、安全撤离和妥善避灾。

（4）随机应变。在组织抢救、撤离灾区和避灾待救时，要密切注意灾情变化，当可能出现危及人员安全时，要果断采取应变措施，避免人员伤亡。切忌图省事或存侥幸心理冒险行动。

（5）及时联络。在整个抢险和避灾过程中，要想方设法，及时与矿调度室取得联系，告知灾情、遇险人员位置、人数、遇到的困难情况等，争取早日获救。

（6）团结互助。现场负责人要以身作则，并要求所有遇险人员发扬团结互助的精神和先人后己的风格，要充分做好思想工作，发挥积极力量，互相照顾、同心协力，共渡难关。要尽量使遇险人员保持稳定的情绪和良好的心理状态，树立坚定的获救脱险的信念，互相鼓励，以极大的毅力克服一切困苦，直到最后胜利；特别是在遇险待救时间较长时，千万不可悲观失望和过分忧虑，更不得急躁盲动。

参考文献

[1] 国家煤矿安全监察局. 煤矿安全规程[M]. 北京: 煤炭工业出版社, 2010.
[2] 姜威, 张道民, 赵振齐, 等. 矿尘危害防治知识问答[M]. 北京: 冶金工业出版社, 2010.
[3] 姜威, 刘天舒, 姜旭初. 金属矿山安全知识400问[M]. 北京: 冶金工业出版社, 2011.
[4] 徐永圻. 煤矿开采学[M]. 徐州: 中国矿业大学出版社, 2003.
[5] 柴常, 王存莲. 机电安全技术(矿山安全技术教育通用教材)[M]. 北京: 化学工业出版社, 2005.
[6] 郭国政, 陆明心, 等. 煤矿安全技术与管理[M]. 北京: 冶金工业出版社, 2006.
[7] 宁廷全. 煤矿安全生产管理人员[M]. 北京: 煤炭工业出版社, 2007.
[8] 张国枢. 通风安全学[M]. 徐州: 中国矿业出版社, 2000.
[9] 武强. 矿井水灾防治(A类)[M]. 徐州: 中国矿业大学出版社, 2002.
[10] 周心权. 矿井火灾防治(A类)[M]. 徐州: 中国矿业大学出版社, 2002.
[11] 姜威. 安全生产行政执法[M]. 北京: 冶金工业出版社, 2009.
[12] 姜威, 刘军鄂. 安全生产监察实务[M]. 北京: 化学工业出版社, 2009.

冶金工业出版社部分图书推荐